imaginist

主 编　张树新　胡 泳

思想 @ 网络·中国

Ideas @ internet.Cn

我们的防火墙

网络时代的表达与监管

李永刚 著

广西师范大学出版社

图书在版编目(CIP)数据

我们的防火墙：网络时代的表达与监管／李永刚著.
—桂林：广西师范大学出版社，2009.10（2013.9 重印）
ISBN 978-7-5633-9106-6

Ⅰ. 我… Ⅱ. 李… Ⅲ.互联网络 – 研究 Ⅳ.TP393.4

中国版本图书馆CIP数据核字（2009）第183772号

本书系国家社科基金青年项目（09CZZ013）阶段研究成果，特此致谢

广西师范大学出版社出版发行

桂林市中华路22号　邮政编码：541001
网址：www.bbtpress.com

出 版 人：何林夏
全国新华书店经销
发行热线：010-64284815
山东临沂新华印刷物流集团印刷

开本：710mm×1000mm　1/16
印张：17.5　字数：240 千字
2009 年 10 月第 1 版　2013 年 9 月第 2 次印刷
印数：6 001 ～ 11 000　定价：36.00 元

如发现印装质量问题，影响阅读，请与印刷厂联系调换。

目　录

绪　论

第一节　研究的缘起

尽管在今天的世界，电视、电台、报刊等传统大众传媒依旧保持着强大的生命力，互联网的快速成长并没有如乐观者先前预期的那样，彻底颠覆旧有的规则，但也不像悲观者诉说的那样，互联网只是提供了"公共领域"的幻觉。[1]从民意表达的角度说，它比任何一种旧传媒都更开放、更互动、更及时，从而也就更混乱。无论是在人流穿梭的门户网站，还是在人以群分的专业讨论组，互联网构筑起的电子空间（Cyberspace）中到处"众声喧哗"[2]。正是在这种散漫无序的后现代图景中，互联网既为"新人类"在感官疆域中的个体狂欢提供了手段，也为传统意义上的"本分公民"构建起了互动与参与的新平台。

互联网所产生的现实或潜在影响，早已超越单纯的技术范围而波及社会生活的各个层面。就政治效应论，由于互联网的开放、自由、匿名、加密等技术特征为各种话语和行动找到了新的突破口，所以，它也就给传统意义的政治参与和政治控制模式等，增添了一些新的技术性变量和制约性因素。诸如虚拟政治动员、网络政治集结、大规模"卧室抗议"等，都是

---

[1] 希瑟·萨维尼：《公众舆论、政治传播与互联网》，载《国外理论动态》，2004 年第9 期。

[2] 胡泳：《众声喧哗：网络时代的个人表达与公共讨论》，广西师范大学出版社，2008。

传统国家从未遭遇的新难题。

在历经数百年发展的西方发达国家，公民政治参与的途径比较广泛，网民在互联网上"纵欲"的快感并不十分强烈，国家因此感受到的冲击也不明显；倒是在中国这样的后发展国家，出于历史和现实的诸多原因，政治参与的途径受到局限，互联网上相对宽松的自由就让人欣喜不已，长期处于暗哑状态的各种民间话语和民间力量突然间找到了它们的出口。结果是，在某些地方，互联网不过是既有媒体和生活方式的补充和延展；而在另一些地方，互联网则成为民意涌流的巨大管道，成为网民介入现实政治生活的神兵利器。

对当下网民人数已超过两亿的中国而言，正在面临这样的双重处境：一方面要努力追赶信息技术的时代潮流，一方面又要努力规避新技术带来的政治杂音；一方面民众的虚拟政治参与已呈现剧增景象，一方面节制参与的监管理念和技术也在不断成熟。在可见的未来，参与表达和监管控制之间的力量消长，还将持续相当长的时间。

在国内社会科学视野的互联网研究中，经济学关注以电子商务为核心的新业态，管理学重视以电子政务为内容的政府革新，社会学正在直面虚拟社区带来的人际新模式，而传播学则对新媒介的功效表示出浓厚兴趣。相对而言，对基于网络平台的政治生态的探讨，无论是学理的深入剖析还是典型案例的实证观察，都显得十分薄弱。至于互联网的内容监管，尽管时常成为西方学界、政界批评的话柄，却因题材敏感，几乎是政治学相关研究领域中的空白地带。少许的研究成果中，要么是苍白无力的辩护，要么是欲语还休的遮掩，缺乏反击的力量与反省的勇气。

平心而论，这种带有鲜明中国特色的内容监管历史悠久，生命力强盛，但它究竟如何延伸到互联网上，又是一个新鲜的话题。假如把内容监管视为政府主导的公共政策，那么，可以把它的渐进完备看做是政策学习的极好案例；假如把内容监管视为一种得到多层级认同协作的互动结果，那么，又可以去探究其"路径依赖"背后的深层文化因素。显然，这样的学术努力是有价值的。

第二节　国内外研究现状

以广义的网络政治学领域而言，最近十年来国内外的研究成果可称丰硕。1995年，美国学者马克·斯劳卡（Mark Slouka）在其著作《大冲突：赛博空间和高科技对现实的威胁》中首次提出了"虚拟政治"（Virtual Political）的概念，用来指称"那些有可能永远地模糊真实和虚幻之间的界限的技术，将给政治带来的影响"，并说"数字革命在它的深层核心，是与权力相关的"。[3]此后类似的研究在西方逐步展开，出现了一些高质量的学术专著。例如英国学者内尔·巴雷特（Neil Barrett）出版了《赛博族状态：因特网的文化、政治和经济》（1996）、澳大利亚学者大卫·霍尔姆斯（David Holmes）主编了《虚拟政治学：电子计算机化空间的身份与社区》（1997），英国专家布莱恩·罗德（Brian Loader）撰写了《数字民主》（1999），美国学者罗斯克兰斯（Rosecrance）在《虚拟国家的崛起：即将到来世纪中的财富和权力》（1999）一书中集中探讨了国家的虚拟形态[4]，英国东伦敦大学政治学家蒂姆·乔丹（Tim Jordan）对网络权力进行了开创性的研究（1999）[5]，指出网络空间里的权力之争不仅表现在技术精英和个人之间，还表现在政治家和技术专家之间。尤其值得一提的是，加州大学伯克利分校的西班牙裔教授曼纽尔·卡斯特（Manuel Castells）在20世纪90年代末期完成了《信息时代三部曲：经济、社会与文化》（*The Information Age：Economy，Society and Culture*）[6]，将全景式的

---

[3] 马克·斯劳卡：《大冲突：赛博空间和高科技对现实的威胁》，河北人民出版社，1998，第5页。

[4] R. Rosecrance, *The Rise of the Virtual State：Wealth and Power in the Coming Century*, New York: Basic Books, 1999.

[5] Tim Jordan, *Cyber Power：The Culture and Politics of Cyberspace and the Internet*, London: Rutledge,1999.

[6] 第一卷为《网络社会的崛起》（*The Rise of the Network Society*，1996），第二卷为《认同的力量》（*The Power of Identity*，1997），第三卷为《千年终结》（*End of Millennium*，1998）。其中文版由社会科学文献出版社陆续翻译发行。

互联网研究推上显学高峰。国内学者第一部研究互联网政治的专著是刘文富于2002年出版的《网络政治》[7]。2006年，李斌出版了《网络政治学导论》[8]，袁峰等人合作出版了《网络社会的政府与政治》[9]，反映出该领域正为更多青年学者瞩目。

以互联网治理议题来看，西方学者的重要著作包括：美国学者凯斯·桑斯坦（Cass Sunstein）的《网络共和国》（*Republic.com*），他用翔实的历史事实和法律案例证明，所谓网络"无政府地带"，不仅不是私人创造的产物，而恰恰归功于政府一手缔造。[10]其新著《信息乌托邦》（*Infotopia*），更进一步洞察，在一个信息超负荷的时代里，很容易退回到我们自己的偏见。人群很快就会变为暴徒。伊拉克战争的合法理由、安然破产、哥伦比亚号航天载人飞机的爆炸——所有这些都源自埋于"信息茧房"的领导和组织做出的决定，以他们的先入之见躲避意见不一的信息。[11]前联合国国际计算中心主任库巴利加（Jovan Kurbalija）的《互联网治理》，全面系统分析了互联网治理的各个方面内容，包括互联网治理过程中所引发的基础设施与标准化问题、法律问题、经济问题、发展问题以及社会文化等问题。[12]Adam Thierer等人编选的文集《谁统治网络？：互联网治理与管辖》则在追问：谁应当为设定电脑空间的标准负责？一个"互联网联合国"或者多国条约适合么？如果答案是否定的，那么谁的标准应当管理跨国电脑纠纷？电脑空间与"真实空间"各适用于不同标准么？[13]被视为"互联网时代守护神"

---

[7] 刘文富：《网络政治：网络社会与国家治理》，商务印书馆，2002。

[8] 李斌：《网络政治学导论》，中国社会科学出版社，2006。

[9] 袁峰、顾铮铮、孙珏：《网络社会的政府与政治：网络技术在现代社会中的政治效应分析》，北京大学出版社，2006。

[10] 凯斯·桑斯坦：《网络共和国：网络社会中的民主问题》，黄维明译，上海世纪出版集团，2003。

[11] 凯斯·桑斯坦：《信息乌托邦：众人如何生产知识》，法律出版社，2008。

[12] 库巴利加：《互联网治理》，人民邮电出版社，2005。

[13] Adam Thierer（Eds），*Who Rules the Net?—Internet Governance and Jurisdiction*,Cato Inst,2003.

的斯坦福大学法学院教授劳伦斯·莱斯格（Lawrence Lessig）所著《代码：塑造网络空间的法律》，极具洞察力的证明了以代码为主的四种规制术是如何规制网络的——作者首先描述了网络空间的多维性，即由网络建筑师们（也即代码作者）所塑造的网络空间具有性质的多样性，整个空间可以细分为不同的区域，不同的场所蕴藏的价值及所允许的规制方式是不同的。而规制的方法，与现实空间一致，都由法律、社会规范、市场和架构组成。[14]在国内学者中，贾丹华所著《因特网发展中的公共政策选择》[15]，以及何精华所著《网络空间的政府治理》[16]，从不同角度分别介绍了部分相关领域的成果，但总的来说，两本著作主题宽泛，例如何著涉及网络秩序、网络黑客、数字鸿沟、知识产权、网络伦理、政策法规诸多层面，与本书的立意并不相同。倒是北京邮电大学的唐守廉教授主编了一本《互联网及其治理》，涉及了互联网的不良信息及其治理模式。[17]

如果进入本书重点讨论的互联网内容监管领域，由于话题的某种特性，国内学者的相关论述很少，检索结果最相关的仅有一篇博士论文。[18]倒是偶尔有一些新闻报道，显示出材料丰富和观点平衡的优点。[19]该议题是西方学者关注的中国热点，但是专著也比较罕见。就我们的有限视野来看，最重要的著作可能是卡拉梯尔和伯斯（Shanthi Kalathil and Taylor Boas）的《开放网络与封闭体制：威权政体对互联网的控制》。在该书中，作者发现，为了防止互联网形成对政府的挑战，威权体制基本上采用

---

[14] 劳伦斯·莱斯格：《代码：塑造网络空间的法律》，中信出版社，2004。

[15] 贾丹华：《因特网发展中的公共政策选择》，北京邮电大学出版社，2004。

[16] 何精华：《网络空间的政府治理：电子治理前沿问题研究》，上海社会科学出版社，2006。

[17] 唐守廉：《互联网及其治理》，北京邮电大学出版社，2008。

[18] 刘兵：《关于中国互联网内容管制理论研究》，北京邮电大学经济管理学院博士论文，2007。

[19] 例如王钰、林醇：《互联网自由遭遇治理》，载《中国信息化》，2005年8月20日；萧方：《中国网络管理现状调查》，载香港《凤凰周刊》，2006年第10期。

两种方法："消极防范（Reactive）"和"积极利用（Proactive）"。"消极防范"是最普遍的和容易被观察到的，包括限制上网（只让有限的人员和电脑与互联网连通）、过滤信息、封锁网站、监视上网者或者甚至完全禁止使用互联网。"积极利用"则是把互联网引导到符合体制利益的轨道上来，在这个前提下非但不禁止、反而鼓励使用互联网，这种情况比较复杂，在很多情况下无法根据个人电脑和网吧的表面繁荣来判断。当然，这两种策略不是相互排斥，而是相辅相成的，很多威权体制是两者并用。[20]2008年出版的一部讨论全球互联网过滤的专著也值得重视。[21]

相关论文或研究报告的数量则比较可观。其中，一直受到各界重视的是哈佛大学法学院伯克曼互联网与社会研究中心（Berkman Center for Internet & Society）的深度研究报告[22]；哈佛法学院、剑桥大学和多伦多大学共同组建的"开放网络促进会"（OpenNet Initiative）也是具有国际影响力的学术研究团体，他们正在对多个国家的互联网审查过滤体制进行个案研究，有关中国的研究报告自然被广泛引用[23]。2008年，一个民间组织发布了《中国网络监控与反监控年度报告2007》，详细列举了新的法规和方式。[24]著名的网络百科全书"维基百科"也设立了专门条目，提供了诸多

[20] Shanthi Kalathil and Taylor Boas,*The Internet and State Control in Authoritarian Regimes: China, Cuba, and the Counterrevolution*, Carnegie Endowment for International Peace,2003.

[21] Ronald Deibert, John Palfrey, Rafal Rohozinski, Jonathan Zittrain, eds., *Access Denied: The Practice and Policy of Global Internet Filtering*, Cambridge: MIT Press,2008.

[22] Harvard Law School Berkman Center for Internet & Society,*Empirical Analysis of Internet Filtering in China*.http://cyber.law.harvard.edu/filtering/china/.

[23] OpenNet Initiative, "Internet Filtering in China in 2004–2005: A Country Study", http://www.opennetinitiative.net/studies/china/; "China Tightens Controls on Internet News Content Through Additional Regulations", http://www.opennetinitiative.net/bulletins/012/; "Probing Chinese Search Engine Filtering", http://www.opennetinitiative.net/bulletins/005/.

[24] 网址为http://crd-net.org/Article/Class1/200807/20080710165332_9340.html.

有价值的链接。[25]

　　在浩如烟海的英文专业期刊中，我们注意到的比较突出的研究者主要有（按论文发表时间顺序排列）：C. Dalpino[26]、Philip Sohmen[27]、Nina Hachigian[28]、R. Deibert[29]、Greg Sinclair[30]、Eric Harwit[31]、Lena L. Zhang[32]、Li Xiao[33]、James Fallows[34]等人的作品。另外，华裔学者郑永年、吴国光的著作[35]，以及旅居美国的中国学者何清涟的新著[36]，也辟出较大篇幅讨论中国互联网问题。

　　台湾学者的部分研究成果也涉及这一主题，如欧阳新宜[37]、寇健文[38]、

　　[25]　网址为http://zh.wikipedia.org/wiki/.

　　[26]　C. Dalpino, *The Internet in China: Tame Gazelle or Trojan Horse?* Harvard Asia-Pacific Review,Summer,2000.

　　[27]　Philip Sohmen, "Taming the Dragon: China's Efforts to Regulate the Internet", *Stanford Journal of East Asian Affairs*, Spring,2001.

　　[28]　Nina Hachigian, "China's Cyber Strategy", *Foreign Affairs*, Mar./Apr.,2001.

　　[29]　R. J. Deibert, "Dark Guests and Great Firewalls: The Internet and Chinese Security Policy", *Journal of Social Issues,*Blackwell Synergy,2002.

　　[30]　Greg Sinclair, "The Internet in China: Information Revolution or Authoritarian Solution?" *Modern Chinese Studies*, May,2002.

　　[31]　Eric Harwit and Duncan Clark, "Shaping the Internet in China: Evolution of Political Control over Network Infrastructure and Content", *Asian Survey*, Vol. 41, No. 3,2004.

　　[32]　Lena L. Zhang, "Behind the 'Great Firewall': Decoding China's Internet Media Policies from the Inside", *Convergence: The International Journal of Research into New Media Technologies*, San Francisco State University,Vol. 12, No. 3,2006.

　　[33]　Li Xiao and Judy Polumbaum, "News and Ideological Exegesis in Chinese Online Media: A Case Study of Crime Coverage and Reader", *Asian Journal of Communication*,Vol.16, Number 1 / Mar.,2006.

　　[34]　James Fallows, "The Connection Has Been Reset", *The Atlantic*, Mar.,2008. http://www.theatlantic.com/doc/200803/chinese-firewall?1.

　　[35]　Yongnian Zheng and Guoguang Wu, "Information Technology, Public Space, and Collective Action in China", *Comparative Political Studies*,Vol. 38, No. 5,2005.

　　[36]　何清涟：《雾锁中国》，台湾黎明出版公司，2006。

　　[37]　欧阳新宜：《中共因特网的发展及其管制困境》，台北《中国大陆研究》，第41卷第8期，1998年8月。

　　[38]　寇健文：《中共对网络信息传播的政治控制》，台北《问题与研究》，第40卷第2期，2001年3月。

魏立欣[39]、梁正清[40]、刘燕青[41]、黄柏翰[42]等人的研究论文皆有贡献。

然而，这些研究成果或者是基于自由主义立场抨击防火墙技术或者内容审查过滤模式，或者是基于技术立场介绍管制手段，学理的深度分析相对不足。

更重要的是，上述多数研究多将内容监管视为政府清晰的、整体的、难以理解的专制行为，较少看到其多层次、碎片化、可理解的一面；多数研究对事实和技术的列举十分详尽，但对监管行动的内在动因缺乏分析与关怀；少数研究注意到了机构和网民的高度自律，但却以为自律是强权下的被迫行动，没有注意到它有强大的社会认同基础；至于中央与地方，以及部门条块之间的不同行动逻辑，还有其背后更深厚的政治文化因素，则上述研究几乎没有涉及。这些不足之处，正是本书得以拓展的学术研究空间。

我们在思考中还越来越深地认识到，学术研究应当避免过热或过冷的极端态度。以本书的主题而言，所谓过热的研究，就是将自由民主等价值不分场合和历史条件强行推至普世和普适的高度，然后站在这种道义制高点上直接控诉政府滥用公权的行径，这种批判或义愤不仅没有难度，而且对解决实际问题作用有限；而过冷的研究，则是企图摒弃价值立场，没有触动，没有关怀，冷静处理数据，精确如同机器。

我们秉持温良中道立场，尝试找寻各方利益或立场的可能交集，从而探寻渐进改良的现实道路。在这个意义上，本书既有求解疑难的理论研究意愿，也有对现实发言的应用企图。

[39] 魏立欣：《网路审查与网路言论自由之探讨》，台北《资讯社会研究》总第2期，2002年1月。

[40] 梁正清：《中国大陆网路传播的发展与政治控制》，台北《资讯社会研究》总第4期，2003年1月。

[41] 刘燕青：《"网路空间"的控制逻辑》，台北《资讯社会研究》总第5期，2003年7月。

[42] 黄柏翰：《中国大陆网际网路检查政策概况》，台北《应用伦理研究资讯》总第35期，2005年8月。

第三节　研究视角与方法

和一般研究者类似，我们采用了文献分析、数据解读、多学科视角以及演绎推理等常用方法。略微有些特色的是，我们在以下三个层面进行了某种方法论的尝试：

一、经验分析与规范假设并重的混合方法

特定的政治学者从事研究的方式取决于他们对课题预想的用途和收集证据的方式。研究可以按这两种标准来划分：其一，根据研究设计的用途不同，可以划分为应用研究和基础研究；其二，根据它能够提供新的事实信息的程度，可以划分为经验研究和非经验研究。以上两个维度在不同组合下呈现四种类型[43]：

	应用型	基础型
非经验型	a1规范哲学	b1规范理论
经验型	a2政策导向的研究	b2理论导向型研究

一般说来，规范哲学（a1）的研究试图探究政治中的价值问题，它并不强烈关注事实，相反，它直接把某些事实作为既定的，并且将之与道德化的观点结合起来，用以指导政治行动。例如承认公共政策的价值在于实现公共福利最大化，然后以此来审视既定政策，判断该给予肯定或者批判。

---

[43]　W. 菲利普斯·夏夫利：《政治科学研究方法》（第6版），上海世纪出版集团，2006，第4—5页。

政策导向的研究（a2）则是基于经验立场，关注那些可用来解决现实政治问题的事实，它的目的是用来解决问题的。例如，通过复杂的量化测评方法来评估政策绩效，继而得出在细节上可以改进的建议。

规范理论（b1）把某些假定事实或者假设设为既定，但这些假设并不包含道德或价值判断，通过它们来推导理论，其最终目的是在一些一致同意的假设之上发展和建立合理的普遍理论。它的主要用途是解释。最典型的就是建立在经济人和理性选择假设基础上的诸多研究成果。

这些解释性的规范理论通常通过理论导向型研究（b2）并经验地证实。好的规范理论研究会设定一系列看起来合理的假设，并且通过逻辑推理来显示这些假设将会不可避免地得出让读者惊奇的结论。读者要么必须接受这些令人惊奇的结论，要么就得重新审视那些看似合理的假设。所以，规范理论通过逻辑论证，而不是直接考察政治事实来提供洞见。[44]

通常，大多数研究都是包含不止一种类型的混合体。本书对互联网内容监管事实和技术层面的描述与分析，大体属于政策导向的研究（a2），力图通过对经验世界的把握描摹，来为政策改进提供可用建议；但在不同角色的不同行动逻辑分析部分，尤其是政治文化的内在动因部分，则较多采用了规范理论（b1）和理论导向型（b2）的模式，通过设计一系列基本假设，来构建一种有解释力的学理分析框架；至于论文的余论，又非常接近规范哲学（a1）的方法，试图为实然走向应然架设价值上的桥梁。

如果，一个理论可以充分满足三个标准——重要性、简明性和预测准确性，那么它就会成为一个有用的工具来简化我们对复杂现实的认知。[45]这也是本书的最大野心所在。

---

[44] W. 菲利普斯·夏夫利：《政治科学研究方法》（第6版），第5—7页。

[45] 同上，第18—19页。

二、解释为主解读为辅的方法

社会科学有两个传统，一是解释传统，二是解读传统。前者的目的不在于寻找事物内在的逻辑关系，而在于理解和厘清特定人类活动在特定文化条件下的内在含义或意义；后者的目的则是寻找具体事物或事件的内在机制以及与之相应的因果、辩证或历史性关系。[46]解读方法的目标是找出一个一般化的概念词汇，并把这一词汇当作模型或一个工作背后的理论，比如超级文本、他者化、日常抵抗等，它的好处是可能迅速加深我们对某一事件的认知，但缺点也很明显，就是很容易发生削足适履的过度解读情况。而解释的核心是比较，它试图回答在不同的解释中，为什么我们所做的解释最为合理。[47]

在本书的研究中，尽管也提出尽量简练的核心命题或概念词汇，但并没有指望依靠它们来完成整个分析框架的构建。事实上，由于我们引入了多重角色多重行动逻辑的诸多观察点，仅仅依靠解读已经不能胜任繁重的阐述任务，所以，更多依靠一组假设和一组概念来实现解释目的，就成为必然的选择。

我们在本书中提出理论假设和某些概念时，试图把握三个基本原则：首先，假设和概念应建立在历史和现实经验验证的基础上，清晰易理解；其次，假设和概念应能提供某种因果解释；再次，不能因简约而牺牲解释力。

芝加哥大学赵鼎新教授提出，解释理论有三个核心视角：结构、变迁和话语。结构包括两方面，一是国家的结构及其行为方式，二是社会结构以及社会行动者的结构行为。变迁指的是由现代化、人口变化、灾害、外来思潮入侵等原因引起的种种社会变化。话语则包括意识形态、参与者的

---

[46]　赵鼎新：《社会与政治运动讲义》，社会科学文献出版社，2006，第7页。

[47]　同上，第7—13页。

认同、口号或表达策略等。[48]我们在论文的解释方法应用中，尽管没有直接借用这三个关键词去展开分析，但它已经成为重要的潜在命题，渗透到行文各处。

三、多阶层－多偏好的分析解释方法

我们在本书中还尝试提出并大幅度使用了一种多阶层－多偏好的分析方法。其要点在于，借鉴中国古典建筑理论中的"移步换景"理念，对同一个社会景观进行多身份、多角度的透视。与传统的多视角研究最大的不同是，我们不是站在一个原点向多处张望，而是每次张望都可能更换一个地点。例如在讨论政府时，就去设想政府的立场会是什么，它会怎么想，又会怎么做，为什么会那么做。在讨论机构时，则站在机构立场，它又会怎么想，怎么看，怎么行动。如此类推，尝试体会不同参与者在特定视角下的不同偏好，尝试描绘经由不同偏好看到的不同景观，尝试理解不同角度的不同参照系。通俗地说，就是将日常生活中"设身处地为他人着想"的处世风格引入到研究中，尽最大可能去理解研究对象的出发点，不轻易假设研究对象不懂道理。这种一方面将整体打碎，一方面又将平面立体化的努力，也许可视为一种后现代的学术风格，但在追求理论的整体性和强解释力方面，又烙上了深深的现代主义印记。

更重要的是，在单一线性视角中，研究者不由自主会有某种真理话语在握或者文本霸权在手的潜在想法，他方的观点要么只是供批评的靶子，要么把各家的差异处理为平铺直叙的综述。而在多层级的方法中，首先，它消解了唯一真理的地位，将偏好有差异的各方视为地位相近的平等对话者；其次，它不是轮流上台发言的演讲模式，而是存在问题观照和观点张力的论辩模式；再次，它是发散的，但又不是点状的，景变而议题不变，

---

[48]　赵鼎新：《社会与政治运动讲义》，第23页。

步伐变而逻辑不变。要言之，它旨在搭建一个貌似统一文本中的内在交流机制，在寂静表达中形成参与式的文本协商与会话。它既不充当火热的政策捍卫者或现实批判者，也没有指点航程的野心，而是尽量以一种温润的胸怀调适过热或过冷的各方，企图找寻各方的基本共识，从而促进和解与改良。

第四节　本书基本框架

本书的逻辑结构遵循由事实到学理，由单视角到多视角，由行动到观念，由现象到文化的一般轨迹。按照这一思路，全书分为以下部分。

先是"绪论"。主要介绍选题的由来、本选题研究现状、主要研究方法与研究框架及可能的创新。

第一章是"互联网的扩张与渗透：网民、网站、网络应用"。借助各类统计数据勾勒互联网在中国的发展线索，指出它呈现三条变迁轨迹，即：从精英到平民；从圈层到网格；从外接到嵌入。互联网上的信息交换和内容表达在这三重轨道上快速拓展。

第二章是"互联网上的民意表达与传播机制"。不断涌流的个人表达不仅以"众声喧哗"的热闹形式挑战既有的"霸权独白"，针对焦点事件的公共讨论更是以集中喷发和具备威胁的"井喷"模样，成为网民介入现实政治生活的神兵利器。在乱花迷眼的声音和事件迷雾中，本章尝试探究和总结民意凸显的机制，关注来自江湖的表达意愿，究竟如何对庙堂的施政产生了效果。

第三章是"互联网内容的政府监管：可观察性偏见"。从法规与行动两个层面对互联网内容监管展开一般经验描述，并试图说明，批评者眼中的严厉，辩护者指称的宽容，乃是由于参照系选取的不同，各自成立。

第四章是"内容监管的单线性视角：政府主导下的政策学习过程"。

在前互联网时代，监管一直是中国政府占据主导地位的政策思维模式。当互联网这一新生事物兴起时，政府一度迷惘，但很快便展现出极强的政策学习能力。十余年的经验证据表明，它已经将传统的监管工具移植到互联网领域并应用得日趋纯熟：在时间维度上，变垃圾桶决策模式为分类主导模式；在空间维度上，化"虚拟"为"真实"；在技术维度上，从被动防御向立体防控演进。

第五章是"内容监管的多层级视角：不同角色及其不同行动逻辑"。本章是我们实践方法论的重点部分，突破单一视角和线性思维模式，展开对互联网的多层级考察，指出互联网内容监管至少可区分为四种不同角色，即充当主导者的中央政府，充当执行者的部门与地方政府，充当协作者的运营机构，以及充当自律和相互监督者的网民。在此基础上，又分别对不同角色的不同行动逻辑进行诠释，例如：中央政府可能是基于全能国家的治理惯性、信息多元的合法性困局、虚拟广场的挤迫效应、以退为进的博弈策略；部门与地方可能是基于仕途平安的利弊权衡，或者监管政策的寻租可能，或者多重比大小的博弈惯性；运营机构可能是基于资本与权力的双重威慑；网民可能是基于认同、冷漠或者谨小慎微。

第六章是"监管行动背后的政治文化：社会记忆的唤起与重构"。本章是学理剖析的深度所在。沉淀于传统中的政治文化是一种深深的社会记忆，它不仅是当下行动的某种路径依赖，其本身也在不断唤起中重构。我们在此提出了三个重要假设，即：父爱主义执政风格；革命传统与假想敌；公众心灵的集体化。

第七章是"监管预期与效果：事实及评价"。通过对弱监管、中监管、强监管不同时期下的内容表达案例证明，监管预期与效果之间存在较大落差。内容监管间歇性失常导致的诸神狂欢与网民暴戾，仍是时常可见的网络生态。对互联网监管的批评乃是基于自由价值偏好，要使批评引发共鸣，应当体会政府的现实权衡。

第八章是"走向宽容与合作治理"。指出监管各方都应有更多耐心，对彼此树立更多信心，才能逐渐走出治乱困局。如果要对未来有所期待，我们认为，合适的道路是提升公民美德与敦促政府责任，一起走向协商政治。

本书尽力超越琐碎经验和偶然事件的撞击，克制研究者个人的价值偏好，对中国互联网内容监管政策进行了全景式总结。尤其是从政策学习的角度观察分析，通过时间、空间和技术的多维切入，较好地还原出政策演进的轨迹。

本书尽力超越单一和线性的思维模式，创建出多阶层—多偏好的分析框架，细致考察不同行动角色及其不同行动逻辑，既为本项研究提供了深入内部的探究可能，也为类似研究提供了普适性的方法论启示。

本书提出了三个政治文化的假设，并从耐心与信心角度探讨治乱困局，具有强烈的知识本土化色彩，部分克服了西方学术中心论的褊狭。

当然，本书的局限也显而易见，由于实证研究的严重匮乏，相关演绎推理和文本诠释得出的结论，在可信度和解释力方面无疑大打折扣。而限于篇幅和功力，本书在使研究对象碎片化方面做得也还远远不够，例如将运营机构视为一体，将地方政府和部门捆绑，都有明显的缺陷。这将是未来研究的努力方向。

第五节　关键概念解释

本书使用的"国家防火墙"一词，来自英文The Great Firewall of China（简写为Great Firewall，缩写GFW）的意译（一般翻译为"防火长城"），它于1999年在一篇英文报道中首先出现[49]，2002年以后被西方学者普遍接受。早些时候，它主要是指国家对互联网内容进行自动审查和过

---

[49]　Charles Bickers, Susan V. Lawrence, "A Great Firewall", *Far Eastern Economic Review*,Vol.162,No.9,Mar.4 ,1999;Charles R. Smith, "The Great Firewall of China：Beijing Developing Electronic Chains to Enslave Its People",2002.http://www.newsmax.com/archives/articles/2002/5/17/25858.shtml.

滤监控、由计算机与网络设备等软硬件所构成的系统，后来逐渐扩大到国家在其管辖互联网内部建立的多套网络审查系统的总称，包括相关行政审查系统。[50]在本书中，该概念更多是一种隐喻用法，以形容其法律的完善、技术的强大和主要用于政权保卫的政治功能。在少数地方，还被用来形容机构和网民的普遍自律，即"防火墙在国民心中"。

本书使用的"内容监管"[51]不是一个十分精当的学术概念，"内容"和"监管"的内涵都被我们刻意放大。首先，这里的"内容"不仅包含一般意义上的信息，还包括以互联网为载体来实现的意见表达甚至虚拟行动。由于本书关注的焦点是内容而非产业，是信息与意见而非域名、病毒或垃圾邮件，所以没有使用对产业更合适的"规制"概念，以及对"困境"更合适的"治理"概念。使用"监管"在本书中更多取其日常语义，即"监督和管理"。但即便如此，该概念仍然不够明晰，或者不够中立，例如，将"自律"纳入"监管"就多少有些勉强。在我们没有找到更合适的概念之前，只好做这样一个不周全的处理了。

---

[50]　例如，美国《大西洋月刊》的专家James Fallows就认为，用"防火长城"来描述政府的整个审查体系并不准确。他倾向于使用"审查体系"来代表包括防火长城在内的整个战略。James Fallows, "The Connection Has Been Reset", *The Atlantic*, Mar., 2008。

[51]　文化部2003年颁布的《互联网文化管理暂行规定》第6条使用了"对互联网文化内容实施监管"的说法，本书使用该概念，也就有了官方出处。

第一章 互联网的扩张与渗透：
网民、网站、网络应用

第一节 互联网的基本特征

一项旨在保障在毁灭性核打击下通讯依旧能够畅通的研究计划，在美国国防部的资助下于1969年底取得了初步成果。当时，加州大学、犹他大学和斯坦福研究院的四台电脑按照分组交换的原理实现了机器之间的相互通信。也许当时的人们并未料到，这个被称为阿帕网（APPANET）的网络雏形后来竟然发展演变成为20世纪最伟大的发明之一——国际互联网（Internet）。这块貌似虚拟的空间可能是人类继外层空间之后，在民族国家以外发现的最新、最大的一块疆域。而且与在外太空的开拓不同，在那里，国家争夺的是军事霸权，非个人和私人企业所关心；所动用的技术和设备往往要耗尽国力才能保障供应，亦非个人和私人企业能够承担。在网络空间中，个人以极其低廉的成本就能围绕自己关心的主题，成为最活跃的传播和表达主体。

很奇妙的是，当一个人接听电话时他并没有去某处，但当一台电脑连接上互联网后，这个静止的身体突然在空间上，在运动状态上到处扩散。网络成为虚拟地形学中一种拟像的领域，电脑屏幕代替了挡风玻璃。在这种经验中，"航行者"进入了一个苍茫世界，却又止步于一种"无深度的表面"。[1]这种"崭新的平面而无深度的感觉，正是后现代文化的第一个，也是最明显的一个特征"。[2]

为了说明互联网的特性，我们有必要简单说明互联网的工作原理。早在20世纪60年代，把多个电脑连接起来的内部网络（Intranet）就已经开始广泛应用于军队、机场和银行等系统中。这类网络的共同特点就是有一台中央控制的大型电脑，用来存储和处理数据，授权用户只能实现和中央主机的互访，网络与网络之间、用户与用户之间是互相隔离的。在该系统中，信号从出发点到达目的地只有一条路径，系统对用户的控制非常方便。致命的缺陷也正在于此，如果切断了从出发点到目的地中的任何一处，通讯就会中断。

互联网与这些内联网最大的差异就在于它采用了与"中央控制式"网络不同的"分布式网络"结构，即降低中央主机的重要性，无数的电脑只需要通过硬件接口和安装全球适用的通讯协议——TCP/IP——就能互相连接，每一个点都可以不依赖中央主机来与另一个点建立联系。在该方式下，"条条大路通罗马"，在整个通讯过程中，网络只关心最终效果——把数据送达目的地，而不关心过程——从哪条道路把数据送到。

麻省理工大学媒体实验室主任尼葛洛庞帝（Nicholas Negroponte）教授曾就互联网这种特有的信息传递模式作过浅显明了的说明：

> 一个个信息包各自独立，其中包含了大量的讯息，每个信息包都可以经由不同的传输路径，从甲地传送到乙地。现在，假定我要从波士顿把这段文字传到旧金山。每个信息包（假定包含了10个字母、信息包的序列号码，再加上你的姓名和地址）基本上都可以采取不同的路径，有的经由丹佛，有的经由芝加哥，有的

---

[1] 马克·纽尼斯：《网络空间的鲍德里亚：网络、真实与后现代性》，闫臻译，原载*Style*, 29, 1995。

[2] 詹明信：《晚期资本主义的文化逻辑》，三联书店，1997，第440页。

经过达拉斯，等等。假设当信息包在旧金山依序排列时，却发现6号信息包不见了。6号包究竟出了什么事？……核战争的威胁令大家忧心忡忡。假设6号信息包经过明尼阿波利斯的时候，敌人的飞弹恰好落在这个城市，6号信息包因此不见了。其他的信息一确定它不见了，就会要求波士顿重新传送一次（这次不再经过明尼阿波利斯了）。也就是说，因为我总是有办法找到可用的传输路径，假如要阻止我把讯息传送给你，敌人必须先扫荡大半个美国。没错，在寻找可用的传输路径时（假如越来越多的城市被敌人摧毁），系统的速度就会减慢，但是系统不会灭亡。了解这个道理非常重要，因为正是这种分散式体系结构令互联网络能像今天这样三头六臂。无论是通过法律还是炸弹，政客都没有办法控制这个网络。讯息还是传送出去了，不是经由这条路，就是走另外一条路出去。[3]

更精彩的是，TCP/IP协议还是一种自由开放的标准，能够在技术进步和不断的实践中继续完善，从而为互联网未来的发展敞开最大可能性。[4]美国前总统克林顿在其施政公文中，把基于这种技术的互联网结构形象地称为"数字神经系统"。1995年10月24日，"联合网络委员会"（FNC）正式通过了一项关于"互联网定义"的决议：

　　联合网络委员会认为，下述语言反映了我们对"互联网"这个词的定义。"互联网"指的是全球性的信息系统——

　　1、通过全球性的唯一的地址逻辑地链接在一起。这个地址是建立在"网络间协议"（IP）或今后其他协议基础之上的。

---

[3] 尼古拉·尼葛洛庞帝：《数字化生存》，海南出版社，1997，第274页。

[4] 赵晓力：《TCP/IP协议、自生自发秩序和中国的互联网法律》，北京大学内部工作论文，2000。

2、可以通过"传输控制协议"和"网络间协议"（TCP/IP），或者今后其他接替的协议来进行通信。

3、可以让公共用户或者私人用户使用高水平的服务。这种服务是建立在上述通讯及相关的基础设施之上的。[5]

互联网发展至今，以下几个基本特征已经充分显现出来：

一、开放性

在互联网的一批创始人共同编写的《互联网简史》中，作者们强调："互联网的关键概念在于，它不是为某一种需求设计的，而是一种可以接受任何新的需求的总的基础结构。"[6]

美国国家研究委员会（NRC）编辑的《理解信息的未来——互联网及其他》一书中，也明确提出，所谓"开放的网络"是指："可以进行各种类型的信息服务，（这些信息）可以来自各种类型的提供者，可以给各种类型的用户使用，可以经过各种类型的网络服务机构，而且，这种连接应该是没有障碍的。"[7]

作为一个开放的系统，每一个局部的、单独的网络都可以根据自己的需要来进行设计，可以有自己的接口、自己的用户环境，只是在接入互联网这一点上，遵循TCP/IP协议即可。换言之，全球联网电脑只要遵守这种协议，就能实现跨国界、跨技术平台的讯息传递。

互联网用最底层的技术来实现最大程度的兼容和开放。开放也使得互联网的价值随着网络规模的扩张呈现几何级数的增长。

借助博客、维基、开放资源软件、预测市场等技术手段，公民们可以

---

[5] 郭良：《网络创世纪：从阿帕网到互联网》，中国人民大学出版社，1997，第160页。

[6] http://www.isoc.org/internet history/.

[7] 郭良：《网络创世纪：从阿帕网到互联网》，第170页。

充分实现信息聚合，并对既有的提案不断进行编辑、论证、修改以及补充。不断扩张和密织的互联网，确实在相当大的程度上瓦解了由电话公司、出版社、报刊编辑部等建构起来的人工秩序，无论对不对、好不好，某种无组织、无目的、无计划的"自生秩序"已经出现在互联网世界。

二、反控制

互联网透过简单的"包切换"原理，使得分散的并行计算也能达到大型机的集中计算能力（这种计算能力以往只有企业和国家才拥有），但这还不是最重要的，重要的是，计算的结果（信息）比计算的过程更引起人们的兴趣。许多人先是被互联网上丰富多样的信息和便捷、廉价的信息交换方式吸引进这个空间，在进入之后却成为信息的主动提供者（如个人主页），和各种交流场所（如BBS）的义务维护者，从而使流通中的信息成倍增长。在互联网中，信息的处理早已变成天文数字，任何一部企图担当起控制中心的主机都避免不了崩溃的命运，主机只好成为数据交换中的一个一个"节点"——中转站。发展到今天，从技术上说，已经没有任何一个国家或利益集团能完全控制互联网。互联网由此显示出的游离性质，使得传播得以"弥漫"开来。[8]

三、低成本

英国学者本·安德森（Benedict Anderson）曾经精辟地论证过由于"印刷资本主义"（print capitalism）的出现，有效地排除了人与人以及群体与群体之间面对面的直接交流的需要，从而造成了小至一个民族大到全球都是一体的强烈感觉，他用"想象的共同体"（Imagined Communities）来指

---

[8] 杜骏飞：《弥漫的传播》，中国社会科学出版社，2002。

称民族国家和阐释民族主义的起源。[9]而早在20世纪60年代，传播学界的天才学者麦克卢汉（Marshall McLuhan）仅仅因为电视的大规模发展，就敏锐地预见到将会出现一个"地球村"。[10]但无论是印刷资本主义还是电视背景下的地球村，都是由国家和大型商业机构在主导大众传媒，普通公众不但接收信息的途径少，内容已被过滤，而且反过来向大众广泛传播自己思想的可能性更是几乎不存在的。那些企图对抗主流意识形态的组织和个人，往往由于控制大众传媒的成本过于高昂而只能望而却步或者难以扩大影响。

对于公民个体而言，只有互联网提供了以最小成本介入传播的技术条件。首先，理论上讲，个人只需要一部能上网的电脑，支付必要的网费，任何人不用通过政府机构批准、检查、修改，就能实现大范围的信息传递。其途径起码有四种：一是个人对个人的异步传播，例如电子邮件；二是多人对多人的异步传播，例如论坛（BBS）；三是个人对个人，或对不确定的多人的同步传播，例如在线闲谈；四是多人（包括团体）对个人、个人对个人、个人对多人的异步传播，例如各种接收信息的活动。其次，它把海量的并且时刻都在增生的信息，以实时互动与异步传输并举的技术结构聚集在一起，随用随查，随用随取，"在大众传播史上第一次你将体验不必是有大资本的个人就能接触广大的视听群。互联网络把所有人都变成了出版发行人。这是革命性的转变"。[11]

四、匿名性

出于保障隐私的考虑，互联网自建设之初，就没有设定有效的身份鉴别功能，流传已久的笑话说在网上无人知道你是人还是一条狗，它遮蔽了

---

[9]　本尼迪克特·安德森：《想象的共同体：民族主义的起源与散布》，上海世纪出版集团，2003。

[10]　马歇尔·麦克卢汉：《人的延伸：媒介通论》，四川人民出版社，1992，前言。

[11]　约翰·布洛克曼：《未来英雄：33位网络时代精英预言未来文明的特质》，海南出版社，1998，第108页。

现实世界中彰显人们身份特征的识别标志，只用一个数字代码来表明身份。此外为了增强民众对网络通信和电子商务的信心，公用秘钥加密术不断发展成熟，对数据流动进行加密早已从一种极少数专家才知道的尖端技巧变成一种人人可以自己动手做的事务。正是这种有加密术作保障的匿名行为，再加上身体的不在场和"沙皇权威"的消解，使得人们在网上的行为格外大胆，可以最大限度地按自己的渴望行动，满足参与、追求新奇刺激和互动的欲望。

此外，互联网匿名性的特别之处还在于，这种表达和传播的机制在相当程度上突破了传统把关人的审查，改变了传统政治运动中必须近身集结的模式，把个人电脑变成了公共生活的"介面端"，让人在客厅、卧室等"幽暗处"就可以"公开喊话"，并以互动方式直接进行公共参与，模糊了公共与私密空间的感知和界线。在这里，"流动空间"（Space of Flow）[12]取代"地点空间"（Space of Place），成为政治表达的聚集地。

五、互动性

互联网作为一种狭义的、小范围的交流，其"点对点"的直接传输功能使它成为私人之间通信的极好工具；作为一种广义的、宽泛的、"多对多"的交流方式，互联网又能通过网站、论坛、邮件列表、新闻组和博客等多种方式，成为介入成本最低而交流传播面最广的媒介。

互联网提高了公民的参与能力。信息以数字化的比特（bit）方式存在，并能以光速无障碍传播这一特质，结合网络开放式设计原则，开创了信息多元传递和言论自由的新局面；由于传播成本相对低廉，它使得财力有限的组织和个人通过网络广泛传播其思想的能力大大增强，完全受大众传媒控制的状况得以改观。

---

[12]　Manuel Castells：《流动空间：资讯化社会的空间理论》，载台湾《城市与设计学报》，第1期，1997年6月。

互联网增强了互动。与电视传播那种单向、选择面窄、自由度低的特性相比，基于个人电脑的网络更加富有个性，信息的获取和传递可以随时随地进行，个人也能够更加从容地选择、吸纳和传播。它创造了全新的、平等的、没有强权或中心的信息空间，引起了传播从单向到交互的质变。

第二节　网民主力：从精英到平民

中国自1994年4月首次接入互联网以来，网络发展状况一直呈现高速的跃迁态势。

受国家主管部门委托，中国互联网络信息中心（CNNIC）自1997年10月开始发布中国互联网络发展状况统计报告。报告提供的翔实数据对回答诸如"谁、何时、在哪里、如何使用互联网、互联网的影响"等基础性问题帮助巨大，受到各方面的重视，已经成为了解中国互联网全景的权威文本。

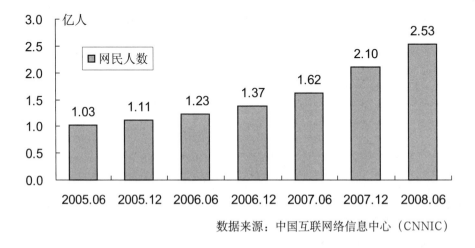

数据来源：中国互联网络信息中心（CNNIC）

图1.1　近年来中国网民人数增长情况

2008年7月CNNIC发布的第22次报告显示，截至2008年6月30日，中国网民总人数为2.53亿人，网民规模跃居世界第一位。[13]网民总数是1997年10月第一次调查时网民人数（62万）的408倍，是2001年6月网民人数（2,650万）的将近10倍。

截至2008年6月底，中国互联网普及率达到19.1%，目前仍只有不到1/5的中国居民是网民。这一普及率略低于全球21.1%的平均互联网普及率。目前全球互联网普及率最高的国家是冰岛，已经有85.4%的居民是网民。中国的邻国韩国、日本的普及率分别为71.2%和68.4%。与中国经济发展历程有相似性的俄罗斯互联网普及率则是20.8%（如图1.2所示）。

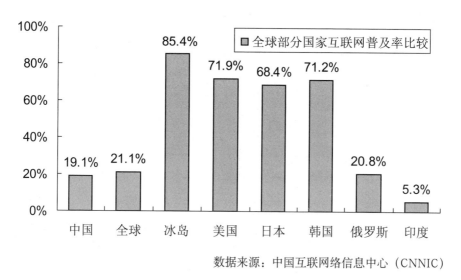

数据来源：中国互联网络信息中心（CNNIC）

图1.2 全球部分国家互联网普及率比较

在职业方面，中国网民中学生人数已到7,600万，在网民中的比例仍为最高（30%），如果计算2.1亿中小学生互联网的渗透率，则达到36%，远

---

[13] CNNIC对网民的定义为：半年内使用过互联网的6周岁及以上中国居民。历次报告全书可参见http://www.cnnic.net.cn/index/0E/00/11/index.htm.除非明确指出，报告中的数据均不包括香港、澳门、台湾地区。论文各章引用的CNNIC数据皆可从上述网址获得，以下不再单独标注。

远高过全国平均水平，其中高中学生互联网渗透率更是超过6成；其次是企事业单位工作人员，比例占到25.5%，排在第三位的是管理层（包括党政机关干部和企事业单位管理者），占到了网民总数的10.7%。

下面选取和本研究有关的几个指标简单评述：

一、网民性别

CNNIC的最新调查结果显示，男性网民占53.6%，女性网民占46.4%（如图1.3所示），男性依然占据网民主体。但统计同时显示，女性网民的增长速度明显高于男性网民。

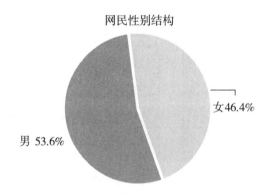

数据来源：中国互联网络信息中心（CNNIC）

图1.3　网民性别

二、网民年龄

调查结果显示，网民中18岁至24岁的年轻人所占比例最高，达到30.3%，其次是18岁以下的网民（19.6%）和25岁至30岁的网民（18.7%），31岁至35岁的网民占到11%，35岁以上的网民所占比例都比较低，36岁至40岁的占到8.7%，41岁至50岁的为7.8%，还有3.9%的网民在50岁以上（如图1.4所示）。

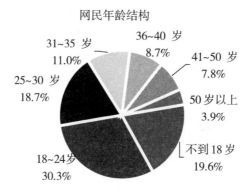

数据来源：中国互联网络信息中心（CNNIC）

图1.4 网民年龄分布

　　30岁及以下的网民占68.6%，30岁以上的网民仅占31.4%，网民在年龄结构上仍然呈现低龄化的态势。事实上，历次调查结果都显示，网民中18岁至24岁的年轻人最多，远远高于其他年龄段的网民而占据绝对优势。

三、网民文化程度

　　调查结果显示，网民中文化程度为高中的比例最高，达到39%，其次是初中（23.8%）和大专（15.9%）。文化程度为本科及以上的网民比例仅为15.3%（如图1.5所示）。随着网民规模的逐渐扩大，网民的学历结构正逐渐向中国总人口的学历结构靠拢，这是互联网大众化的表现。

　　在CNNIC的历次报告中，网民文化程度这一关键数据在数年之间发生了意味深长的变化。下面是简单的直观比较：

网民学历结构

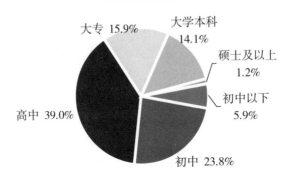

数据来源：中国互联网络信息中心（CNNIC）

图1.5　网民文化程度分布

表1.1　网民文化程度变化图（1997—2008）

统计时间	高中（中专）以下	高中（中专）	大专	本科	硕士	博士
1998.7	6.9%	34.2%		49.6%	7.5%	1.8%
1999.7	2%	12%	27%	48%	9%	2%
2000.7	2.54%	12.79%	32.81%	45.93%	4.94%	0.99%
2001.7	8.7%	28.8%	26.7%	33.6%	1.8%	0.4%
2002.7	11.5%	30.5%	26.3%	29.2%	2.1%	0.4%
2003.7	13.9%	30.9%	27.1%	25.5%	2.1%	0.5%
2004.7	12.6%	30.6%	26.0%	28.2%	2.1%	0.5%
2005.7	14.2%	31.3%	25.6%	26.0%	2.6%	0.3%
2006.7	17.8%	31.6%	23%	24.7%	2.3%	0.6%
2007.7	21.9%	34.2%	20.1%	21.9%	1.9%	
2008.7	29.7%	39%	15.9%	14.1%	1.2%	

（作者根据CNNIC历次报告整理）

上述数据显示，高中（中专）以下文化程度网民一直呈现上升态势；高中（中专）网民人数在2001年6月中国网民人数突破2,500万大关后比例迅速升高，而大专及以上文化程度网民比例则略有下降。

四、网民个人月收入

表1.2　学生网民与非学生网民个人月收入分布对比

	学生网民	非学生网民
500元以下	74.7%	10.8%
501—1,000元	17.2%	11.4%
1,001—2,000元	5.3%	32.0%
2,001—3,000元	1.3%	21.6%
3,001—5,000元	0.9%	15.0%
5,000元以上	0.6%	6.8%
合计	100.0%	97.6%

调查结果显示，个人月收入在500元以下（包括无收入）的家庭网民所占比例最高，达到30.5%，其次是月收入为1,001元到2,000元和2001元到3000元的网民（比例分别为23.8%、15.3%），个人月收入在5,000元以上的网民所占比例为6.7%。虽然个人月收入在500元以下（包括无收入）的网民比例最高，但这主要是学生网民比例提升的缘故。如果区别学生网民和非学生网民，则收入分布图如表2所示。总体上看，低收入网民仍然占据主体。

因此，综合以上数据，可以描绘当下中国典型网民的特征结构如下：

男性、未婚、30岁以下、高中及以下学历、月收入在2,000元及以下（含无收入）。该类典型网民在各项特征数据中所占比例分别为53.6%、55.1%、68.6%、68.7%、67.5%。

数年前，有人研究过2001年前的调查数据后认为，中国互联网用户主要群体的特征是：接受过或正在接受高等教育，年龄在18岁至30岁，居住在北京、上海等大城市的男性。[14]

以我们的个人经验来看，1998年前后，个人电脑的费用不菲，上网方式主要是拨号，不但速度慢，而且价格昂贵。以当年南京电信的费用为例，每小时的上网费高达20元左右，1999年降为12元左右，2000年降为6元左右，此后包月使用方式开始推出，价格才大幅度下降。因此，上网的收入门槛要求很高。在2000年之前，主要的网民集中在高校、国家机关和外企。

大致可以判断，在互联网成为一种普及性应用之后，网民主力已经从"物以稀为贵"的准精英阶层演变为普罗大众的平民群体。

第三节　网站结构：从圈层到网格

CNNIC的数据显示，截至2008年6月30日，中国网站数为191.9万个，年增长率达到46.3%（增长示意图见图1.6）。如果追溯到1997年首次统计，发展更是惊人。当年数据为网站数1,500个；1998年7月统计为3,700个；1999年统计为9,906个。

其实，最重要的并不是网站绝对数量的增长，而是网站的深层结构正在酝酿重大变化。这一变化的核心理念或发展趋势被业界精英含混地称为Web2.0（互联网2.0）。[15]

Web2.0概念的提出也许要追溯至2004年美国《连线》杂志的主编Chris Anderson的一个发现。他在《长尾现象》[16]一文，揭示了互联网和信息

---

[14]　邱泽奇：《中国社会的数码区隔》，载香港《二十一世纪》，2001年2月号。

[15]　尚进：《WEB2.0赐予中国互联网什么力量》，载《三联生活周刊》，2005年6月23日。

[16]　Chris Anderson, "The Long Tail".http://www.wired.com/wired/archive/12.10/tail.html.

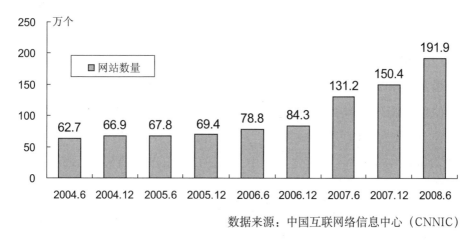

数据来源：中国互联网络信息中心（CNNIC）

图1.6 近年来网站数目增长

产业不但促进大众文化的流行，也为"小众文化"提供了更多的出路。Anderson注意到，传统店面销售的书店，最多只能同时准备三万种书，那些需求量很少的书很快就会下架，货架要让给有更多需求的书；畅销书当然摆在最显眼的地方，同样的地方摆放不畅销的小众读物显然是不合算的。换句话说，如果以销量为纵轴、品种为横轴画一条曲线，传统书店的曲线"尾巴"很短。某一销量以下的品种不再经营，"尾巴"到那儿就断了。然而网上书店亚马逊，它的大约1/3的销售额却来自其13万种最畅销的书目之外。也就是说，亚马逊的曲线"尾巴"很长。原因其实很简单，在网络上展示图书的亚马逊，根本不需要传统书店那样的店面。传统书店靠店面展示图书，每一寸店面、货架都要计租，当然只能在店面置备读者较多的图书，乏人问津的小众图书只好下架。而对于亚马逊来说，只负担图书的储存和配送成本，一本书不管流行不流行，储存和配送成本都是一样的，这样给小众卖书和给大众卖书，就没有多大区别了。同样，连储存、配送成本也免去的在线网上音乐商店，可以把长尾的尾巴推得更长。RealNetwork旗下的Rhapsody音乐商店，在最流行的那1万首歌曲之外，卖出的曲目数量更多。实际上，一些现在已不流行的老歌，很多时候只能在网上音乐商店的那条长尾巴里找到，而这时候，那老歌的CD、磁带之类，可能早已下架、绝版了。

2005年，O'Reilly媒体总裁Tim O'Reilly正式提出了Web 2.0的概念，并引发全球IT业界的热捧。在他看来，Web 2.0的经验是：有效利用消费者的自助服务和算法上的数据管理，以便能够将触角延伸至整个互联网，延伸至各个边缘而不仅仅是中心，延伸至长尾而不仅仅是头部。[17]在那篇"What Is Web 2.0？"的重要论文中，Tim O'Reilly以预言般的口吻说道：

> 2001年秋天互联网公司（dot-com）泡沫的破灭标志着互联网的一个转折点。许多人断定互联网被过分炒作，事实上网络泡沫和相继而来的股市大衰退看起来像是所有技术革命的共同特征。股市大衰退通常标志着蒸蒸日上的技术已经开始占领中央舞台。假冒者被驱逐，而真正成功的故事展示了它们的力量，同时人们开始理解了是什么将一个故事同另外一个区分开来。[18]

从技术上看，实践Web2.0的应用元素包括：博客（Blog，包含文字、声音、图像、视频，让个人成为主体）以及Rss（简易聚合）、Web service（Web服务）、开放式APIs（开放式应用程序接口）、Wiki（维基）、Tags（分类分众标签）、Bookmark（社会性书签）、SN（社会网络）、Ajax（异步传输），等等。

从个体体验来说，Web2.0带给我们的是一种可读写的网络，这种可读写的网络表现于用户是一种双通道的交流模式，也就是说网页与用户之间的互动关系由传统的"Push"模式演变成双向交流的"Two-Way Communication"的模式。由此进一步拓展出诸如：个性化的传播方式，读与写并存的表达方式，社会化的联合方式，标准化的创作方式，便捷化的

---

[17] http://radar.oreilly.com/tim.

[18] http://www.oreillynet.com/lpt/a/6228.

体验方式，高密度的媒体方式等。

尽管每一种新技术出现时，倡导者都有刻意夸张和美化的方式为它摇旗呐喊，但如果我们愿意像Ian Davis一样，把Web2.0理解为一种态度而非技术[19]，那么也就不必过于苛责它是一个虚构的概念。[20]

在这一轮从国外传入国内的Web2.0浪潮中，令我们印象深刻的，可能不仅仅是这些国外服务的技术实力和满足各种各样实际需求的精彩创意，真正打动人的，其实是在他们日常运营中传递出来的那种更加尊重用户、克制、不张扬的风格和理念。比如Google恪守的不作恶原则、Flickr近乎苛刻的社区指导原则、豆瓣简洁纯粹的用户体验，无不让人觉得，他们已经不同于以前为赚钱、为发展而无所不用其极的大小网站。虽然这些应用在商业模式上还不成熟，技术上也有待完善，但是他们相对门户、email等早期互联网技术而言，在"个性"（原创能力、定制能力）和共性"聚合能力，共享能力"方面都有明显的提高，尤其是他们已经渐渐开始具有某种"网上人格"。

这反映了人类社会对互联网应用认识的加深，即：用户越多，服务越好。可以说，有一种隐性的"参与体系"内置在合作准则中。在这种参与体系里，服务主要扮演着一个智能代理的作用，将网络上的各个边缘连接起来，同时充分利用了用户自身的力量。

2006年2月23日，中国互联网协会紧跟潮流，对外发布《中国Web2.0现状与趋势调查报告》。报告指出，Web2.0是互联网的一次理念和思想体系的升级换代，由原来的自上而下的由少数资源控制者集中控制主导的互联网体系转变为自下而上的由广大用户集体智慧和力量主导的互联网体系。互联网2.0内在的动力来源是将互联网的主导权交还个人从而充分发掘了个人的积极性参与到体系中来，广大个人所贡献的影响和智慧和个人联系形成的社群的影响就替代了原来少数人所控制和制造的影响，

---

[19]　http://internetalchemy.org/2005/07/talis-web-20-and-all-that.

[20]　http://www.tbray.org/ongoing/When/200x/2005/08/04/Web-2.0.

从而极大解放了个人的创作和贡献的潜能，使得互联网的创造力上升到了新的量级。[21]

Tim O'Reilly概括了Web2.0的重要特征如下：

> 互联网成为平台（参与体系）而不是利用互联网来统治和控制；
>
> 充分重视并利用集体力量和智慧；
>
> 将数据变成"Intel Inside"；
>
> 分享和参与的架构驱动的网络效应；
>
> 通过带动分散的、独立的开发者把各个系统和网站组合形成大汇集的改革；
>
> 通过内容和服务的联合使轻量的业务模型可行，分享经济的模式；
>
> 注重用户体验的持续的服务（"永久的Beta版"）；
>
> 服务和应用无处不在。[22]

回到本书的主题，无论业界的说辞多么令人眼花缭乱，变化的趋势还是清晰可见的。在我们看来，互联网初期的网站结构大体可以用圈层来描述，其核心是大型门户网站，其中间层是依托于门户或者资本雄厚的论坛群或虚拟社区，外围是个人主页和小众化商业网站。我们可以想象一种波纹扩散的水面涟漪，在那样的圈层状态中，中心的地位十分突出，事件的放大几乎离不开中心的"推波助澜"。

中国社科院社会发展研究中心2003年发布的《中国12城市互联网使用状况及影响调查报告》显示，中国网民最经常访问的网站"非常集中"，且基本为中文门户网站。排列前五名的是：新浪、搜狐、网易、雅虎和

---

[21] 该报告简版见http://www.internetdigital.org/report/Web20_Report_Sample.pdf。

[22] http://www.oreillynet.com/lpt/a/6228.

21CN。新浪、搜狐、网易三大门户网站巨大的传播影响力已辐射全国范围。[23]

而在当下及可见的未来，这种圈层结构即便没有瓦解，也有转变为网格的趋势。网格的基本特征是多中心，网状蔓延。事件的发生扩散不一定是从中心扩散，甚至时常会出现局部爆炸性传播后，才被旧中心感知的景象；或者它根本就是在局部涌动，拒绝进入旧中心。

在2002年至2004年的几年间，旧有圈层结构中的外围，即BBS和个人主页在多重法规和专项运动的挤压下奄奄一息，似乎中心要一统天下。但2005年起，博客的异军突起又搅乱了格局。它不但传承了BBS和个人主页的大部分功能，而且依托新的技术特征，表现出更为耀眼的去中心力量。

据CNNIC发布的调查，2006年中国网民注册的博客空间3,375万个，博客作者超过1,749万人（1人可能拥有1个以上博客空间）。虽然博客在中国呈现出浓厚的娱乐化倾向，网民建博客的目的（可复选），83.5%为了"记述自己的心情"，但同时也有60.2%为了"表达自己的观点"。阅读博客已经成为网民上网习惯的组成部分。经常阅读博客的活跃读者有5,471万人。[24]新浪网各频道中，Page View数量第一的就是博客。个人网站虽然内容比标准模板的博客丰富得多，占到中国全部网站的21.9%，但其对互联网舆论的影响力还是要逊于博客。

2007年12月，中国互联网络信息中心公布的《2007年中国博客调查报告》显示，中国博客作者数量已达4,698.2万人，拥有博客空间7,282.2万个，平均每人1.55个。其中活跃博客在其中占到36%左右，为1,691.3万人，这一比例在全体网民中的数量也为9.4%。[25]

博客的个人化写作模式，以及博客圈的小众交流模式，皆是网格结构

---

[23]　郭良：《中国12城市互联网使用状况及影响调查报告》，中国社会科学院社会发展研究中心，2003年9月。电子版可见http://www.wipchina.org/?p1=download&p2=33。

[24]　2006年中国博客调查报告，http://www.cnnic.net.cn/uploadfiles/pdf/2006/9/28/182836.pdf。

[25]　报告全文可见 http://www.cnbeta.com/articles/45926.htm。

的有生推进力量。而少数博客精英的强感召能力，也为局部意义上的多中心诞生提供了民间滋养的土壤。

其实不单是博客，广义的网络社区发展也十分迅速，不仅有过去的聊天室（IRC）、论坛（BBS），也有交互式聊天的ICQ/OICQ/QQ或微软MSN。这些社区形式各异，内容丰富，功能多样，规模、数量很难统计。但毋庸置疑的是，这种以人际交往为主的数字化生活已经开始成为一部分人的生活方式。

有研究者通过实证数据发现，在Web2.0时代，网民因为不同的网络使用行为而在社会资本上存在差异。那些博客、大众分类网站和社会交友网站的使用者，比非使用者具有更多的网络社会信任、更广更多样的社会网络，并且增加了他们的网下社会参与。[26]

第四节　网络应用：从外接到嵌入

1995年，尼葛洛庞帝就预言："网络真正的价值正越来越和信息无关，而和社区相关，信息高速公路不止代表了使用国会图书馆中每本藏书的捷径，而且正创造一个崭新的、全球性的社会结构。"[27]2006年，互联网之父伯纳斯·李（Berners-Lee）在W3C年会上发出激情宣言："主流网络（Mainstream Web）已经站在再次革命的起跑线上。"在他的字典中，语义网络（Semantic Web）是这次网络革命的技术核心，革命的关键词恰是人们耳熟能详的——一个是互动，一个是定制。这回的变，是从眼球经济到体验经济的变，是技术彻底退出网络生活前台的改变。[28]

---

[26]　邓建国：《Web2.0时代的互联网使用行为与网民社会资本之关系考察》，复旦大学新闻学院博士论文，2007。

[27]　尼葛洛庞帝：《数字化生存》，海南出版社，1997，第15页。

[28]　柯斌：《嬗变，让我们忘记互联网》，载《新京报》，2006年6月1日。

在中国，互联网应用正在以结构而不是枝蔓的方式在城市中迅速普及，快速走过了信息工具—互动媒介—日常生活延伸的不同重心阶段，用我们的说法，网络起初是改变获取信息的方式，继而是创造出拓展的传统平台，现在则在改变人们交流的方式。它从有距离的外接物件正在转化为无缝链接的嵌入体[29]。

一、中国人心目中的互联网形象

从1999年开始，美国加州大学洛杉矶分校（UCLA）传播政策研究中心启动"全球互联网项目"（World Internet Project），在各国找寻合作伙伴，旨在通过问卷调查的方法，了解互联网对社会的影响。中国社会科学院社会发展中心作为该项目的中国合作方，在2001年、2003年和2005年先后发布了3份重要的报告。报告设计了一个有趣的题目，试图通过通俗的比喻了解互联网在人们心中的印象。从2005年的调查结果看，把互联网看作信息中心的人最多（占被访者的79%），其次是新闻媒体（55.1%），认为互联网是游乐场和社交场所的比例非常接近，分别为36.5%和36.3%，2003年认为互联网是图书馆的比例最高，达到了52%，而2005年持同样看法的人却只占被访对象的29.5%。认为互联网像是学校的比例也只有19.1%。[30]

我们可以说，将互联网视为信息中心、图书馆或学校的比例下降，而

---

[29] "嵌入"本是一个计算机程序用语，被美国社会学家格兰诺维特（Mark Granovetter）别具匠心地应用后，开辟了新经济社会学的方法论视角，它旨在回答"人类行为如何受社会结构影响"的经典问题。格兰诺维特指出，行动者不是像在社会情境之外的原子一般行事或决策的，同样，他们也不是对于偶然身处某一社会阶层中而对其所规定的教条言听计从。相反，他们有目的、有意识的行为往往是嵌入于真实存在并不断发展变化的社会关系系统中。参见Mark Granovetter, "Economic Action and Social Structure: Embeddedness", *American Journal of Sociology*, Vol. 91,Nov., 1985。我们在这里使用"嵌入"概念，并不涉及格兰诺维特似的复杂考虑，更多是借用其可以想象的字面含义。

[30] 郭良：《2005年中国5城市互联网使用状况及影响调查报告》，2005年，电子版可见http://www.blogchina.com/idea/2005sumdoctor/diaochabaogao.doc。

将其视为游乐场和社交场所的比例上升，正是互联网从工具性应用到生活化应用的变化在人们内心的投射。

二、上网时间

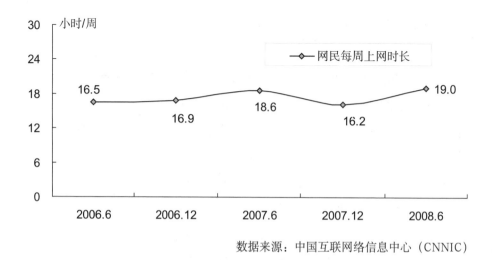

数据来源：中国互联网络信息中心（CNNIC）

图1.7　网民上网时长历史对比

CNNIC第22次报告显示，网民每周上网时长为19个小时/周，减弱极端值影响，上网时长中位数为14个小时/周。

从CNNIC过去几次的同期调查数据来看，网民每周上网时间的起伏较大。2001年网民平均每周上网8.7小时；2002年为8.3小时；2003年同比2002年增加4.7小时，增长速度较快；2004年同比略有下降，从2005年开始，网民每周上网时间开始逐年增加；2006年网民平均每周上网16.5小时，与去年同期相比增加2.5小时，达到了新的历史高度（如图1.8所示），甚至已经超过了世界上许多互联网发达国家和地区的网民平均上网时长。

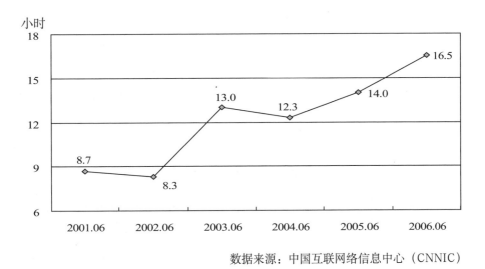

数据来源：中国互联网络信息中心（CNNIC）

图1.8 历次调查网民平均每周上网小时数

人们对互联网的使用越来越频繁，越来越舍得花费时间，或者说越来越离不开它，既跟网络内容不断充实、网络使用费用不断降低有关，也证明互联网对人们生活的影响力正逐步增强。

三、网络使用

2006年中国出版科学研究所发布《全国国民阅读与购买倾向抽样调查报告》。该项调查发现，互联网在中国的发展不但改变了我国国民传统的媒体接触习惯和接触时间，而且改变了年轻一代人的阅读习惯。其调查结果显示，2005年我国有网上阅读习惯的人群的比例已从1999年的3.7％增长到了27.8％，6年增长了6.5倍。每天清早醒来，有15％的18岁至19岁青年人和14％的20岁至29岁的青年人既不是通过电视，也不是通过报纸或广播，而是通过互联网来了解国内外时事新闻。上网看新闻、玩电子游戏、阅读网上小说成为排在前三位的我国青年网民上网的最主要内容。此外，该次最新调查结果还显示，在网上购物方面青年人也是先锋，18岁至19岁

的青年人在网上购买过日常生活用品的比例为9.9%，在网上购买过图书的
比例也有5.5%。[31]

　　CNNIC的最新报告指出，随着互联网的发展，网络不仅已经成为网民
获取信息的主要途径，已经成为很多人工作生活的好帮手，其应用领域大
大拓展（如下表所示）。

表1.3　网络应用使用率和用户规模

网络应用		比例	用户规模（万人）
互联网基础应用	搜索引擎	69.2%	17,508
	电子邮件	62.6%	15,838
	即时通信	77.2%	19,536
网络媒体	网络新闻	81.5%	20,620
	拥有博客/个人空间	42.3%	10,706
	更新博客/个人空间	28.0%	7,092
数字娱乐	网络游戏	58.3%	14,746
	网络音乐	84.5%	21,366
	网络视频	71.0%	17,963
电子商务	网络购物	25.0%	6,329
	网上支付	22.5%	5,697
网络社区	论坛/BBS访问	38.8%	9,822
	论坛/BBS发帖	23.4%	5,931
其他	网上银行	23.4%	5,931
	网上炒股/基金	16.9%	4,288
	网络求职	14.9%	3,775
	网络教育	18.5%	4,669

---

[31]　中国出版科学研究所：《全国国民阅读与购买倾向抽样调查报告》，2006，内部版。

两年前的调查结果还显示，浏览新闻、搜索引擎、收发邮件是网民经常使用的三大网络服务，三者的选择比例分别为浏览新闻66.3%，搜索引擎66.3%，收发邮件64.2%，这三大网络服务的选择比例领先其后的第二阵营20个百分点以上。如今，随着宽带用户的规模膨胀，音乐、视频等娱乐功能得到了更广泛的相应；而博客和新一代互动社区的普及，又将更多的人际交往转移到了互联网上。

我们先来看看2006年及之前的互联网应用数据（见下表）。

表1.4 网民互联网应用变化（2001—2006）

统计时间	上网时间（小时/周）	电子邮箱	搜索引擎	文件上传下载	浏览新闻	网上聊天	网络游戏
2001.7	8.7	74.9	51.3	43.9	39.5	21.9	15.8
2002.7	8.3	92.9	63.8	51.0	40.3	45.5	18.6
2003.7	13.0	91.8	70.0	43.0	37.8	45.4	18.2
2004.7	12.3	84.3	64.4	38.2	62.1	40.2	15.9
2005.7	14.0	91.3	64.5	25.8	79.3	20.7	23.4
2006.7	16.5	64.2	66.3	33.9	66.3	19.9	31.8

（根据CNNIC历次报告整理）

当时的媒体将这种嵌入式的简单生活表述为"信息化的三点一线"[32]：

不再需要晨报，唯恐天下不乱者都早早地跑去看门户新闻了；不再需要守着电话交流，腾讯QQ或者微软MSN足以让话唠

---

[32] 尚进：《信息化的三点一线：谁在催生网瘾》，载《三联生活周刊》，2006年8月14日。

们聊够天；各种网络棋牌室和泛滥网路游戏私人服务器，一直被认为是中国办公室效率低下的根源；而搜索引擎的线性使用，正在昭示新一代少年不再需要《十万个为什么》，也让那些坚信网络改变一切的人们，在知识上自认为可以万事不求人。

表1.5　2008年6月和2007年12月网络应用使用率排名变化

排名	网络应用名称	2008.6比例	网络应用名称	2007.12比例
1	网络音乐	84.5%	网络音乐	86.6%
2	网络新闻	81.5%	即时通信	81.4%
3	即时通信	77.2%	网络影视	76.9%
4	网络视频	71.0%	网络新闻	73.6%
5	搜索引擎	69.2%	搜索引擎	72.4%
6	电子邮件	62.6%	网络游戏	59.3%
7	网络游戏	58.3%	电子邮件	56.5%
8	拥有博客/个人空间	42.3%	政府网站访问	25.4%
9	论坛/BBS访问	38.8%	更新博客/个人空间	23.5%
10	网络购物	25.0%	网络购物	22.1%
11	网上银行	23.4%	网上银行	19.2%
12	论坛/BBS发帖	23.4%	网上炒股票基金	18.2%
13	网上支付	22.5%	网络教育	16.6%
14	网络教育	18.5%	网上支付	15.8%
15	网上炒股/基金	16.9%	网络求职	10.4%
16	网络求职	14.9%		

这些新的数据显示，数字化生活已经超越了"三点一线"的单调，它已经变成网民日常生活不可或缺的组成部分。

一位美国在华的资深IT人士经过比较后，认为中国人已经开始了数字化生存：[33]

> 中国在许多领域都领先于美国，如中国网民将大量在线时间用于娱乐。基本上，当美国人使用互联网发送邮件、搜索信息和阅读新闻时，中国网民用它来聊天、听音乐或看实时电影。他们也花费更多的在线时间下载音乐和电影（通常使用P2P分享技术），以及玩游戏。有趣的是，虽然西方关注于中国的一些互联网限制，但是更多的中国网民通过博客表达其观点——这比在美国更常见。只有在少数领域，中国还落后于美国，主要包括网上工作搜索、网上购物或网上银行。

> 为了进行这些活动，中国用户将一天中大部分时间花在数字化应用上。仅看在线时间一项，中国人平均每天花在互联网上的时间超过2.7小时。将这个数字乘以上网人数，就可以得出，每天中国用户的在线时间总量高达5.7亿小时！

在互联网年轻又快速的成长史中，尽管诸多细节早已面目全非，但其开放性、反控制、匿名性、低成本和互动性等最基本的特征并未发生质的变化。这些特征既与活跃的互联网信息传播和意见表达有关，也因为"自由的代价"产生诸多负面效应，强化了各方对互联网监管的欲求。

也正是因为互联网这些引人入胜的特点，它在中国的发展极度迅速。若单以用户数量衡量，能在10年间从数十万猛增到2.53亿的，大概只有手机的普及率超过它。截至2008年5月，工业和信息化部公布的数据显示，

---

[33]　耐迪贤（Christoph Nettesheim）：《中国人的数字化生存》，载《21世纪经济报道》，2008年6月28日。

中国手机有效号码使用数已经达到5.92亿，手机上网以其特有的便捷性获得了很多网民的认可。目前使用手机上网的网民数已经达到7,305万人，占全部网民数的28.9%。[34]

可以从各种翔实的数据变迁中看到，当网民人数飞涨，其精英成分就越发被稀释，其平民特征就越发凸显。在某种意义上，我们甚至可以说，网民的低龄、低文化程度、低收入趋势，与互联网的"乱象"有某种必然的因果关联。所谓"愤青"（愤怒青年）的说法，形象地道出了典型网民的脸谱。

近年来先是在业界风起，继而被公众接受的Web2.0新概念，描述或展望了网站技术的革新一面。类似博客这样的充分"以用户为本"的新技术，正在将被强势权力和雄厚资本掌控的互联网中心慢慢肢解，呈现涟漪状扩散的圈层结构有望被纵横交错注意力分散的网格结构取代。搜索、交往和个性化表达，使得互联网越来越像一个复杂的社会仿生物。

至于网络应用，也在从外接变为嵌入。嵌入有强烈的咬合、融入，成为一体之意，而外接更多强调其附属和工具价值的一面。在网络"曲高和寡"的早期发展阶段，网络应用领域较少而花费较多，缺乏致命吸引力；当它应用丰富而费用低廉后，其吸引公众的魅力指数大增。在日常生活的诸多领域，起码年轻一代已经很难摆脱网络的纠缠了。

从精英到平民、从圈层到网格、从外接到嵌入，互联网在中国就这样大踏步扩张与渗透开来。无论是否喜欢，它都展现了一副张扬面孔，好像无所不在，好像信马由缰。那么，该约束什么？能约束它么？

信息技术本来就是一把双刃的剑，既可以为表达的自由创造条件，也可以为监控的强化创造条件，甚至还有足够的手段和力量布置起无所不在的眼线和防线。

---

[34]　CNNIC第22次报告。

第二章 互联网上的
民意表达与传播机制

第一节 网民：一个新社群的成长

2009年1月，中国互联网络信息中心（CNNIC）发布了《第23次中国互联网络发展状况统计报告》。[1]报告显示，截至2008年底，中国网民人数达到2.98亿（宽带接入者2.7亿），超过了英国、德国和法国的人口之和。纵向比较，网民数已是1997年10月第一次调查时的481倍，是2003年的3.7倍。互联网的普及率达22.6%，首次超过21.9%的全球平均水平。

规模如此庞大的新式人群，从主权国家的户籍管制和身份识别系统中局部剥离出来，他们以更加模糊、更加多元的面孔在互联网上游弋，既可以轻易跨越信息化的领土边界，又能在瞬间聚集起群情激奋的议事广场；既可以冷静理性表达对单个议题的个人见解，也能快速促成地面集体行动。"民意在网络上的现身，不再是嘘的一声，而是轰的一声；不再是意见领袖振臂高呼，而是陌生人成群结队。"[2]这肯定是史无前例的现象。

对于1970年代以前出生的人来说，网络更像是外置的技术工具，可以连接，也可以卸除。但1990年后出生的城市年轻一代，几乎和互联网一

---

[1] 报告全文见CNNIC网站，http://www.cnnic.net.cn/uploadfiles/pdf/2009/1/13/92458.pdf。

[2] 王怡：《网络民意与"程序正义"》，载《中国新闻周刊》，2004年1月19日。

起成长，他们是互联网的"原住民"，网络应用和日常生活融为一体，难以区隔。网络社群人口的激增和平民化趋势，改变了互联网的传播模式。互联网早期的民意表达，带有较强的"知识分子"气质，直到2003年"孙志刚收容致死案"引发"新民权运动"[3]时，精英的主导和作用还显而易见；但到了2007年前后，"新意见阶层"[4]崛起，普通网民在更大范围自主问政问责，从重庆"史上最牛钉子户"、厦门PX事件到山西"黑砖窑"，"谁都别想蒙网民"[5]。

我们当然可以用各类统计数据来描绘变动中的网民群体的物理特征，但依靠某些经验观察，也许更能把握这个新社群的特质。和现实世界的社群相比，网民群体的表现往往更具多元化、自组织色彩，因而更富有戏剧效果。

一、N重自我的放肆表达

社会学家戈夫曼曾经将个体在日常生活中的行为区分为"前台"（剧本规定的角色）和"后台"（他们真实的自我）。他深信，人们在前台情境中的自我表演是高度控制的，甚至是刻意营造或设计的。诸多个体的同质表演形成了一个个刻板化的"剧班"。观众们也一样，依据主流价值对表演者给出评价，形成另一个观看的"剧班"。[6]可是，在互联网中，个体的识别信息被大幅度遮蔽，观众群模糊不清，人们面对的是一个复杂、多样和碎片化的开放世界，传统的道德标准和参照框架，淡化为脆弱不堪和变幻莫测的背景。失去某种"社会化"控制的网民，不再需要那么循规蹈矩地表演和观看，自然有胆量甚至乐意去展现私密的我、情绪化的我、

[3] 秋风：《新民权运动年》，载《中国新闻周刊》，2003年12月22日。

[4] 周瑞金：《喜看网络"新意见阶层"的崛起》，载《南方都市报》，2009年1月2—3日。

[5] 胡传吉：《2007中国网络年鉴：谁都别想蒙网民》，载《南方都市报》，2008年1月13日。

[6] 戈夫曼：《日常生活中的自我呈现》，浙江人民出版社，1989，第1、2章。

夸张的我、丰富的我。有一种说法是，现在的网民正像30年前的农民、20年前的乡镇企业家那样，自发地、每日每时地释放着非体制的力量，表达着新的权益要求。[7]

二、集体行动的瞬间收放

互联网上的人际关系相对简单，在它通过线路搭建起来的巨形蛛网中，住着太多亲切的陌生人，"交流"在这里成为某种可以随用随取的物质。更妙的是，它还设计了一个连线或者脱机的"开关"，使得交往可以随时展开，也能够戛然而止。它扩展了人的群居本性，又不滋长极度亲密可能造成的过分忧伤。在这种没有门牌号码、没有科层结构、没有章程规范的松散社群中，网民们有社区无单位、有意见无领袖、有集结无纪律。集体行动无需长时间酝酿，没必要精心组织动员，暴风骤雨说来就来，厚重乌云说散就散。

三、流动空间的蝴蝶效应

互联网社群的特别之处还在于，网民的意见表达和信息传播在相当程度上突破了传统"把关人"的审查，把个人电脑变成了公共生活的"介面端"，在卧室、办公桌、网吧等"幽暗处"就可以"公开喊话"，模糊了公共与私密空间的感知和界线。在这里，"流动空间"（Space of Flow）取代"地点空间"（Space of Place）[8]，构建了一个空前巨大的、人人可以置身其中的网络"舆论场"。越来越多的事实证明，在互联网通达的地方，

---

[7]　中国社会科学院信息化研究中心：《中国互联网网民报告（2008）》，载汪向东主编：《中国网情报告》，第1辑，新星出版社，2009。

[8]　Castells Manuel, "An Introduction to the Information Age", *The Information Society Reader*, Ed. Frank Webster, London and New York: Routledge, 2004, pp.138—149.

一件"小事"可能在瞬间就被放大，一个"小地方"的一点"小动静"，也可能立即就被世界瞩目。2008年中国大事频发、波澜起伏，互联网更是无可争辩地成为信息传播和舆情汇集的主流媒体。

第二节　互联网民意表达的技术途径

十几年前，互联网社会在全球范围内还处于初建阶段；而今天的互联网已经成为强势的社会舞台，既是信息的发源地，也是民意的发泄场。

互联网已经凭借其传播优势构建了一个巨大的、人人可以置身其中的网络"舆论场"[9]，它打破了由传统大众传媒所构建的民意形成机制。借助网络"舆论场"，网民可以绕过传统大众传媒，实现与政府的非直接较量。尤其在中国，"没有哪个西方国家的互联网承载了这么大的显示民意的功能"。[10]

具体说来，互联网兴起以后的民意表达和传统时代相比至少呈现出以下几方面的新特征：

一、民意的私下表达：电子邮件和即时通讯软件的兴起

在世界的许多地方，互联网兴起之前，民意的私下表达渠道十分有限。事实上，由于人际交往受到时空条件的诸多限制，当重大事件发生后，普通民众只能在家庭、朋友圈、酒吧茶馆等小范围的地方发表见解。小道消息、牢骚、私人化评论等言说，其传播的范围一般都是可以确定的。

---

[9]　"所谓舆论场，正是指包括若干相互刺激的因素，使许多人形成共同意见的时空环境。"参见刘建明：《社会舆论原理》，华夏出版社，2002，第53页。

[10]　贺卫方：《中国公众参与的网络依赖症》，载《南都周刊》，2007年7月6日。

随着电子邮件和大量的互联网即时通讯工具的兴起，人们可以相对自由地在更广泛的范围内交换私人意见。电子邮件的发送和接受的成本都很低廉，寄送一封平信的花费有时甚至可以发送上百封电子邮件，而且，其快捷的速度和自由穿越国境的能力也非传统渠道所能比拟，对个人隐私的保护功能也比电话更加强大。某种意义上，它还能打破层级界限，将你希望表达的声音直接（越级）传递到目的对象那里。

QQ、MSN等即时通讯工具是网络实时信息交流的典型体现，也是目前网络中最受使用者欢迎的一种网络服务。特别是腾讯QQ，注册用户达到7亿（不排除一人多号），QQ群超过3,000万，最高同时在线用户超过2,000万。[11]据CNNIC第21次调查统计，网民上网后的第一件事，通过即时通信工具QQ、MSN聊天的比例是39.7%。可以说，QQ、MSN等即时通讯工具彻底改变了中国人的交往模式。通过它们，网民可以更方便地实现在线的即时交流，甚至可以满足深度讨论的需求。由于这些工具完全突破了地域的界限，使得某地的信息或某人的意见，可以大范围转移交流。

在前几年一些城市的排日风潮中，互联网即时通讯与无线手机短信发挥了重要的沟通媒介作用。网民还可以通过更换头像、改变签名档等方式表明自己对公共事件的态度，也可以通过转发网络传单的方式实现网络民意的发酵汇集。2008年春天，"反藏独、抵制家乐福"的网络传单通过QQ和MSN广泛传播，并得到众多网民的热烈反应。各种支持奥运、表达爱国的网络衍生品也大规模涌现。数以千万计的QQ、MSN用户将头像换成红心，而一首《做人不能太CNN》的网络歌曲则瞬间红透了大江南北。

---

[11]　季明、李舒、郭奔胜：《网络推手们为何要主动见光？》，载《瞭望新闻周刊》，2008年6月30日。

二、民意的公开传播：新闻跟帖、论坛、聊天室

和民意的私下表达相比，互联网兴起之后，对民意公开表达的影响更加明显。在互联网兴起之前，假设有人试图通过电话向千百个人发表见解，不但会被认为行为怪异，在时间和金钱上的损耗也必定让人望而却步。如果想在平面传媒袒露心声，也必须经过"把关人"的复杂的内容审查。即使是像所谓电台热线，也有导播把关。就算有钱可以印刷大量传单，你也无法正常发行。总之，在传统时代，个人试图向大量公众发言，是处处受阻的。

互联网的兴起大大改善了公众公开表达民意时的被动局面。网民意见的发表与交流平台，首先是那些大众网络媒介，如门户网站新闻跟帖、网络社区（BBS）、聊天室（Chat Room）等。

从形态上看，网民意见发表与交流的主战场是网络社区（BBS）。一份民间调查机构的统计显示，中国拥有130万个BBS论坛，规模为全球第一；38.8%的网民经常访问BBS，用户规模达到9,822万人。[12]现在中国的BBS按其性质大致可分为三种：一是由政府下属的传媒机构主办的政治性站点，如人民网的"强国论坛"、新华网的"发展论坛"；二是由商业门户网站主办的附属讨论群，如网易论坛、搜狐论坛，在"百度"网站，网民几乎可以就任何话题设立专门论坛，平均每天发布新帖多达200万个[13]；三是只做BBS的社区门户站，如天涯社区、猫扑网以及各类高校BBS等。

各类大小不一、题材和参与人群各异的专题讨论组共同烘托，任何话题、任何兴趣都可以找到知己。版友们可以在私人空间加强联系，把社区

---

[12] 祝华新、单学刚、胡江春：《2008年中国互联网舆情分析报告》，载汝信、陆学艺、李培林主编《2009年中国社会形势分析与预测》，社会科学文献出版社，2008。

[13] 季明、李舒、郭奔胜：《网络推手们为何要主动见光？》，载《瞭望新闻周刊》，2008年6月30日。

变成一个超级意见超市，不但日常生活中你能想到的各种话题能在其中找到知音，而且一旦遭遇公共事件，也立刻能够吸引庞大的人群来参与讨论。有趣的是，网民在这时甚至恰当或不恰当地自觉充当起新闻记者、事件评论员、道德审判官、法律专家等多重角色。

自从1994年中国大陆开通第一个BBS站——曙光站以来，经过长时间的发展，BBS的数量逐渐增多，如前所述，现在国内的BBS按其性质大致可分为三种。从2003年开始，"非典"、孙志刚事件、刘涌案、黄静案、宝马撞人案、"史上最牛钉子户"事件、厦门"PX"事件、陕西"正龙拍虎"事件等，都有数量众多的网民以不同的方式在各大BBS论坛发表自己的看法和意见，其中不少是将焦点聚集在不公正的个案上，进行了一场接一场的民间维权。尽管传统大众传媒对一些事件、案件无奈缺席失语，但网络上排山倒海的谴责和抗议却形成了极大的民意压力。在巨大的民意浪潮下，一些地方政府不得不有所顾忌，最终改弦更张。

论坛的更重要的功能，是实现各种观点的正面交锋。而且它在很大程度上剥离了参与者的外在身份特征，表达和辩论在不同ID之间基本平等地进行。和缺乏异见的大众媒体相比，网络论坛虽有某种无政府倾向，但从中也能够倾听到更多真实的民意。

这种信息交换和民意表达的方式，类似于从前的公共集会，只不过无需申请（严格地说，是申请程序简单）。在这些地方，言论的尺度也可以比平媒的官方标准宽松许多。

此外，借助于服务商提供的新闻组功能，或安装强大的群发邮件程序，还可以在很短的时间内向极其广大的用户群发送同样的信息。这一大大领先于传统纸媒的发行技术，可以被网民利用来制作电子刊物。一般的方法是，拟发行人向广大的网民提出自己的创意、办刊方针及内容特色，邀请或鼓励网民提供自己的电子邮件地址来"订阅"，经过简单确认后，即成为该刊的订户。在目前的互联网中，存在大量免费的电子刊物，一些非机构制作的新闻和文学类的电子刊物，其发行量单在中国就能达到上百万。和完全公开的网站相比，新闻组以会员制形式整合兴趣爱好相近的人群，成为民意表达的重要手段之一。

　　网站和论坛一般直接面向公众，不设访问和介入的身份限制。大多数政治类邮件列表和新闻组则通常处在半公开甚至秘密状态，以会员制的形式整合兴趣爱好相近的人群。在某些人群中，邮件列表和新闻组还成为政治结社的技术方式，这种集结，由于隐蔽性强而更有团体力量，同时也更难以控制。

三、民间意见阵地：个人网站和博客的蔓延

　　在互联网兴起之前，个人介入大众传播的几乎唯一的途径是成为传媒的一分子，在传媒的公共平台上有所局限地展现个人特色。一些乐于向公众发言的社会活跃人士，也只能通过著书立说，或在传媒上开辟"专栏"，接受"专访"，或担任"嘉宾主持"，来实现自己的表达愿望。

　　互联网兴起之后，个人可以自己开辟阵地。被称为"Homepage"的个人主页（其中一部分又扩充为拥有独立域名和丰富内容的网站），就是互联网上最绚丽的风景线之一。由于国家和服务商对主页创办者的资格审查比创办平媒宽松很多，互联网就变成了无所不包的主页集市。任何人只要具备足够的软硬设备与网络漫游经验，便可以使得无尽蔓延的发表空间透过电脑荧屏呈现在受众眼前；原本被排挤在传统媒体版面之外的作品，也可以直接面向公众而无需再去争夺那片僧多粥少的领地。

　　好景不长，多重法规和专项运动的挤压使得它们奄奄一息。但从2005年起，博客（Weblog）的异军突起又搅乱了格局。它不但传承了BBS和个人主页的大部分功能，而且依托新的技术特征，表现出更为耀眼的传播力量。截至2008年底，中国博客作者已经达到1.62亿。[14]一些经过网民苦心经营的博客，出于选题新颖、评述锐利、制作精美等多种原因凸现出来，

---

　　[14]　报告全文见CNNIC网站：http://www.cnnic.net.cn/uploadfiles/pdf/2009/1/13/92458.pdf。

在网民的影响甚至可以和平媒一比高低。一些隐匿真实身份的网络意见人与技术高手也因此成为以虚拟ID为名义的民间意见领袖。

博客的个人化写作模式，博客圈的小众交流模式，以及社会名流实名制博客的强感召能力，都为局部意义上的"去中心、反控制"提供了土壤。政治类博客的兴起，以及公民记者的出现，象征网民偶尔掌握了意见表达的麦克风。

在宪政民主国家，政治家必须招揽选民，他们很早就注意到网络在塑造形象和强化沟通方面的强大功效，在政党和议会选举中，各主要候选人、利益集团和民间社群都建立了自己的网站。

在强调话语平权的互联网上，弱势群体，如艾滋病人、同性恋者等也经由网络平台得以扩大影响、彰显话语权利。在极端的意义上，甚至一些国际恐怖组织、犯罪集团也明目张胆地建立了自己的网上据点，用以扩张自己的非法势力。

在多数后发展国家，出于维护稳定的需要，大多实行严厉的政治管制，带有强烈政治目的的民间网站是不被许可的。商业网站在处理政治事件也极其小心，避免触雷。不过，从理论意义上说，商业网站"不欢迎讲政治"的醒目标记，也恰恰说明了政治对互联网的影响是难以回避和无处不在的。

四、民意的涌流：互联网与传统传媒的互动

在互联网兴起之前，传统平媒也偶尔设立所谓互动的交流途径，例如刊登读者来信，接受热线电话，进行征文等活动，但其范围和影响有限，而且内容也必须受到严格审查。

互联网兴起之后，它本身的技术特征和网络服务商的利益驱动，一齐把互动推向了新的台阶。网络在线调查、即时点评和多渠道的参与，现在都已经成为平常的事情。在竞争的压力下，传统平媒也向网络衍伸，即使是通过电视、电台和报刊举办的活动，一般也提供互联网的接口。无需等

待批准，无需等待印刷，网民可以立即发表或看到民意。

2000年4月，搜狐网率先推出"我来说两句"新闻跟帖，开创网民参与讨论评论新闻报道的先河，大大提高了网民阅读网络新闻的兴趣。以闹得沸沸扬扬的哈尔滨"天价医药费"事件为例。2005年11月23日中央电视台《新闻调查》率先播出《天价住院费》，当日下午17时许，新浪转载此报道，反响非常强烈，至当日24时，跟帖近5,000条。大部分网友都表示非常气愤，"这和拦路抢劫有何两样"、"强烈抨击这种行为"。有人质疑患者550万巨款来路不明，有人则马上提出反对，认为钱怎么来的"与医药费无关"。总体看来，对这种公共性的话题，网民关注度与参与度非常高，某一网站单条新闻的留言数量最多可以高达数十万条，但往往比较简单，很大一部分是一种情绪化宣泄。

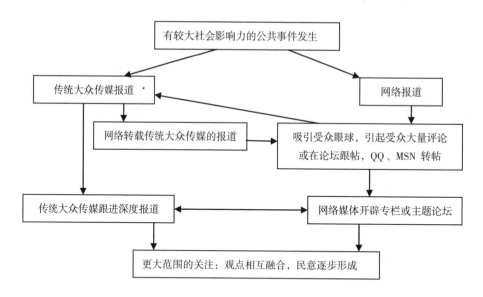

图2.1　网络民意形成的过程模型[15]

---

[15]　王波：《"舆论场"情境下的网民与政府互动》，南京大学硕士论文，2008。

随着互联网的普及，中国已经锻造出一个新的舆论形成机制。如果说上世纪真理标准讨论主要是依托于官方纸媒，由《光明日报》《人民日报》加上新华社国内部大声疾呼，那么今天牵动全国的舆情不少是以互联网为发端，至少也经过互联网的推波助澜。

必须指出的是，网络民意表达的弥散性传播不代表它没有凝聚力。恰恰相反，如下图所示，在某一时间段，网民所关注的事件/话题集中程度非常高，这说明网民对社会敏感问题的关注点、价值取向呈现惊人的相似和趋同。

互联网上的信息以什么样的方式被选择性地传播，还是一个需要进一步深究的题目。给人的印象是，它类似混沌学所说的"蝴蝶效应"，牵一发而动全身。当某种有影响的事件出现以后，很快就在网络上各个论坛、新闻组以及邮件列表等地方迅速做出反应，并以"多对多"的交流形式在电子空间里"一石激起千层浪"。许多源于民众的自发性抗议很快就会自发形成有组织的网上集体行动。这种活动，即使是在对媒体和舆论予以高度控制的国家和地区，也会由于互联网的爆发性特征而措手不及。

互联网上活跃的民意表达对传统政治生活的影响还在不断彰显之中，显而易见的是：

（一）互联网削弱了集权控制的能力

一般意义上的现代民族国家可以通过对学术研究、教育制度、意识形态、大众传媒、出版机构的集中控制而垄断知识、控制意见。知识的生产和信息的传播往往采取集中—分散—再集中—再分散的纵向模式进行，在每个环节都不可能没有国家的监控（要逃离这种监控，只有采取面对面的私密交流方式，但这无疑限制了信息的传播半径；面对面的交流也决定了交流的内容不可能不受到交流者互相进行身份体认的影响）。互联网对这种"传统的治理"技术构成了自后者产生以来所遇到的最大的冲击。

表2.1　三大社区关注的热点话题/事件（2007年1月1日到11月20日）[16]

	事件／话题	天涯社区	凯迪社区	强国论坛	合计
1	华南虎真伪事件	1750	728	598	3076
2	五·三〇股灾	826	923	641	2390
3	山西黑砖窑	404	634	974	2012
4	重庆最牛钉子户	278	698	403	1379
5	超女唐笑怒对武警战士	1040	113	213	1366
6	南京彭宇案	691	317	212	1220
7	猪肉涨价	429	338	294	1061
8	国家药监局局长郑筱萸案	183	196	669	1048
9	汽油价格上涨	214	210	482	906
10	嫦娥一号卫星奔月工程	153	172	475	800
11	人民币升值	125	236	327	688
12	五一长假取消利弊之争	178	168	203	549
13	太湖蓝藻	153	181	198	532
14	中国选秀末年	152	245	122	519
15	北京纸包子事件	125	171	161	457
16	广州警察开枪打死副教授	132	日4	53	249
17	手机单向收费	72	82	93	247
18	新世界七大奇迹	84	92	66	242
19	牙防组	45	53	96	194
20	"晒工资"风行网络	57	76	48	181

[16]　祝华新、胡江春、孙文涛：《2007中国互联网舆情分析报告》，新华网。http://news. xinhuanet.com/newmedia/2008-02/05/content_7565553. htm.

尼葛洛庞帝把权力的分散视为数字化生存四大特质之首，认为传统的中央集权的政治观念将随着网络的发展成为明日黄花。[17]

信息不仅是一种工业必需品或商品，由于各种形式的权力、包括公众的生计都一天比一天更加依赖于信息，对信息的了解与掌握也就成了民主政治的生命线。在互联网出现以前，大型计算机及其对信息的垄断处理方式是权威、组织乃至技术精英统治的有力象征。反主流文化团体宣称，必须进行一场革命以使数百万人有机会调用世界上的各种数据库，这是大众获得自主权利不可或缺的条件。

事实上，一部电脑技术的发展史，就是一部从集权不断趋于分权的历史。其中有两个意义重大的转折，一个是电脑从中央控制式的大型主机转变为普通百姓也可使用的个人电脑，另一个就是网络的兴起。前者类似贵族专有向平民化的转变，它强化了分权和平等的观念；后者使亿万台计算机连同电缆和卫星技术一起，交互作用，这一不放过任何东西的庞大的信息蛛网，对打破信息垄断和由此衍生的集权控制，潜在地具有颠覆作用，同时，由于它扩大了公众的选择机会，也天然地符合民主精神。

同样重要的是，互联网这种可以把五大洲迅捷联系起来的无孔不入的传播形式，造就了更加有分量的全球舆论，一国内部的事务将越来越多地引发世界范围的讨论。它虽然还不具备说服政府的能力，但意见的全球化，已经抬高了政权忽视舆论的代价。

（二）互联网改善了民主参与的技术手段

民主作为人类社会政治生活的一种政治体制，意味着公民能够广泛地参与公共事务，当家做主。但是，人类社会一直难以真正实现充分发达的民主，这其中技术上的限制是一个重要障碍。这些障碍起码表现在：

地理的限制。充分的民主，需要大家在一起探讨公共事务，然后共同

---

[17]　尼葛洛庞帝：《数字化生存》，海南出版社，1996，第269页。

作出决定。但是人类生存空间的不断拓展，使这种可能性越来越小。

参与形式的限制。即使地理上的阻隔减到最小，人群能够聚集在一起讨论，那么所有人都要发言的时间成本还是任何社会都无力承担的。

信息的限制。充分发达的民主，需要参与者对于公共事务有充分的认识，这种认识是以大量的信息为基础的。在信息获取渠道有限的传统社会里，参与的能力被大打折扣。

在存在上述技术障碍的情况下，代议制的确是大范围实现民主的一种选择，但是，它毕竟还是制约了民主的充分发展。

麦克卢汉面对1960年代大规模发展的电视就曾经预言："随着信息运动的增加，政治变化的趋向是逐渐偏离选民代表政治，走向全民立即卷入中央决策行为的政治。"[18]而网络作为新的政治参与途径在技术手段上无疑更具威力，它在突破上述技术瓶颈方面为人们展现出了诱人的图景。当互联网被广泛应用于政治后，它必然推动公民与政府官员的直接对话，提高民意在政府运作中的分量，从而在很大程度上改变未来政治参与的结构与模式。

（三）互联网有助于政治社群的整合

前面已经提道，网络中信息的分布和流动不再是线性而是网状，不再是一律而呈现了个性化，人群被不断细化。由于利益的表达和聚合更加自由，兴趣爱好相投的人们在线路上即使进行跨越国界的聚会和组织活动也相当容易，不必提交申请或支付任何有形的管理费，网民们甚至可以自己进行民意测验，围绕各种争论组成自己的"电子政团"或"电子院外集团"。政治活动"变得如此轻而易举，以致再没有什么规模太小或太涣散的事业"[19]。

可以认为，互联网兴起之后，的确提供了比前互联网时代更多的途径供网民平等参与，自由发言。这种日趋多元化和自由化的民意表达状况，

---

[18] 马歇尔·麦克卢汉：《人的延伸：媒介通论》，四川人民出版社，1992，第234页。

[19] 比尔·盖茨：《未来之路》，北京大学出版社，1996，第338—339页。

对曾经被大众传媒集中掌控的舆论引导权力、精英生产机制，形成了严重的冲击。

2008年7月，美国几家"共享民主制"主力网站的代表在纽约"个人民主论坛"上齐聚一堂。该论坛是全美关于科技与政治相互影响的会议。他们在会上展示了一大批新工具，使选民能够评论和编辑法律草案，旁听议员发言，监督政治献金和议会投票之间的联系。一些仍在完善的工具甚至试图将像"Digg"和"Reddit"这种高参与度网站与"Facebook"和"LinkedIn"这样的社交网络联合在一起。"现代科技将使民主发生翻天覆地的变化，"阳光基金执行主席艾伦·米勒说，"网络新技术有机会让全体人民参与政治，这种方式将从根本上挑战现有政治权力架构，而这也让那些民选官员必须为其决策负责。"[20]

当然，互联网民意通过分散的、自律的沟通行为，是否就能形成符合民主法治的理想，是不是就能达成与公共性要求相适应的均衡，答案未必乐观。

首先，公民中存在的信息差距——包括计算机持有能力与上网条件这两个方面的不平等——会影响知情权、参与权的享有或行使，使得一部分人在很大程度上被排除在公共事务的讨论和决定过程之外。既然信息技术也可以视为社会资本，那么，网民与非网民之间的鸿沟，就好比城市户口与非城市户口之间的鸿沟，会形成截然不同的利益群体。

其次，无数的网站、博客、社会网络林立，很容易导致网民内部分离为大量的小集团，出现"鸡犬之声相闻，老死不相往来"那样的分节化、阶式化的格局。身处其中的人们往往只选择自己偏爱的领域或信息，只与兴趣相投的人们聚谈，引起相互理解和沟通上的障碍，导致公共性丧失甚至无序化。

再次，在电脑空间里，自由流转的信息具有很强的公共物品的特

---

[20] Jeremy Caplan, "The Citizen Watchdogs of Web 2.0", *Time*, Jun.30, 2008. http://www.time.com/time/business/article/0,8599,1819187,00.html.

性。由于不存在支持信息交易的产权和价格体系，民间提供有价值信息的诱因是比较薄弱的。倘若提倡互联网的自生秩序原则，那就必须解决如何激励自发的信息投资的问题，否则真正重要的信息聚合反倒难以实现可持续性发展。[21]当然，个人的好奇心、表现欲望以及志愿者精神也可以成为提供信息和交换信息的动力，但随之而来的，还有信息垃圾和信息过剩的流弊。在这样的状况里，对网民个人而言，排除无谓的甚或有害的信息将显得比自由选择信息更加重要，从而导致电脑空间对信息过滤装置的需求，进而导致监控成本和解纷成本渐次上升。

第三节　民意表达的传播机制：三种新途径

毫无疑问，在一个"单一喉舌"的国家，互联网的普及大大改善了公众表达民意时的被动局面。

可是，纷繁的民意究竟是怎样在这个网络平台上表达、扩散，继而聚集井喷的呢？

一、热帖、跟帖、转帖：汇聚偏好的草根投票机制

必须承认，中国互联网的信息供应和意见表达还是权力主导、资本合谋。网民则在权力与资本双重把关的旧模式中努力突围。

和国家垄断的"单一喉舌时代"相比，中国传媒的改革历史，可以部分地视为权力和资本互相博弈的历史。十余年潮起潮落，互联网先是技术天才和民间财团的天堂，继而国家权力通过法律和行政手段重掌信息发布的主控权，但商业资本并未简单束手就擒。在非偶然的重大议题传播

---

[21]　季卫东：《通过互联网的协商与决策》。http://blog.sina.com.cn/s/blog_561956c90100b2yl.html。

环节，意识形态主管机构有条不紊地按照既定套路，先由权力意志筛选过滤，再透过官办门户网站传递信息，商业门户网站只能亦步亦趋跟随发表；不过在非关政治的一般选题上，商业门户网站拥有较大自主权，他们毫不手软，以尽可能吸引眼球的方式捕获民众注意力，除了打色情擦边球外，也很擅长制造民生议程。

和以往传播机制最大的不同在于，遨游于信息海洋中的网民未必被权力和资本设置的重心牵引掌控，他们仍可能按照各自的兴趣发言评论。当网民的反应达到一定强度时，他们的意见或情绪，就会在更大范围内引起几何级数的震动与共鸣。推动这个传播流程的动力机制主要有三种：

一是BBS的热帖机制。大型BBS每天自发生产的内容无数，管理者为了吸引用户浏览，设置好首页或者"置顶"的话题至关重要。但很多时候，编辑没有足够信息或能力来判断网民的阅读喜好，于是就研发出了依据点击数和回帖量判断内容热门与否的管理程序。当一个话题被不同的网民反复点击，或者被许多网民回帖评论，该内容会自动推送到首页，从而被更多后来的网民点击评论。

二是新闻的跟帖机制。尽管门户网站发表的新闻本身是经过把关的，但对网民发表读后感则控制松弛。在不人为干预的情形下，跟帖的多寡与网民的关注度明显相关。跟帖不单是网民对新闻的简单态度和评议，它还可以相互取暖，可以不断追问，可以谐谑现实，可以一针见血，可以表达诉求，可以呼唤正义。跟帖呈现出的民意，貌似散乱，却显然更接近真实世界的原生态，它还在无意中聚集了散户的偏好，彰显了草根抱团的力量。2003年开新闻跟帖风气之先的"网易"几年后向网民致敬，其创意标题就是"无跟帖，不新闻"。该网站还公布说，2008年他们总共发布了2,397,339条新闻，却收获了41,658,635条跟帖。[22]

三是蚂蚁搬家的转帖机制。互联网缓解了网民的信息饥渴，但也制造

---

[22] 骆轶航：《无跟帖，不新闻：网聚跟帖的力量》，载《第一财经周刊》，2009年1月20日。

了无数噪音，造成了信息超载的巨大焦虑。转帖并不是简单复制，而是不同背景的人对不同信息和意见的个性化筛选和再传播。一些可能引起读者兴趣的内容，很快就会被无数新闻门户、专业网站、社区BBS、兴趣小组、聊天室、个人博客转载。这种机制还使得内容监管的威力大大削弱，在此地被删除的意见，在更多的别地幸存。一传十、十传百的古典交头接耳模式，借助信息技术无损耗低成本的"群发"功能，在很短时间内就能将事件或意见传递到广阔且纵深的地带。

热帖、跟帖和转帖，形式有别，功能各异，但其发挥作用的核心原理，却十分接近民主社会中的投票模型。单就个体网民而言，他的每一次点击、回帖、跟帖、转帖，其效果都小得可以忽略不计；他在这样做时，也未必清楚同类和同伴在哪里。但就是这样看似无力和孤立的行动，一旦快速聚集起来，孤掌就变成了共鸣，小众就扩张为大众，陌生人就组成了声音嘹亮的行动集团。此前风靡全国的"超级女声"选秀活动，其实也是借助这样的草根投票，改变了"精英认证精英"的小圈子权力结构，获得了巨大的商业成功。事实上，互联网草根投票所表现出的民意取向，确有可能迥异于精英自以为是的判断；其聚合爆发出的能力，偶尔也会改变信息市场的力量对比，进而改变事件的结局。

二、话题、词语、故事：推波助澜的怨恨表达机制

除非有权力和资本的强力推动，否则单纯的意见表达在互联网的海量内容中很容易湮没无闻。对于网民而言，只有依托于爆炸性的事件载体，上演一次次"人民舆论战争"，才可能触动既有的威权体系。仔细观察互联网年年出现的热点事件，其诱发和快速扩散往往和三个因素有关：持续热烈的话题、出人意料的词语、一波三折的故事。

网民对公共生活的关切，表现为某些话题的经久不衰。这些话题涉及"民族、民权、民生"三大领域。刺激民族情绪的中西对抗，只要有人稍加引导，就能启动集体抗争；官家仗势欺人、执法不公，或者资本豪强对

贫弱者的直接蔑视与挑衅，也能迅即煽动大众的怒火；事件一旦涉及教育负担、医疗保障、住房价格、环境保护、食品安全等领域，由于事关民众生活幸福，民意扩散自在情理之中。

对呆板官方话语的反抗，表现为互联网的超级语文能力。几乎每一个社会热点都会导致一个网络流行语的产生。从"很好很强大"到"很黄很暴力"再到"很傻很天真"，网络流行语各领风骚数十天，你方唱罢我登场。这些词语一旦脱离事件背景，恐怕无人明白其奥妙。

为了说明词语的生产模式，我们以一组新近大热的新词略作解释。2008年至2009年，"打酱油"、"俯卧撑"、"躲猫猫"被网民誉为"中国武林三大顶尖绝学"，三个词来自三个事件。

2008年初，香港影星陈冠希深陷"艳照门"事件，网民们乐陶陶地上载欲望，下载权利。广州电视台采访一位市民，询问他对此事的看法，这位市民说："关我鸟事，我出来买酱油的。"[23]非主流的回应，戏剧化的对撞效果，激活了中国网民在南方雪灾中几被冻僵的沉重心情。只有短短几个小时，"打酱油"就席卷互联网。

2008年7月，贵州省公安厅针对"瓮安6.28严重打砸抢烧突发性事件"召开新闻发布会，发言人介绍说，在当事人李树芬溺水之前，与其同玩的刘某曾制止过其跳河行为，见李心情平静下来，刘"便开始在桥上做俯卧撑，当刘做到第三个俯卧撑的时候，听到李树芬大声说'我走了'，便跳下河中"。[24]叙述的丰满程度和离奇程度"雷倒"了网民。不到一晚，"俯卧撑"红透大江南北。

2009年2月，一个因盗伐林木被拘捕的青年，在看守所内受伤被送院，几天后死亡。云南警方称其受伤致死的原因是放风时和狱友玩"躲猫猫"

---

[23]　事件相关报道以及该词语的扩散应用，可参阅百度百科"打酱油"条目。http://baike.baidu.com/view/1601934.htm.

[24]　钱真：《瓮安事件调查：刑事案件如何演变为群体性事件》，载《中国新闻周刊》，2008年7月9日。

（南方方言，意为捉迷藏）撞在墙上。[25]躲猫猫竟然成为死亡游戏，网民不得不奔走相告。

词语带来的表达快感，不过是事件快速传播的表面现象。值得进一步追问，为什么是这些故事，而不是别的故事被网民选择性传播？个案分析的结论是，弥漫在民间社会的怨恨情结，可能才是传播扩散的真正温床。

中国改革在累积可观物质成就的同时，也激化了社会的多层面紧张与冲突，这种朝野之间时刻紧绷的"道德紧张感"，尤其突出地表现为官与民的对立、富与贫的敌意、西方列强与民族悲情的碰撞。在这几组矛盾中，相对弱势的"民"、"贫"与"本民族"，很容易被特定事件点燃义愤情绪。在"俯卧撑"和"躲猫猫"事件中，网民对政府描绘的"真相"严重置疑，折射出其公信力的塌陷；而"打酱油"事件中，"酱油男"以消极回避的方式来反抗政治化的道德训导，也契合了网民的不合作心态。此前的"宝马撞人案"是贫富冲撞，而"反日游行"、"反藏独抵制法国货"等事件，则承载着民族主义悲情。

群体的怨恨是一种特殊情感体验，它因无法或无力跨越因比较产生的差异鸿沟，一般只能在隐忍中持续积蓄怨意，或心怀不甘，或忍气吞声、自怨自艾。无权势的网民，要释放道德紧张，舒缓怨恨情绪，一种廉价的精神胜利法就是聚焦于此类事件，完成一次"想象的报复"。

就传播效果而论，就像贩卖"美丽"的人需要载体，比如化妆品和时装；试图发泄"怨恨"的人也一样，这载体通常是一系列的"故事"，最好是"感情丰富情节曲折高潮迭起"的故事。[26]零成本的故事传播，慷慨激昂的道德指控，探究真相的游戏趣味，使得这种期颐"正义凯旋"的怨恨表达，弥漫成极有声势的深度动员。

---

[25]　详情可参阅新浪网专题"云南官方邀网友调查躲猫猫事件"。http://news.sina.com.cn/z/ynduomaomao/.

[26]　都是骗银地：《"俯卧撑"背后的经济学》，见http://huajiadi.spaces.live.com/。

三、人肉搜索、恶搞、山寨：大众狂欢的消解权力机制

人肉搜索、恶搞和山寨，极具中国特色，把"无权者的反抗"发挥到淋漓尽致。略有差别的是，人肉搜索带有强烈的进攻和问责性质，恶搞和山寨则以戏谑的姿态表达消解意义和嘲弄主流价值的防御意图。

在2006年的"虐猫事件"和"铜须门事件"后，人肉搜索技术成为民意释放的极端方式，"宜将胜勇追穷寇"，不达目的不罢休。所谓人肉搜索，其实是一种充分动员网民力量，集中网民注意力，让每一个网民都充当福尔摩斯角色的网络行为。[27]它已被用来作为惩罚婚外情、家庭暴力和道德犯罪的强大工具。[28]搜索者当然也利用传统的Google、百度等检索工具，但更重视在大型社区发布"搜索令"，向知情者征集线索。发掘出来的每一个细节都被无数匿名检察官、高级神探、思想先锋以及长舌妇们细细探究，反复咀嚼。互联网在这里不仅提供了超强的资讯检索能力，还串连起无所不在的目击证人。

针对官员的人肉搜索至少可以追溯到2004年的深圳"姐姐事件"。最新的几起典型案例是陕西周正龙伪造华南虎照事件、深圳海事局林嘉祥涉嫌猥亵女童事件、南京市江宁区房产局局长周久耕抽名烟戴名表事件。

人肉搜索的狂热激情，不能填充日复一日的平凡生活；网民还需要更轻松的减压方式来打发平常时光，恶搞和山寨先后成为互联网流行的行为艺术。"芙蓉姐姐"毫无理由的自恋与自夸，带动了互联网的真人秀恶搞开端；2006年起，胡戈将陈凯歌的大制作电影《无极》重新剪辑为"一个馒头引发的血案"，则掀起了视频恶搞的集体狂欢；2009年伊始，政府掀起"整治互联网低俗之风专项行动"，网民群起"响应"，号召给西洋裸

---

[27]　Xujun Eberlein, "Human Flesh Search: Vigilantes of the Chinese Internet", *New America Media*, Apr.30, 2008.

[28]　Hannah Fletcher, "Human flesh search engines: Chinese vigilantes that hunt victims on the web", *TimesOnline*, June 25, 2008.

体名画穿上衣裳；而表达怒气的"国骂"也以谐音隐语重装上阵，随着视频《马勒戈壁上的草泥马》以及童声合唱《草泥马之歌》，在互联网的天空到处飘荡。恶搞运动开辟的反偶像和反美学的奇异道路，被人表扬为：它是人民冷嘲热讽的解构姿态，是人民喜闻乐见的文艺批评，是人民平凡有趣的精神追求。[29]

而"山寨"一词，也从商业领域的"山寨手机"、"山寨数码产品"，演化到文化层面的"山寨明星"、"山寨春晚"、"山寨百家讲坛"。文化评论者朱大可先生指出，山寨文化是后威权社会的必然产物，是民众获得话语权之后的一种社会解构运动。山寨精神的价值在于，它通过颠覆、戏仿、反讽和解构，在一些局部的数字虚拟空间里，实现了民众对自由的想象。[30]

第四节　"逼官"压力下的政府应对：保坝分洪

从道理上说，即便民众并不握有选票，要实现执政的最大收益（社会和谐、长治久安），政府也应对民意保持必要的敬畏。问题是，在较长时间里，在新闻自由和结社权利并无优势的民众，很难真实表达个体意愿，更不要说将分散的、多元的、底层的意愿汇聚起来。政府对外部环境变化缺乏清晰感知，对民众诉求的强度也无法正确判别。当下，经由互联网改进和强化的民意表达机制，既可以在扩散中聚焦，也能够在聚焦时扩散，就像在恐龙的躯体上加装了多个信息传感器：民众的意见和情绪不仅可以穿越地域管制界限大面积传递，还能绕过官僚制的层层阻隔，以事件或议题聚焦的形态直接向更高层施压。

---

[29]　引自百度百科对"恶搞"的解释，见http://baike.baidu.com/view/4337.htm。

[30]　朱大可：《"山寨"文化是一场社会解构运动》，载《时代周报》，2009年1月14日。

2008年6月20日，胡锦涛在视察人民日报社时，通过人民网"强国论坛"与网友在线交流，指出"互联网已成为思想文化信息的集散地和社会舆论的放大器"，"通过互联网来了解民情、汇聚民智，是一个重要的渠道"。[31]此前，湖南省委书记张春贤在网上给民众拜年，广东省委书记汪洋召集网民座谈会，公开欢迎网民"拍砖"。作为一种制度化的举措，各个层级的政府都设立了专门机构，收集信息，编辑互联网舆情报告，供决策者参考。

面对汹涌民意，官僚系统的应对行为也在小心调整。早在2003年，沈阳黑社会头目刘涌被判死缓，后最高人民法院迫于舆论压力，改判死刑。晚近以来，类似的案例更加频繁出现，政府的反应也越来越快。前述被网民人肉搜索的周正龙被判刑，林嘉祥被撤职，周久耕被立案查处，甚至可以说，像山西矿难、黑砖窑奴工、河北三鹿奶粉案等导致多位重量级官员落马的"问责风暴"，都和互联网传递出的民意压力显著相关。

汶川大地震后，国务院新闻办公室把突发公共事件的舆论引导策略概括为"尽早讲、持续讲、准确讲、反复讲"，这将是今后一段时期跟民意的博弈方向。2009年2月，"躲猫猫"事件引发网络热议后，云南省宣布遴选网民及社会人士组建"调查委员会"前往事发地实地调查。省委宣传部副部长解释说，以前我们面对这种公共舆论事件时，常规的做法有四种选择，一是"拖"，二是"堵"，三是"删"，四是"等"，但是现在已有走向公开、透明的决心。[32]

政府正视民意，一方面表明"以人为本"的治国理念并非纯粹套话，另一方面也显示当局对合法性危机的感受与日俱增。民意对政府行为改变的直接促动，可能来自三个方面：一是打破了政府的独家报道和真相解释

---

[31]　胡锦涛：《在人民日报社考察工作时的讲话》，载《人民日报》，2008年6月21日，可参见人民网，http://politics.people.com.cn/GB/1024/7408514.html。

[32]　相关报道参见新华网报道：《滇省委宣传部副部长伍皓等就"躲猫猫"事件答疑网民》，http://news.xinhuanet.com/legal/2009−02/22/content_10869933.htm。

权，提供了更丰富的事件内幕和解读视角；二是将具体事件置于阳光之下，不仅民众追问，上级政府也被迫行使监督权，采取挽救方式的断然行动；三是政治家重长远与官僚系统谋眼前的价值冲突，以及官场内部的权力争斗，也为民意赢得了斡旋空间。

当然，这种妥协让步，还不是制度设计的必然结果，更多的仍然是机会主义的权衡。接纳民意与控制舆论一并呈现，才是这个转型时期政府行为的常见选择。

在现有的传播环境下，政府当然明白掌控一切或者隐瞒一切皆不可能，现实主义的应对策略就是分清轻重缓急。如果将民意比喻为水坝，那么，政府的首要目标是保护大坝，防止溃堤。在水位居高不下时，对优质堤段（国家媒体）以纪律约束严防死守，对外包堤段（商业门户）靠利益制衡要求配合，对零散工程（民间社会）则选择性应对。在议题认同度较高（如奥运、反藏独）的有利时机，还要把握时间窗，即时卸闸分洪。

事实上，只要体制不变，各个层级的意识形态部门都会倾向于采取保守的管制行动。和经济部门的绩效考评取向不同，宣传主管很难证明自己的成绩，但很容易被人发现疏漏、抓住把柄。在越来越大的问责风险下，对飘忽的民意保持戒备，是"在其位、谋其政"的官员理性权衡的选择。

本章并未讨论民意表达中的群体极化等躁狂现象，官员机会主义的应对模式，也还有待实证检验。现状的不合理处很容易从外部看出，但社会究竟需要什么样的新规则，却是一种内嵌于具体时空、具体情境中的知识，不容易看清楚。如果承认边际改进的正面价值，我们或许应该对中国互联网带来的变迁，给予积极的评价。

第三章 互联网内容的政府监管：可观察性偏见

第一节 互联网治理的世界难题

在互联网摆脱美国军用目的进入民用的早期阶段，一批技术精英对其自由的前景怀抱莫大想象。1995年春，美国《时代》周刊刊载了一篇文章——《我们把一切都归功于嬉皮士》，作者斯图华特·勃兰德（Stewart Brand）说："刚刚进入互联网的人常常发现互联网决非一个由技术专家统治着，由没有灵魂的人出没的殖民地，它是一个具有鲜明特色的文化阵营。"[1]这种鲜明特色就是到处弥漫的20世纪60年代的嬉皮士社群主义和自由主义政治理念。更确切地说，网络空间政治的基本面貌是无政府主义。这一激进观点在次年被科技评论者约翰·巴罗（John Perry Barlow）[2]推上最高峰。

1996年2月，约翰·巴罗以电子边疆基金会（EFF）创始人的名义在瑞士达沃斯论坛发表了著名的《网络空间独立宣言》[3]。巴罗呼吁互联网应

---

[1] Stewart Brand, "We Owe it All to the Hippies",*Time*, Special Issue Spring,Vol.145,No.12, 1995.

[2] 1990年，约翰·巴罗与黑客精英卡普尔共同创建了电子边疆基金会（EFF），这个非赢利的公共利益机构主要是维护黑客的公民权利，开始主要为几名非法入侵计算机系统而被捕的黑客提供法律支援。电子边疆基金会时常被人称为是计算机业的美国公民自由协会（ACLU）。

[3] John Perry Barlow, "A Declaration of the Independence of Cyberspace",http://www.eff.org/~barlow/.中文版由赵晓力译，载《互联网法律通讯》，第1卷第2期。

该完全摆脱政府控制，让网民在网络空间中实现自我治理。他用诗人的激情书写道：

> 工业世界的政府，你们这些肉体和钢铁的巨人，令人厌倦，我来自网络空间，思维的新家园。以未来的名义，我要求属于过去的你们，不要干涉我们的自由。我们不欢迎你们，我们聚集的地方，你们不享有主权。
>
> 我们没有民选政府，将来也不会有，所以我现在跟你们讲话，运用的不过是自由言说的权威。我宣布，我们建立的全球社会空间，自然地不受你们强加给我们的专制的约束。你们没有任何道德权利统治我们，你们也没有任何强制方法，让我们真的有理由恐惧。
>
> 你们从来没有参加过我们的大会，你们也没有创造我们的市场财富。对我们的文化，我们的道德，我们的不成文法典，你们一无所知，这些法典已经在维护我们社会的秩序，比你们的任何强制所能达到的要好得多。

然而，短短十几年间，互联网用户规模扩展到14.6亿。[4]它的加速发展已经用一幅混乱景象证明了约翰·巴罗的激情呐喊只能是一种乌托邦梦想，他呼吁的对公权力进入的抵制也就成为镜花水月。因为没有任何有力的证据说明互联网能在无政府状态中保持洁净。

尤其是，当下的互联网早已经从一个学术和军事的专用网络演变为全球重要的信息基础设施，渗透到政治、经济、文化等各个社会领域并产生巨大的影响，关系到国家的主权和公众的利益，涉及众多公共政策，互联网诞生之初效果显著的自生自发治理机制已暴露出诸多缺陷。

---

[4] 根据预测，2010年网民将超过20亿。而WSIS（World Summit on the Information Society）所预期的目标是，到2015年，人类一半都是网民。数据比较请见http://www.internetworldstats.com/stats.htm。

2003年12月举办的信息社会世界高峰会议（WSIS）第一阶段会议上，与会各方就互联网治理问题在联合国层面展开第一次交锋。尽管各国政府、民间社团、私营部门对于互联网要不要管理、应该由谁来管理、应该管理什么内容、具体怎样管理等议题存在严重分歧，未能达成共识，但会议要求联合国秘书长安南成立联合国互联网治理工作组（Working Group on Internet Governance，WGIG）[5]，对互联网国际治理问题进行研究，并向WSIS第二阶段会议提出研究报告。

2005年，该工作组在提交的研究报告中划定了应由全球合作展开互联网治理的范围，具体包括：

（a）与基础设施和互联网重要资源管理有关的问题，包括域名系统和互联网协议地址（IP地址）管理、根服务器系统管理、技术标准、互传和互联、包括创新和融合技术在内的电信基础设施以及语文多样性等问题。这些问题与互联网治理有着直接关系，并且属于现有负责处理此类事务的组织的工作范围；

（b）与互联网使用有关的问题，包括垃圾邮件、网络安全和网络犯罪。这些问题与互联网治理直接有关，但所需全球合作的性质尚不明确；

（c）与互联网有关、但影响范围远远超过互联网并由现有组织负责处理的问题，比如知识产权和国际贸易。工作组已开始对按照《原则宣言》处理这些问题的程度进行审查；

（d）互联网治理的发展方面相关问题，特别是发展中国家的能力建设。[6]

互联网治理跨国行动的展开，宣告"网络空间独立宣言"的破产。与

[5]　其官方网站为http://www.wgig.org/。

[6]　该报告中文版见http://www.wgig.org/docs/WGIGReport-Chinese.doc。

此同时，主权国家对互联网困境的合作治理与内部治理也获得了更多认同。中国"防火长城"的降生及其扩展必须置于这样的全球化背景来考察，才能把持公允立场和冷静心态。

事实上，迄今为止，正式披露有某种"防火长城"存在，这个先有英文后有中文译名的概念，正是出于网络自由主义者的某种敏感发现。

研究互联网和全球化的独立研究员格里格·渥尔顿（Greg Walton）于2001年在加拿大人权与民主发展国际中心（International Centre for Human Rights and Democratic Development）发表了一篇报告。该报告认为，中国金盾工程是一个综合监控的系统，分数据库和监控网络两部分。他猜测政府正在开发或者计划从国外引进的有关技术包括：语言识别技术，用于自动监听电话对话；建立包括指纹识别在内的全国成年公民数据库；建立全国性闭路电视系统，完善远程监视和自动面部识别的技术；建立高保安度的光纤网络通讯系统；用可以远程扫描的智能卡取代现有身份证。除了执法和防止犯罪的应用，渥尔顿认为金盾工程还可以使警察更快更有效地应付群体社会事件，并使得对公民的全面监控，包括互联网上监控更加有效。他指出："一个庞大的智能监视网络所需科技其实复杂到惊人程度，无论如何，由于方案是模仿人类智能，所以我们可以用每个人熟悉的术语来类别这个方案：北京有意要的'金盾'监视网络有能力看见'、'听到'和'思想'。"[7]

其实，金盾工程不过是中国政府启动的众多电子政务工程中的一个，在它创建之初，互联网的麻烦还隐伏不见；而它的首要目的，也是治理真实世界优先。从各个角度看，它涉及的范围都比单纯的互联网监管要广大

---

[7] Greg Walton, "China's Golden Shield: Corporations and the Development of Surveillance Technology in the People's Republic of China", 2001.http://www.ichrdd.ca/english/commdoc/publications/globalization/goldenMenu.html.

得多。[8]

　　但是渥尔顿夸大其辞的报告仍然在西方世界引起广泛关注。2001年10月，在上海采访"亚太经合组织"（APEC）会议的西方各国记者们发现，他们无法从大会新闻中心的计算机上链接一些中国境外媒体的网页，例如美国之音（VOA）、英国广播公司（BBC）、《华盛顿邮报》（*Washington Post*）、《纽约时报》（*The New York Times*）等。经请教技术专家才发现，这里已经启用一种大型防火墙技术，来对互联网内容进行自动审查、过滤和监控。专家将该系统称为The Great Firewall of China[9]。这一被翻译成"防火长城"的形象化说法很快被广为接受。有人甚至描绘了推测中的"国家防火墙"结构[10]。

　　2002年，哈佛大学法学院研究人员曾测试从中国访问各国的204,012个网站的可能性，结果发现在这些网站中，至少有5万多个网站从中国的某一地点或某一时刻无法访问；然后他们再尝试从中国大陆的另一个地方访问这5万多个网站，仍然无法登入其中的18,931个网站。他们发现，这些网站中有不少是提供健康、教育以及娱乐消息的网站。报告估计：很可能互联网上有1/10的内容目前或最近被政府滤除，但具体比例无法确定。[11]

---

　　[8]　按照官方说法，金盾工程实质上是一个公安通信网络与计算机信息系统建设工程，它的建设始于1998年，其目的是实现以全国犯罪信息中心（CCIC）为核心，以各项公安业务应用为基础的信息共享和综合利用。工程建设的主要内容包括：公安基础通信设施和网络平台建设；公安计算机应用系统建设；公安工作信息化标准和规范体系建设；公安网络和信息安全保障系统建设；公安工作信息化运行管理体系建设；全国公共信息网络安全监控中心建设等。参见http://www.china.org.cn/chinese/zhuanti/283732.htm。

　　[9]　Charles R. Smith，"The Great Firewall of China：Beijing Developing Electronic Chains to Enslave Its People"，2002.http://www.newsmax.com/archives/articles/2002/5/17/25858.shtml.

　　[10]　Isaac Mao's，"Guess on China's Great Firewall Mechanism".http://www.flickr.com/photos/isaacmao/8529196/.

　　[11]　Harvard Law School Berkman Center for Internet & Society，"Empirical Analysis of Internet Filtering in China".http://cyber.law.harvard.edu/filtering/china/.

2008年，许多西方记者来到北京采访奥运会，他们被提醒说：[12]

> 中国的网速感觉较慢，一部分原因是中国的互联网拥挤，导致国内国际通讯受到同样的影响。另一部分原因是信号需要花费可观的时间穿越太平洋光缆，来回于中美之间的服务器；到欧洲的时间会更长，因为也要经过美国。而剩下的一部分原因是中国的互联网审查，特别是当你浏览海外网站时。这就是外国人要知道的。

一般说来，对自由持有强烈偏好的阶层，更容易对监管产生反感。而在中国，大多数网民基于对国情的认知和对政府的认同，则不容易产生普遍反感，甚至对这些监管技术造成的不便都少有觉察。有关这一论点的详细推论以及对西方偏见的回击，在后面的不少章节中均有涉及，此处不做冗长陈述。

客观地看，对互联网的内部治理不同程度地存在于多个国家中，即便是标榜自由优先的美国，在经历"9·11"恐怖袭击后，也明显强化了互联网的内容监管。许多机构加强了网络监测，从电子邮件到保存网站访问记录与通讯数据。同时，政府对自己的信息行为，也变得格外小心了。

但是，该领域的大多数西方研究者仍然对中国颇多批评。借用经济学家张维迎创造的概念，我们将这种严厉的指控也称为"可观察性偏见"。[13]当然，若以西方的价值立场而论，中国政府的自我辩白也属此类性质。

---

[12] James Fallows, "The Connection Has Been Reset", *The Atlantic*, March, 2008.

[13] 北京大学经济学教授张维迎在一篇讨论反腐败的文章中指出，计划经济下，也有腐败，典型的表现为招工、提干、招生中的"走后门"，投资决策中的"照顾家乡"。人们感觉到改革以来腐败比原来严重得多，有两个原因：一是原来非货币形态的隐性腐败，变为货币形态的显性腐败，原来是送人情、关系"串换"，现在是送现金。如果把非货币的因素算进去，改革之前的收入差距可能比统计显示的要大些。心理上，人们对货币形态的腐败比实物形态的腐败更难以忍受。他把这种立场称为"可观察性偏见"（visibility bias）。见张维迎：《高薪养廉基础脆弱，政府缩权是反腐之本》，载《国际金融报》，2006年4月6日。

第二节　政府主导立法监管：法网恢恢

不过，必须老实承认的是，"可观察性偏见"之所以产生，还是源于其"可观察"的一面。从这些来自公开渠道的信息中，确实可以部分证明政府正在构建某种"防火墙"，以实现对互联网的内容监管。它不仅阻挡着国家边界之外的"火"，也在隔离着令政府和社会不安的国民之"火"。

最权威的观察角度莫过于立法。

有学者认为，中国的互联网立法到目前为止可以分为三个阶段。从1994年中国接入互联网到1998年组建信息产业部，由于互联网处于起步阶段，问题相对较少，相关的管理规定也很少，立法内容比较笼统模糊。第二个阶段从1998年到2004年底，随着互联网迅速发展，几大主干网实现互联互通，新问题大量涌现，管理权限比较混乱，部门之间利益冲突严重，对一些问题管理的牵头部门时有变换，立法较多，但仍处在尝试和摸索过程，直到2004年11月确立起互联网管理的机构分工原则。第三个阶段从2005年起，按照上述原则出台了一系列新的法规，网络规管进入到一个相对平稳、成熟的阶段，基本制度开始形成。[14]

截至2008年10月，全国人大、中宣部、国务院新闻办、公安部、信息产业部、文化部、新闻出版署等14个部门已推出60余部与互联网相关的法律法规，成为世界上该领域法律法规最多的国家。[15]而直接规范互联网服务提供者和互联网用户行为的法律、法规和规章，有27部。[16]其中与本书

---

[14]　胡凌：《1998年之前的中国互联网立法》，载《互联网法律通讯》，2008第2期。

[15]　相关法律法规的不完整清单可参见CNNIC整理的政策专栏：http://www.cnnic.net.cn/index/0F/index.htm。

[16]　处于效力最高级别的法律仅有两部——一部《电子签名法》和一部与法律效力阶位一致的全国人大常委会作出有关打击网络犯罪的决定。调整互联网法律关系的规范主要是国务院及其组成部门制定的行政性法律。国务院条例共有7部。第三效力阶位的部门规章共有18部，各政府部门出于对互联网中涉及本部门职能范围的内容管理需要，都出台了相应的部门规章。参见韦柳融、王融：《中国的互联网管理体制分析》，《中国新通信》2007年第18期。

主题密切相关的内容监管重要法规，则至少有16项（详见我们整理的附表）。另外，中共中央办公厅、国务院办公厅以文件形式下发了《关于进一步加强互联网新闻宣传和信息内容安全管理工作的意见》（2002年3月9日）和《关于进一步加强互联网管理工作的意见》（2004年11月8日），熟悉中国国情的研究者应当知晓，这样的文件不是法规，但其影响力胜似法规。

在这些法规中，直接监管内容的条款是给定有关非法信息的确认标准。自从在《计算机信息网络国际联网安全保护管理办法》（1997）中将判别标准首次明晰为9条之后，经由《中华人民共和国电信条例》（2000）的修改确认，接着原封不动地出现在《互联网信息服务管理办法》（2000）、《互联网电子公告服务管理规定》（2000）、《互联网站从事登载新闻业务管理暂行规定》（2000）中；此后相继颁布的《互联网出版管理暂行规定》（2002）、《互联网上网服务营业场所管理条例》（2002）、《互联网文化管理暂行规定》（2003）除了继续保留前述9条外，又新增了1条禁止条款：危害社会公德或者民族优秀文化传统的。最新的《互联网新闻信息服务管理规定》（2005）则在保留9条之外，另外新增了2条，即：煽动非法集会、结社、游行、示威、聚众扰乱社会秩序的；以非法民间组织名义活动的。

这样，如果再把全国人大常委会《关于维护互联网安全的决定》（2000）中列举的可以追究刑事责任的4条相关条文整合起来，去除重复部分，在当下中国，法律、法规禁止的网络内容和网络行为共计14条，它们是：

> 反对宪法确定的基本原则的；
> 危害国家统一、主权和领土完整的；
> 煽动抗拒、破坏宪法和法律、行政法规实施的；
> 泄露国家秘密，危害国家安全或者损害国家荣誉和利益的；
> 煽动民族仇恨、民族歧视，破坏民族团结，或者侵害民族风

俗、习惯的；

破坏国家宗教政策，宣扬邪教、迷信的；

散布谣言，扰乱社会秩序，破坏社会稳定的；

宣传淫秽、赌博、暴力或者教唆犯罪的；

侮辱或者诽谤他人，侵害他人合法权益的；

危害社会公德或者民族优秀文化传统的；

损害国家机关信誉的；

煽动非法集会、结社、游行、示威、聚众扰乱社会秩序的；

以非法民间组织名义活动的；

含有法律、行政法规禁止的其他内容的。

相关法律典则规定的其他重要监管条文还包括：

用户登记上网和相关信息保存制度。有关法规规定，用户向接入单位申请国际联网时，应当提供有效身份证明或者其他证明文件，并填写用户登记表。互联网接入服务提供者应当记录上网用户的上网时间、用户账号、互联网地址或者域名、主叫电话号码等信息，记录备份应当保存60日，并在国家有关机关依法查询时，予以提供。到网吧上网用户出示身份证明，网吧经营者要"记录有关上网信息，记录备份应当保存60日，并在有关部门依法查询时予以提供"。

运营机构审查备案制度。有关法规不仅对提供网络信息服务的机构资格、审批程序、运营场所进行了一系列的限制，而且要求在中华人民共和国境内提供经营性和非经营性互联网信息服务，必须以实名制履行备案手续。对网络接入商、网吧经营者甚至游戏业务等也要求实名备案。无论是企、事业单位网站，或是个人网站，都必须在备案时提供有效证件号码。

电子公告系统许可制、责任人制和过滤制。规定所有经营电子公告服务（包括电子布告牌、电子白板、电子论坛、网络聊天室、留言板，等等）的，除了要有经营许可证以外，还"应当在向省、自治区、直辖市电信管理机构或者信息产业部提出专项申请或者专项备案"。以下规定

表3.1 中国互联网内容监管关键法规、条例的关键条款

（作者根据相关法规整理）

编号	法规条文名称	颁布或实施时间	制定（或颁布）单位	内容管理核心内容
1	中华人民共和国计算机信息系统安全保护条例	1994年2月18日	国务院	任何组织或者个人，不得利用计算机信息系统从事危害国家利益、集体利益和公民合法利益的活动，不得危害计算机信息系统的安全。
2	中华人民共和国计算机信息网络国际联网管理暂行规定	1997年5月20日	国务院	接入互联网的任何单位和个人"不得利用国际联网从事危害国家安全、泄露国家秘密等违法犯罪活动，不得制作、查阅、复制和传播妨碍社会治安的信息和淫秽色情等信息"。

编号	法规条文名称	颁布或实施时间	制定（或颁布）单位	内容管理核心内容
3	计算机信息网络国际联网安全保护管理办法	1997年12月30日	公安部	任何单位和个人不得利用国际联网制作、复制、查阅和传播下列信息：（一）煽动抗拒、破坏宪法和法律、行政法规实施的；（二）煽动颠覆国家政权，推翻社会主义制度的；（三）煽动分裂国家、破坏国家统一的；（四）煽动民族仇恨、民族歧视，破坏民族团结的；（五）捏造或者歪曲事实，散布谣言，扰乱社会秩序的；（六）宣扬封建迷信、淫秽、色情、赌博、暴力、凶杀、恐怖，教唆犯罪的；（七）公然侮辱他人或者捏造事实诽谤他人的；（八）损害国家机关信誉的；（九）其他违反宪法和法律、行政法规的。
4	计算机信息系统国际联网保密管理规定	2000年1月1日	国家保密局	凡在网上开设电子公告系统、聊天室、网络新闻组的单位和个人，应由相应的保密工作机构审批，明确保密要求和责任。任何单位和个人不得在电子公告系统、聊天室、网络新闻组上发布、谈论和传播国家秘密信息。发现有涉密信息，应及时采取措施，并报告当地保密工作部门。

编号	法规条文名称	颁布或实施时间	制定（或颁布）单位	内容管理核心内容
5	中华人民共和国电信条例	2000年9月25日	国务院	任何组织或者个人不得利用电信网络制作、复制、发布、传播含有下列内容的信息：（一）反对宪法所确定的基本原则的；（二）危害国家安全，泄露国家秘密，颠覆国家政权，破坏国家统一的；（三）损害国家荣誉和利益的；（四）煽动民族仇恨、民族歧视，破坏民族团结的；（五）破坏国家宗教政策，宣扬邪教和封建迷信的；（六）散布谣言，扰乱社会秩序，破坏社会稳定的；（七）散布淫秽、色情、赌博、暴力、凶杀、恐怖或者教唆犯罪的；（八）侮辱或者诽谤他人，侵害他人合法权益的；（九）含有法律、行政法规禁止的其他内容的。
6	互联网信息服务管理办法	2000年9月25日	国务院	国家对经营性互联网信息服务实行许可制度；对非经营性互联网信息服务实行备案制度。从事新闻、出版、教育、医疗保健、药品和医疗器械等互联网信息服务，依照法律、行政法规以及国家有关规定须经有关主管部门审核同意的，在申请经营许可或者履行备案手续前，应当依法经有关主管部门审核同意。互联网信息服务提供者不得制作、复制、发布、传播含有下列内容的信息：[同电信条例]。

编号	法规条文名称	颁布或实施时间	制定（或颁布）单位	内容管理核心内容
7	互联网电子公告服务管理规定	2000年10月8日	信息产业部	从事互联网信息服务，拟开展电子公告服务的，应提出专项申请或者专项备案。任何人不得在电子公告服务系统中发布含有下列内容之一的信息：[同电信条例]。电子公告服务系统中出现明显属于前述信息内容之一的，应当立即删除，保存有关记录，并向国家有关机关报告。电子公告服务提供者应当记录在电子公告服务系统中发布的信息内容及其发布时间、互联网地址或者域名。记录备份应当保存60日，并在国家有关机关依法查询时，予以提供。
8	互联网站从事登载新闻业务管理暂行规定	2000年11月7日	国务院新闻办公室、信息产业部	新闻单位建立新闻网站（页）从事登载新闻业务，应当报国务院新闻办公室审核批准。非新闻单位依法建立的综合性互联网站登载中央新闻单位、直辖市人民政府新闻办公室或者省、自治区、新闻办公室审核批准，但不得登载自行采写的新闻和其他来源的新闻。其他互联网站，不得从事登载新闻业务。互联网站登载的新闻不得含有下列内容：[同电信条例]。互联网站链接境外新闻网站，登载境外新闻媒体和互联网发布的新闻，必须另行报国务院新闻办公室批准。

编号	法规条文名称	颁布或实施时间	制定（或颁布）单位	内容管理核心内容
9	关于维护互联网安全的决定	2000年12月28日	全国人民代表大会常务委员会	为了维护国家安全和社会稳定，对有下列行为之一，构成犯罪的，依照刑法有关规定追究刑事责任：（一）利用互联网造谣、诽谤或者发表、传播其他有害信息，煽动颠覆国家政权，推翻社会主义制度，或者煽动分裂国家，破坏国家统一；（二）通过互联网窃取、泄露国家秘密、情报或者军事秘密；（三）利用互联网煽动民族仇恨、民族歧视，破坏民族团结；（四）利用互联网组织邪教组织、联络邪教组织成员，破坏国家法律、行政法规实施。
10	互联网出版管理暂行规定	2002年8月1日	新闻出版总署、信息产业部	从事互联网出版活动应当遵守宪法和有关法律、法规，坚持为人民服务、为社会主义服务的方向，传播和累积一切有益于提高民族素质，推动经济发展，促进社会进步的思想道德、科学技术和文化知识，丰富人民的精神生活。新闻出版总署负责监督管理全国互联网出版工作。从事互联网出版活动，必须经过批准。互联网出版不得载有以下内容：除与电信条例规定类似的9条外，新增1条，即危害社会公德或者民族优秀文化传统的。互联网出版机构应当实行编辑责任制度，必须有专门的编辑人员对出版内容进行审查，保障互联网出版内容的合法性。

编号	法规条文名称	颁布或实施时间	制定（或颁布）单位	内容管理核心内容
11	互联网上网服务营业场所管理条例	2002年11月15日	国务院	国家对互联网上网服务营业场所经营单位的经营活动实行许可制度。互联网上网服务营业场所经营单位和上网消费者不得利用互联网上网服务营业场所制作、下载、复制、查阅、发布、传播或者以其他方式使用含有下列内容的信息：除与电信条例规定类似的9条外，新增1条，即危害社会公德或者民族优秀文化传统的。互联网上网服务营业场所经营单位应当实施经营管理技术措施，建立场内巡查制度。不得接纳未成年人进入营业场所。每日营业时间限于8时至24时。经营单位应当对上网消费者的身份证等有效证件进行核对、登记，并记录有关上网信息。登记内容和记录备份保存时间不得少于60日，并在文化行政部门、公安机关依法查询时予以提供。国家鼓励公民、法人和其他组织对互联网上网服务营业场所经营单位的经营活动进行监督，并对有关突出贡献的给予奖励。

编号	法规条文名称	颁布或实施时间	制定（或颁布）单位	内容管理核心内容
12	互联网文化管理暂行规定	2003年7月1日	文化部	从事互联网文化活动应当遵守宪法和有关法律、法规，坚持为人民服务、为社会主义服务的方向，弘扬民族优秀文化，传播有益于提高民族文化素质、推动社会经济发展、促进社会进步的思想道德、科学技术和文化知识，丰富人民的精神生活。互联网文化单位不得提供载有以下内容的文化产品：除与电信条例类似的9条外，新增1条，即危害社会公德或者民族优秀文化传统的。互联网文化单位应当实行审查制度，有专门的审查人员对互联网文化产品进行审查，保障互联网文化产品的合法性。
13	非经营性互联网信息服务备案管理办法	2005年3月20日	信息产业部	在中华人民共和国境内提供非经营性互联网信息服务，应当依法履行备案手续，并实行年度审核。新闻、教育、公安、安全、文化、广播电影电视、出版、保密等国家部门依法对各自主管的专项内容提出审核意见。非经营性互联网信息服务提供者应当保证所提供的信息内容合法。

编号	法规条文名称	颁布或实施时间	制定（或颁布）单位	内容管理核心内容
14	互联网新闻信息服务管理规定	2005年9月25日	国务院新闻办公室、信息产业部	互联网新闻信息服务单位从事互联网新闻信息服务，应当遵守宪法、法律和法规，坚持为人民服务，为社会主义服务的方向，维护国家利益和公共利益。国家鼓励互联网新闻信息服务单位传播有益于提高民族素质，推动经济发展，促进社会进步的健康、文明的新闻信息。互联网新闻信息服务单位不得登载、发送的新闻信息或者提供的时政类电子公告服务，有下列内容：除与电信条例类似的9条外，新增2条，即煽动非法集会、结社、游行、示威，聚众扰乱社会秩序的，以非法民间组织名义活动的。发现提供的时政类电子公告服务中含有违反前述规定内容的，应当立即删除，保存有关记录，并在有关部门依法查询时予以提供。

编号	法规条文名称	颁布或实施时间	制定（或颁布）单位	内容管理核心内容
15	互联网站管理协调工作方案	2006年2月17日	多部门联合行文	中共中央宣传部对互联网意识形态工作进行宏观协调和指导。互联网行业主管部门负责互联网行业管理工作。互联网行业主管部门与各前置审批部门、专项内容主管部门、公益性互联网站单位主管部门之间建立、完善有效的互联网站管理工作衔接流程、制定前置审批、查处违法违规网站、年度审核、公益性互联网站单位主管部门管理网站、查询网站信息等流程。
16	互联网视听节目服务管理规定	2008年1月31日	国家广播电影电视总局、信息产业部	只有国有独资或国有控股单位才能从事互联网视听节目服务，而且须取得广播电影电视主管部门颁发的《信息网络传播视听节目许可证》。

出自北京电信局发布的《关于北京地区BBS服务审批管理问题的通知》[17]（2001年4月），它以更清晰的可操作语气为BBS的内容监管提供了标准化模版。该通知不仅规定了版主负责制度，而且首次公开确认，必须对BBS用户发出的信息预先进行软件自动过滤和人工过滤。

申请开办BBS的单位必须同时建立下述各项制度：

1. 栏目明确制度。网站在提出BBS专项申请时，应明确列出拟开办的BBS的各具体栏目和类别，如时事论坛、网民聊天室、文化艺术类留言板、IT行业布告板、新闻跟帖等，所有申请开办的项目应逐项列出。网站开办BBS时应严格按批准的栏目进行，不得超越范围随意开设。

2. 版主负责制度。网站开办BBS时应有相应人员对BBS实施有效管理。获准开展BBS的网站必须对获得批准的各个BBS栏目指定专职人员充当版主，每个栏目不得少于一个专职版主，并实行版主责任制。版主负责监管该栏目的信息内容，除采取必要的技术手段外，应对登载的信息负有人工过滤、筛选和监控的责任。一旦发现BBS的栏目中有违规内容，将追究网站和该栏目版主的责任并予以处理。

3. 用户登记制度。提供BBS的网站应要求上网用户使用BBS前预先履行用户登记程序，填写网站提供的注册表格，提供真实、准确、最新的个人信息（包括姓名、电话、身份证号）。注册表格由网站妥善保存并不得随意泄漏，用户注册后方可使用该网站提供的所有BBS栏目和相关服务。一旦发现用户违反规定或提供虚假信息，网站有权暂停或中止该用户使用本网站包括BBS在内的所有或部分服务。

---

[17]　通知全文可见http://tech.sina.com.cn/i/c/65400.shtml。

4. 规则张贴制度

（1）严格要求开办BBS的网站在留言板、论坛、聊天室、跟帖等BBS网页的显著位置张贴ICP经营许可证号或备案号。点击经营许可证号或备案号，应弹出该许可证或备案表的清晰可认的扫描图片。

（2）上网使用者点击BBS某一栏目时，应首先弹出载有电子公告服务规则的页面，该页面内容旨在对使用者的行为做出符合法律规章和政府要求的警示和限定，其中包括2000年12月28日第九届全国人大常委会第十九次会议通过的《全国人民代表大会常务委员会关于维护互联网安全的决定》有关条款。

5. 安全保障制度。开展BBS的网站，对BBS用户发出的信息应预先进行软件自动过滤和人工过滤。

2007年4月18日，新闻出版总署音像电子和网络出版管理司官员在"2007首届中国网络杂志出版业论坛"上明确表示：新闻出版总署正在草拟《互联网出版管理条例》，将对互联网出版服务实行前置审批管理，即在向通信主管部门申请互联网信息服务增值电信业务经营许可证前，要先经过新闻出版总署的审核同意，取得互联网出版许可证。在此之前，依据2000年公布的《互联网信息服务管理办法》和2002年公布的《互联网出版管理暂行规定》，规定只有取得相应的ICP（经营许可权）的网站，才可制作和发行网上杂志，而无需传统纸质杂志出版所需要的刊号。

可以看到，倘若单纯以法律法规覆盖的范围、规定的细密以及惩罚的力度而言，它们织就的内容监管体系对各级政府、互联网接入服务提供者以及网民都提出了具体而明确的规定，称得上是法网恢恢，疏而不漏了。如果网民严格按照这些典则行事，而监管部门严格按照典则执法，起码在中国大陆的网站上，政府和公众都可以放心了。

但事实上，不仅绝大多数网民并不熟悉这些略显繁琐的条文，即便是运营机构也未必把它们牢牢记在心上。更关键的是，由于前述标准过于宽泛，在防范时对有害信息如何认定，在追究时对分寸如何把握，的确是大的难题。管理部门在具体操作过程中只好更多地依靠个人理解或权力意志来下判断，只要情节不算恶劣，其监管也往往是睁眼闭眼。于是，这张法网所起的作用，主要是对公众普遍的事前威慑，在过错严重时才成为追惩的依据。这也是中国网络管理体制经常为人诟病的一个原因。

此外，为人诟病的还包括在诸多条规中存在的某些立法缺憾，例如，总体上讲是禁止性规范过多而防范性规范和激励性规范偏少。另外，多部法律规章的内容存在大量的重复交叉，部分条文甚至相互冲突，降低了立法品质。

法律界人士就注意到，《互联网文化管理暂行规定》与《互联网出版管理暂行规定》两大规章之间存在一定的内容冲突。《互联网出版管理暂行规定》要求互联网信息服务经营企业在涉及出版业务时，按该规定向国家新闻出版总署、信息产业部报批后，国家工商管理部门才能予以登记。而《互联网文化管理暂行规定》则要求互联网信息服务经营企业应当向文化部申请互联网文化经营权。这势必使互联网文化或出版企业处于需要多头审批而无所适从的尴尬境地。这显然不仅仅是单纯的立法技术问题，更是行政立法中张扬部门利益本位倾向的结果。[18]

第三节　专项整治社会动员：行动强烈

对普通公众而言，法律典则的"高压线"并不容易触碰，倒是现实生活中生动的案例能引发大范围的触动。更系统的互联网内容监管举措将在第四章予以剖析。此处列举的不过是几个带有运动式风格的行动剪

---

[18]　刘武俊/司法部研究室：《为互联网构筑法律"防火墙"：解读〈互联网文化管理暂行规定〉》，载《新安全》2003年第8期。

影，但它们的共性是：某个领域的问题累积，经由单一事件诱发，监管层的主管判断和民众意愿部分合流，公共政策的"机会窗口"（windows of opportunity）[19]出现，很快出台重大行动，并且力道迅猛，表现出"防火墙"的巨大"防火"能力。这些行动又分别在特定时空起到了强势监管的威慑或净化功用，为潜在的"火"之蔓延架设起预防阀门。

一、不受欢迎的传播场所：整治"网吧"行动

单一事件：2002年6月16日，端午节，又正逢星期六，北京海淀区学院路20号在凌晨燃起了大火。这个名叫"蓝极速"网吧的地方，因这次火灾，造成24个无辜生命丧失，13人受伤。《三联生活周刊》的报道形容说，从夜半发生在城市旮旯里的火灾开始，一场网吧歼灭战即将展开，"24条人命换来一场新运动"。[20]

全局行动：在此之前的2002年4月30日，公安部、教育部、国家安全部、信息产业部、文化部、国家工商行政管理局、国务院新闻办公室、国家保密局等部门已经联合下发了《互联网有害信息专项清理整顿工作方案》，在全国范围内集中开展互联网有害信息专项整治工作。"蓝极速"火灾导致该项行动急剧升级。一时之间，网吧这个场所被北京市列为一等危险品，各地政府与媒体也纷纷开始调查当地网吧的安全问题。

2002年7月1日起，一场全国范围的网吧等互联网上网服务营业场所专项治理行动铺开，由文化部、公安部、信息产业部、国家工商行政管理总局联合开展，为期2个月。新华社的总结报道指出，整顿工作取得了显著战果。据不完全统计，至9月底，全国原有20多万家营业性网吧中，得到重新审核批准的为11万家，关闭各种问题网吧近7.8万家，依法处理和处

---

[19] 约翰·W.金登：《议程、备选方案与公共政策》，中国人民大学出版社，2004，第209页。

[20] 巫昂、庄山、郝利琼：《学院路的网吧大火》，《网吧："人民公敌"与最廉价的夜生活》，载《三联生活周刊》，2002年10月10日。

罚违法违规网吧1.4万家，责令整改9,579家，停业整顿2,494家，依法取缔2,337家，同时还查破了一批利用网吧从事违法犯罪活动的案件。[21]

2002年9月29日，国务院第363号令公布了《互联网上网服务营业场所管理条例》。条例明确规定，16岁以下未成年人不许进网吧；网吧不许在中学、小学校园周围200米范围内和居民住宅楼（院）内开设；网吧不能锁闭门窗等。2004年2月19日，国务院召开网吧专项整治工作会议，要求"本着对党负责、对人民负责、对子孙后代负责的精神，从立党为公、执政为民的高度充分认识专项整治工作的必要性和紧迫性，把专项整治列入重要工作议程"，"要下大决心，花大力气，深入开展专项整治，尽快实现网吧经营秩序的根本好转，为青少年的健康成长创造良好的社会环境"。2006年5月，北京等大城市展开新一轮为期90天的集中整治网吧专项行动，提出建立网吧管理长效机制。

背景分析：网吧在中国一直是网民重要的上网场所。CNNIC的最新调查显示，网吧成为中国网民的第二大上网地点，网吧网民总规模已经达到9,918万人，39.2%的网民不时在网吧上网。网吧网民以男性居多，占到63.3%。以年轻人居多，24岁及以下网民占到网吧网民的70.7%，比总体网民高了20.8个百分点。

这一数据和过去数年相比，还呈现上升趋势（如图3.2所示）。

经验数据证明，在网吧上网的主要有三类人。一类是中小学生。因为中国中小学教育压力重，家长们对孩子管束严格，被网络吸引的青少年要想上网，基本只能偷偷摸摸地去网吧。青少年自我克制以及识别良莠的能力较弱，在网吧群体氛围中更容易迷失心性。一类是城市流动民工，由于收入有限，缺乏能稳定上网的私人居住空间，边缘生活的不满和紧张，使得他们上网的行为也较难把握。还有一类则是有表达冲动的"不满"人士。网吧多台电脑共用一个IP地址，人员流动频繁，是一个准公共场所，

---

[21]　参见新浪网的专题：http://news.sina.com.cn/z/wangba/index.shtml。

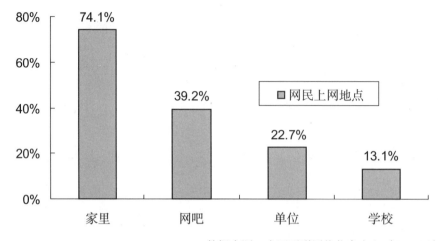

数据来源：中国互联网络信息中心（CNNIC）

图3.1　上网地点

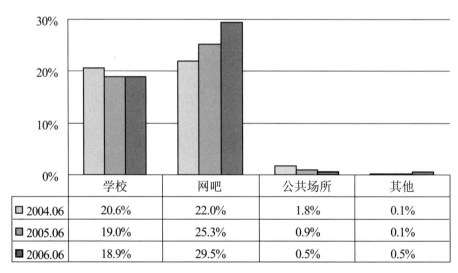

	学校	网吧	公共场所	其他
2004.06	20.6%	22.0%	1.8%	0.1%
2005.06	19.0%	25.3%	0.9%	0.1%
2006.06	18.9%	29.5%	0.5%	0.5%

数据来源：中国互联网络信息中心（CNNIC）

图3.2　历次调查网民在学校、网吧等地上网的比例

在这里发表意见，或者匿名抗争，被追查到的可能最小，心理安全感则最高。显然，这三类网民以及他们特殊身份带来的网络行为习惯，从内容监管的角度看，都是必须防备的重点。有一个公式可以代表目前公众对网吧正负面影响的认识：上网吧＝上黄色网站＋聊可能认识犯罪分子的天＋玩暴力电子游戏＋也许微量获取有益信息。"北京当局将中国约15万无照网吧比作一个世纪前年轻人在那里慢性自杀的鸦片烟馆。"美国《时代》周刊的相关报道则如此评说。[22]

但对于监管者或社会舆论而言，如果缺乏事件诱因，要对网吧采取重大行动，也有些"师出无名"。反过来说，一旦事件抓住公众眼球，舆论氛围具备，行动就是水到渠成。

二、毒害甚广的内容载体：违法网站打击与举报行动

单一事件：2004年6月10日，由中国互联网协会主办的"违法和不良信息举报中心"网站开通，其宗旨是"举报违法信息，维护公共利益"。一时间，举报如潮。

全局行动：2004年7月16日，中央宣传部、公安部、中央对外宣传办公室、最高人民法院、最高人民检察院、信息产业部等14个部门联合发布《关于依法开展打击淫秽色情网站专项行动有关工作的通知》。截至当年11月9日，行动有关部门对互联网上淫秽色情、赌博、诈骗等网站和有害信息进行了"拉网式"排查和清除。依法关闭境内淫秽色情网站1,442个、赌博或诈骗网站365个；在境内影响较大的网站上删除违法网页2.4万余个、违法图片1.3万余张；在百度、中国搜索、搜狐和3,721等搜索引擎上删除违法信息10万多条；对11,685个主机托管服务用户和31,625家互联网接入、虚拟空间出租服务用户进行了资质审查和清理整顿。全国公安机关

---

[22]　《声音》，载《三联生活周刊》2002年9月19日。

共立淫秽色情网站方面的刑事案件247起，已破获244起，抓获犯罪嫌疑人428名；公安部挂牌督办的40起重特大案件全部告破。在已审结的122起案件中，有197名犯罪分子被依法追究刑事责任。其中12起案件的19名犯罪分子一审被判处10年以上有期徒刑。[23]

违法和不良信息举报中心成立1年大会的统计显示，短短1年间，举报中心接到各类公众举报143,000多件次，其中举报境内外淫秽色情网站的占67.5%，举报宣扬邪教的占4.4%，举报网上欺诈行为的占3.4%，举报网上赌博的占1.9%，举报侵犯知识产权的占1.6%。其他类的举报包括涉及造谣诬蔑的、攻击党和政府的、违背公共道德的，等等。根据公众举报，举报中心核查，向国家有关执法部门和行政机关转交公众举报1,878件，其中涉及淫秽色情网站1,264个，赌博网站307个。

背景分析：在相当长的时间里，政府对互联网的有害政治信息有足够警惕，但对色情的杀伤力重视不够。2006年3月7日，《纽约时报》在一篇题为《中国放荡的互联网：性和毒品，但没有改革》的文章中，援引加州大学伯克利分校传播研究所中国互联网项目负责人肖强的话指出："那是一个放荡的场所，除了政治外，中国像其他任何地方一样是自由的，你可以像在其他地方的互联网一样找到色情。"

打击色情赢得民心，行动一旦展开，范围就必定超出色情。监管部门正好借此机会，对互联网内容进行首次全局性的清理。

三、多元表达的意见超市：高校BBS实名制行动

单一事件：2004年9月13日，拥有700多个讨论区、用户数30万、最大同时在线人数超过2万人的北京大学"一塌糊涂"BBS因刊载不良政治信息被突然关闭，虽然该校法学院教授贺卫方等联名发起抗议，但抗议石沉大

---

[23]　参见网易网专题：http://news.163.com/special/f/fh040720.html。

海。此举引发海内外的震动。

全局行动：2005年3月，信息产业部颁布《非经营性互联网信息服务备案管理办法》，规定于4月15日前所有网站要重新备案登记。根据此办法，信息产业部会同中宣部、国务院新闻办公室、教育部、公安部等13个部门，联合开展了全国互联网站集中备案工作，建立起ICP备案信息、IP地址使用信息、域名信息三个基础数据库。之后不久，清华大学"水木清华"、南京大学"小百合"、复旦大学"日月光华"、南开大学"我爱南开"、武汉大学"白云黄鹤"等著名BBS站均进入只读状态，校内网络用户无法再登录发言，校外用户则无法登录。所有网站对此行动的理由陈述非常简单，如"水木清华"只提了一句"根据教育部决议做出决定"，武汉大学和南开大学的理由是"BBS本为学校内部交流所用平台，不对外开放"。后来，这些BBS陆续开放，但相继改为实名制登录访问模式，即要求本校学生以真实姓名和学号重新登记，否则不准在论坛上发言。

背景分析：经过时间的刷洗，若干高校BBS脱颖而出，汇聚人气。其参与主力是在校大学生，他们年龄结构单一，热爱新知，议论能力强，业余时间多，爱扎堆，好串联，以校园事件为中心，关注社会变化。在另一个层面，他们社会阅历浅，观念尚未定型，看问题简单，行事相对冲动。发生在这里的信息流动或偶然事件，很容易被放大。因此成为监管者眼中的重地，也就不足为奇了。

对非经营性网站经营管理者进行备案在2000年就规定了，但是具体到某一个论坛和板块，似乎是新的趋势。2006年下半年开始，各大门户网站版主进行实名登记，包括搜狐、网易、Chinaren社区等有全国性影响的论坛。其他稍有规模的地方性论坛，也开始陆续接到上级命令，要求进行版主登记。其中一些在对版主的通知说有"公安部明文规定"。

2007年7月19日，信息产业部下发《关于做好互联网网站实名管理工作的通告》，提出为进一步配合十部委打击网络淫秽色情专项行动，"严查BBS域名备案"、"严查BBS专项备案"、"严查BBS服务器和网站"，要求所有论坛必须备案。其对备案的要求具体是：独立服务器，1台服务器上只能有1个BBS网站。服务器必须在正规的、获得通信管理局认证的公司机房。首先通过信产部的网站域名备案。要专人管理论坛，24小时电话和手机开机。所有板块都要有版主，而且要有一定的在线管理时间。版主也要提供个人身份资料和联系电话等。所有会员都必须实名制。个人论坛可以申请专项备案，要求提供个人详细资料，但通过可能性很少。其他手续同公司申请BBS专项备案。随后各互联网地址注册服务机都主动配合政府有关部门，关闭了大量未经专项审批的个人或企业网络论坛。

四、渐成体系的执法队伍：网络警察现身行动

单一事件：2006年1月1日，深圳率先推出网络警察公开上网巡逻，检查网上言论资讯。网民在访问深圳市的网站、论坛时，就会看到两个卡通警察的浮动图标。"我们将网络警察的形象以卡通的形式公开出来，就是要让广大网友们知道，互联网并非法外之地，网上的各种行为同样会有网络警察来维护秩序。警警和察察的主要作用在于威慑，而不是接警。"深圳市公安局网络安全监察处负责人对记者说。[24]

全局行动：2006年5月16日，公安部决定在重庆、杭州、宁波、青岛、厦门、广州、武汉、成都等8个试点城市，推广深圳公安机关做法，设立网上"虚拟警察"，把公安机关互联网管理纳入社会治安管理总体框架，依法公开管理互联网。虚拟警察的主要功能包括：警示功能，在网上违法犯罪高发部位和一些网上复杂场所，设立"警警""察察"公开巡逻；宣传功能，网民点击"警警""察察"图标，便可进入其后台网络空间，看到信息网络安全法律法规、典型案例及安全防范知识；服务功能，网民可通过点击"警警""察察"进行网上报警、求助、咨询等，后台值班的网监民警会以"警警""察察"名义予以答复，为网警网民架设了一个沟通

和服务的平台。[25]

2007年9月1日，北京推出"首都网络110虚拟警察"，首先在新浪、搜狐等门户网站上岗，到同年12月底覆盖北京所有网站。

背景分析：1998年2月，湖北省武汉市计算机国际互联网安全监察专业队伍组建，这是有资料可查的中国最早的网络警察。同年8月，公安部正式成立了公共信息网络安全监察局，负责组织实施维护计算机网络安全，打击网上犯罪，对计算机信息系统安全保护情况进行监督管理。但在发展初期，网络警察一直是中国最神秘、也是最低调的警种之一，外界猜测颇多。

2003年2月，有记者亲自体验了网络警察的生活[26]：

> 网警们每天最主要的工作就是进行网上搜寻，防范犯罪幽灵。对网吧进行管理，检索出网上的淫秽、反动等有害信息，根据线索对网络犯罪协查破案。
>
> 西城公安分局网络监察安全中心副科长马晓婷向记者介绍，对网吧进行管理，是网络警察的重要工作之一。除了定期与其他部门对网吧进行突击检查外，每天，网警们都要通过与网吧前端过滤系统相连的方式，对网吧进行监控。在上网检索信息的过程中，如果发现有害信息要及时通知有关部门，这样可以有效遏制治安案件的发生……

北京还准备招收4,000名网络保安员，由公安局网络监察处培训合格后发放证书。网络保安没有执法权，主要通过网络监控，为服务单位及时删除各种不良信息，及时叫停违法行为，向网监部门报警。除此以外，网络保安员还负责维护社会治安，打击网吧黑势力，震慑不法分子的破坏活

---

[25]　http://politics.people.com.cn/GB/1027/4369986.html.

[26]　闫峥：《记者亲历：中国网络警察每天都在做什么？》，载《北京娱乐信报》，2003年2月6日。http://news.sohu.com/37/63/news206166337.shtml.

动，起到辅警作用。[27]

五、众人拾柴的合作机制：文明办网自律行动

单一事件：2006年2月21日，信息产业部启动了一项名为"阳光绿色网络工程"的活动，旨在用1年时间通过一系列措施净化互联网和移动通信网网络环境。

全局行动：业界最早的自律公约可能是2002年4月由中国互联网协会起草发布的《中国互联网行业自律公约》，其中第9条规定："互联网信息服务者应自觉遵守国家有关互联网信息服务管理的规定，自觉履行互联网信息服务的自律义务。"[28]该公约的措辞温和，在内容自律方面的说法含糊，似乎也未引起足够的相应。

2006年4月，北京千龙网等多家网站联合发出《文明办网倡议书》，并签署了《北京网络媒体自律公约》。[29]在随后两周的自查自纠中，14家发起网站共计删除不健康帖文、图片近200万条，关闭论坛600余个，收到网民举报1万多件，警告了100多名用户。TOM.com首席执行官王雷雷说："我们有100多人每天在监控网上不良信息，每天大约删除总发帖量的30%，总图片量的20%左右。"[30]2006年4月21日，北京网络新闻评议会对存在不良信息的新浪、搜狐、网易、TOM、中国搜索、搜房网、博客网等网站提出书面批评，并要求问题严重的网站向社会公开道歉。2006年6月28日，国务院新闻办公室主任蔡武在"阳光绿色网络工程"电视电话会议上说，越来越多的违法和不良信息通过博客和搜索引擎传播，下一步要采取有效措施对网上论坛、博客、搜索引擎加强管理。信息产业部部长王旭

---

[27] http://it.sohu.com/20060115/n241440004. shtml；http://news.163.com/06/0706/04/2LAPD5EO0001124J. html。

[28] 公约全文可见http://www.isc.org.cn/20020417/ca39030.htm。

[29] 公约全文可见http://news.sohu.com/20060412/n242774990.shtml。

[30] 参见搜狐网的专题：http://news.sohu.com/s2006/wenmingbanwang/。

东则表示，下一步要加强技术能力的研究，为加强互联网管理提供有力保障。[31]2006年6月，新浪网和搜狐网的部分论坛因涉嫌未能过滤一些敏感言论而关闭；7月5日，以论坛活跃闻名的凯迪网、天涯网开始自行清理调整；7月26日，香港中文大学参与主持的世纪中国网站和系列论坛被关。

2007年8月，人民网、新浪、搜狐、网易、腾讯、千龙网等十多家内容提供商又共同签署了《博客服务自律公约》。[32]其中的关键条款包括：鼓励博客服务提供者对博客用户实行实名注册，注册信息应当包括用户真实姓名、通信地址、联系电话、邮箱等；博客服务提供者应当自觉履行对博客内容的监督管理义务，并当为博客用户提供对跟帖内容的管理权限，博客用户应当对跟帖进行有效管理，应当删除违法和不良跟帖信息。

2008年12月，国务院新闻办公室指导召开了第八届中国网络媒体论坛。参加论坛的全国百余家网站（包括人民网、新华网、中国网、国际在线、中国日报网站、央视国际、中国青年网、中国经济网、中国台湾网、中国新闻网、中国广播网、千龙网、东方网、南方网、北方网等）代表签署通过了《建设诚信互联网宣言》，表示愿大力推动网上内容建设，宣传科学真理，传播先进文化，倡导和谐理念，塑造美好心灵，弘扬社会正气；坚持正确的舆论导向，肩负起网络媒体的社会责任。[33]

背景分析：互联网管理显然不只是政府和行业内部的事，也是社会各种力量通力合作之事，这就需要寻求一种"共同管理"的新思路，让个人、企业和社团都参与进来。在中国，公民社会的成熟还需时日，由政府主导，社团跟进，逐渐学习自律和协作处事的方式，应当是符合国情的渐进改良之路。

---

[31]　http://www.china.org.cn/chinese/EC-c/1259500.htm.

[32]　公约全文可见http://news.xinhuanet.com/newmedia/2007-08/21/content_6576746.htm。

[33]　论坛官方网站：http://forum2008.ce.cn/。

第四节　严厉还是宽容：多参照系比较

关于政府应不应该监管互联网内容的问题，有两种基本对立的观点。一种观点认为不应该管理，理由是：从技术上来讲，互联网内容本身难以控制，谁发布信息，谁接收信息，落实到具体对象上十分模糊；从网络控制技术来看，一些基本的内容分级、过滤等手段完全可以解决互联网的危险问题，政府管理显得多余；从法律的角度来看，网络内容控制触犯了各国宪法对公民言论自由权的保护，有违宪之嫌，等等。出于以上诸多原因，甚至有人将政府管制称为"制造网络世界的村庄傻瓜"[34]。但在政府看来，出于保护儿童网络安全、阻止恐怖活动、控制种族仇视、限制商业不正当竞争等多种理由，互联网内容监管是自己义不容辞的责任与义务。分歧只在于监管的强度和广度。

开放网络促进会（OpenNet Initiative）2005年4月发表的一份关于中国网络研究报告称："中国的网络过滤系统是全世界最发达的。比起其他有些国家的类似系统，中国的网络过滤范围广，手法细致，并且效果显著。整个制度包括多层次的法律限制和技术控制，牵扯到众多的国家机构，以及成千上万的政府职员和企业员工。"[35]这样的结论究竟是普遍共识，还是一家之言？

要判断中国互联网内容监管的尺度是严厉还是宽容，首先要确立可比较的参照系。受核心价值立场和视野、感受的影响，不同的研究者会选择不同的参照系，导致结论大相径庭。

---

　　[34]　Carolvn Penfold，"Nazis, Porn and Politics: Asserting Control Over Internet Content"，*The Journal of Information*，Lawand Technology，2001（2）．

　　[35]　OpenNet Initiative，"Internet Filtering in China in 2004–2005: A Country Study"，http://www.opennetinitiative.net/studies/china/．

一、以部分发展中国家为参照系

广大发展中国家或非英语国家，出于意识形态、本土文化、民族宗教等多方面的考虑，更为关注网络内容监管。

2003年，在日内瓦召开的世界信息安全峰会上，Privacy International（全球保密机构）和GreenNet Educational Trust发布的一份对全球50多个国家进行调查后的报告称，互联网审查制度在全球许多地方，已经成了司空见惯的事情。[36]

一家法国媒体发表的报告称，由于害怕互联网会危及国家安全和社会秩序，世界上至少有20个国家不准互联网跨入自己的国界，另外有45个国家对互联网进行"异常严格的限制"，强迫用户过滤内容，只能向国营ISP申请互联网接入服务，或者必须在政府有关部门登记等。[37]

美国网络立法专家马克斯维尔（Bruce Maxwell）的研究也表明，不少后发展国家都禁止登陆与之政见不同的网站。例如大部分中东国家的互联网访问被一个政府控制的代理服务器群管理，这些代理服务器阻挡网民访问不道德的站点。不道德站点不仅包括反伊斯兰教义的网站、一些同性恋网站和直接的色情站点，也包括某些讨论性问题的论坛，有争论的博客站点，有裸体图片站点（甚至卖女性内衣的商业站点），以及政治敏感的站点。[38]突尼斯直接封锁了成千上万的站点（例如色情站点），延及电子邮件、翻译服务，点对点，以及文件传输协议。叙利亚禁止访问一些政治站点，并且逮捕违反禁令访问它们的人。在富裕的沙特阿拉伯，将无法浏览色情网站，无法浏览那些政府认为对其王室或是伊斯兰教有诽谤嫌疑的网站，也不能使用雅虎聊天室或是互联网电话服务。即使是一名学医的学

---

[36]　http://tech.sina.com.cn/i/w/2003-09-20/0820236228.shtml.

[37]　http://www.chinabyte.com/digest/digest_detail.shtm?dtype=culture&digeid=15440.

[38]　Bruce Maxwell, "Government around the World Ponder Internet Regulation". http://www.dotcom.com/news/.

生，也不能浏览有关人体解剖的网站。[39]

古巴政府1996年6月通过关于国际互联网的第209号法令，这份法令宣布，互联网的使用权将优先给予那些"和国家生活和发展有密切关系的单位和部门"。这个在"优先权"指导下使用互联网的政策是古巴政府至今的主要政策，它排除了个人使用互联网的可能。[40]在国家控制的、设立在单位和部门的互联网服务中，上网者所浏览的内容和网站是经过严格控制的。到21世纪初，古巴政府已经允许部分青少年活动单位和邮局开办互联网服务，上网者可以浏览有限的网站。因此，对于大多数普通古巴人来讲，互联网还是个讳莫如深的谜。由于医生可以得到上网的许可，以至于医生的邻居们经常到医生家里给他们在国外的亲朋好友发电子邮件，尽管古巴政府一直在禁止这种事情的发生。在哈瓦那大学计算机机房张贴的醒目注意事项之一是，"严禁使用互联网传播反革命信息"。[41]

开放网络促进会发布的报告称，在他们研究的国家中，越南是网络审查机制发展最快的国家，"审查的深度和广度有所增加，效率也有所提高"，而"该国的网络信息控制机制势必将继续深化和发展"。研究发现，越南不仅限制了大量的政治和宗教网站，而且还将过滤目标指向了所谓的"匿名"网站（anonymizer site）。本来通过这些"匿名"网站，互联网用户可以绕过网路过滤机制，而打开远端被阻挡的敏感资讯内容。到2006年为止，至少有10名越南人因为在网上公开从事政治活动而被捕，其中7人被判入狱。[42]2004年8月，越南还专门成立了网络特警分队，分队的

---

[39]　严久步：《国外互联网管理的近期发展》，载《国外社会科学》，2001年第3期。

[40]　Shanthi Kalathil and Taylor Boas, *The Internet and State Control in Authoritarian Regimes: China, Cuba, and the Counterrevolution*, Carnegie Endowment for International Peace, 2003.

[41]　http://www.cnn.com/2001/TECH/internet/03/27/cuba.internet.reut/index.html.

[42]　OpenNet Initiative, "Internet Filtering in Vietnam 2005—2006".http://www.opennetinitiative.net/studies/vietnam/ONI_Vietnam_Country_Study.pdf.

任务是调查在线犯罪和监控违禁出版物在网络空间的传播。[43]

缅甸军政府的网络审查水准也居于世界前列。其信息过滤系统以先进的软件技术为基础，大大限制了互联网用户可接触到的资讯。近来，政府还对网上的通讯交流，包括博客、电子邮件和聊天室加大了监控力度。2006年前后，为了过滤互联网信息和防止消息外传，缅甸政府先后禁了雅虎、Google和Hotmail电子邮件服务。在缅甸，4,800万公民中能在政府严格控制下使用电子邮件的还不足万人。缅甸军政府在1996年出台的一条法律规定，未经许可拥有1台调制解调器将导致被判刑7到15年。

在朝鲜，最高领导人声称在自己的住处拥有3台电脑，每天的上网时间超过两个小时。但普通民众绝对不容许接触电脑，由于严密的信息控制，绝大多数人甚至不知道世界上还有什么互联网。少数机关企业单位可以上与外部完全封闭的国内局域网。

在贫穷的非洲，56个国家8.4亿人口中只有600万互联网网用户，其中的2/3又集中在南非。在坦桑尼亚，每月支付的接入费用须200至500美元左右，昂贵的上网费使互联网成了只有极少数人才能享用的奢侈品。[44]肯尼亚信息通信部认为，美国互联网用户每个月下载1GB数据的费用是20美元，而非洲人则需要支付1,800美元才能够下载同样多的数据，上网费用是美国的90倍。[45]政府对互联网进行内容监管起码在目前还是不太必要的事情。

二、以韩国、新加坡为参照系

韩国建立了世界上最早的互联网审查专门机构。早在1995年就由国会通过了《电子通信商务法》，将"危险通信信息"作为管制对象，并将

[43]　格里戈里·阿科波夫：《因特网时代与国家安全》，载《参考消息》，2004年12月1日。

[44]　http://www.pday.com.cn/research/2005/570_2005_africatelecom.htm.

[45]　http://tech.sina.com.cn/i/2006-07-12/22061034422.shtml.

管制权力赋予信息通信部，委托信息通信道德委员会（ICEC：Information and Communication Ethics Committee）行使管理权限。ICEC拥有广泛的审查权力，其审查范围包括BBS、聊天室以及其他"侵害公众道德的公共领域"、"可能丧失国家主权"以及"可能伤害年轻人感情、价值判断能力等的有害信息"。

在《电子通信商务法》的管理框架下，ICEC还颁布了一些互联网内容管制的专法。2001年4月，ICEC发布《不当Internet站点鉴定标准（Criteria for Indecent Internet Sites）》，开始实施互联网内容的鉴别与过滤。2001年7月，ICEC又公布了《互联网内容过滤法令（Internet Content Filtering Ordinance）》，在全国范围内"过滤违法和有害信息（Filtering National illegal and harmful information）"以及预防"网络空间性暴力（Cyber Sexual Violence）"，限制色情及"令人反感"网站站点的接入。ICEC公布了12万个有害站点的列表，要求ISP通过防火墙来阻止互联网用户的接入。ICEC还负责"违法和有害信息报告中心（Internet 119）"的运营，接受和处理网民举报。韩国信息和通信部根据《年轻人发展法令（Youth Developed the Ordinance）》，要求在年轻人经常使用互联网的地点（包括学校、公共图书馆、网吧或其他公用计算机中心）安装过滤软件。[46]

被中国媒体广泛报道的是，韩国信息通信部规定从2007年7月1日起，Daum和Naver两大商业门户网站必须实行实名制。也就是说，用户必须提供私人信息诸如姓名等等才能在网络上发帖子，目的是为了减少网络上的谩骂恶搞、虚假消息和色情暴力。然而网站的统计结果却显示，事情并没有如政府所愿而发展。业界人士日称，实名制施行当月，拥有韩国排名第一的检索门户网站Naver的NHN的新闻恶意帖子删除数量为30.5万个，占所有新闻帖子（636.3万个）的4.8%，这一数据与实施实名制的前一个月持

---

[46] 杜宏伟：《韩国互联网内容管制》，载《世界电信》，2006年第3期。

平，几乎没有太大的变动。[47]

新加坡广播管理局（SBA）早在1996年1月11日宣布对互联网实行管制，实施分类许可证（Class License）制度，网络业者依照其性质及提供内容分为需要登记注册与无须登记注册两类。同年7月通过的"网络管理办法"亦规定了"网络内容指导原则（Internet Content Guidelines）"，明确网络活动必须依照该规定，若透过网络传递下列内容者，将被广播局吊销执照，网上传播者也会受到严厉处罚：（1）危害公共安全与国防（如危言耸听、破坏政府威信、误导公众与反对政府言论）；（2）破坏种族及宗教和谐（如引起种族仇恨、宗教狂热等）；（3）违反公共道德（如色情、猥亵、暴力、恐怖、裸体、性、同性恋等）。[48]

三、以西方发达国家为参照系

西方发达国家对互联网络的内容管理，也并非像一般人想象的那样放纵。只不过这些国家市场运行机制趋于成熟，更多地通过市场调节与行业自律的方式来对网络内容进行管理。例如加拿大政府授权对网络舆论信息实行"自我规制"，将负面的网络舆论信息分为两类：非法信息与攻击性信息。前者以法律为依据，按法律来制裁；后者则依赖用户与行业的自律来解决。同时辅以自律性道德规范与网络知识教育，并取得了较好的管理效果。[49]

值得注意的是，一些发达国家为达到监管网上信息传播的目的，有时并不是直接制定专门法规，而是从通信法、电子商务法、网上知识产权保

[47]　韩国网络实名制效果未达到预期，http://www.donews.com/content/200708/7438853bec474e8a8b8b9e5a58ad2836.shtm。

[48]　范杰臣：《从多国网路内容管制政策谈台湾网路规范发展方向》，载台北《资讯社会研究》，总第2期，2002年1月。

[49]　宋华琳：《互联网信息政府管制制度的初步研究》，载《网络传播与社会发展论文集》，北京广播学院出版社，2001。

护等领域切入，设立有关条款。德国是西方民主国家中第一个对网络危害性言论进行专门立法规制的国家，也是西方民主国家中第一个因允许违法网络言论而对网络服务提供者进行行政归罪的。为了阻止激进的网上宣传，德国立法者通过了《信息和传播服务法》（ICSA，又称《多元媒体法》）。该法允许设定特定的网络警察以监控危害性内容的传播；强化了ISP对非法内容传播的责任，例如可以技术性地阻止有关纳粹复兴内容的传播；它还将在网上制作或传播对儿童有害内容的言论视为一种犯罪。在德国的司法实践中，出现网络言论自由与其他利益冲突的衡量时，对于网络言论自由的限制体现得较为明显，尤其是在涉及儿童色情以及法西斯复兴的言论方面，"公共利益"较之"个人的言论自由"常常占到上风。由于对网络危害性言论采取了积极立法规制的态度，许多评论家将德国称为"在全球传播界对于网络最不友好的国家"。[50]

但总的来说，大多数发达国家在动用公权力直接介入网络内容管制方面仍比较谨慎，主要采取尊重网络使用者的"网络内容分级制度"与"业者自律规范"的柔性政策。[51]

1996年10月16日，欧共体委员会通过了《因特网有害和违法信息通讯》和《在新的电子信息服务环境中保护未成年人的尊严》绿皮书。对在不同的文化背景和法律环境下，对国际信息流和信息内容进行了限定，规定在互联网社会的行为必须在刑法和民法框架内，网络主机服务商和检索服务商对传递的信息要承担法律责任，如果在网络社会中或在他们所拥有的主机和服务器上出现了违法和有害信息，他们都应承担相应的法律责任。[52]1997年5月，欧洲议会又通过了合法截取网上通讯的法案（Enfopol, Act），内容包括警方可以强迫互联网服务供应商（ISP）同意

[50] 邢璐：《德国网络言论自由保护与立法规制及其对我国的启示》，载《德国研究》，2006年第3期。

[51] 范杰臣：《从多国网路内容管制政策谈台湾网路规范发展方向》，载台北《资讯社会研究》，总第2期，2002年1月。

[52] 郭明飞：《国外对因特网管制的做法及其启示》，载《政治学研究》，2008年第4期。

截取网上信息，包括阅读内容和辨认使用者。

　　欧盟在网络管制方面遵循三个原则：表达自由原则、比例原则、尊重隐私原则。所谓比例原则是指，公权力的行使与其所意欲实现的目的之间应该有合理的比例。即目的和手段之间必须成正比例，国家和政府的干预不能过度。对于侵害他人感情和价值观的"有害信息"，欧盟的原则是：（1）为保障成年人的自由，它们不能无条件地被禁止；（2）检讨内容管制的现行法律，看其是否能类推而适用于网络；（3）不能因为网络无远弗届的特性而主张加强管制。欧盟鼓励业界建立道德及分级标准；强调与网络使用者的合作，使其知晓上网风险和规避有害信息的方法；强调家长管理的义务和责任。

　　2000年1月，欧洲议会通过了一项被称为*EU Action*的决议，决定采取措施，在欧盟内部积极抵制有害网络内容。其具体操作步骤是，要求业界积极开发以PICS（Platform for Internet Content Selection）为基础的过滤软件，帮助网络使用者过滤网上有害内容。为配合决议的贯彻实施，欧盟同时要求所有欧洲国家网站主动进行"自我分级"。

　　欧盟还出台了1999年至2008年互联网安全行动计划（Safer Internet Action Plan，1999—2005；Safer Internet Plus，2005—2008）。整个计划的主要目的是在欧盟层面促进互联网的安全使用，为其发展创造健康环境。后续计划将视频等多媒体也包括在内，并明确指出要打击种族主义和垃圾邮件。[53]

　　在美国，早在1996年克林顿政府就出台了《通信正派法》（*Communications Decency Act*，为美国《通信法（1996）》中的一部分，亦有译为《传播净化法》）。这一法案的立意是"为了保护未成年的儿童"，使他们不致被电脑网络上少数害群之马以污秽的语言或图片所侵害。其中一项最主要内容是，通过互联网向未成年人传播不道德或有伤风化的文字及图

---

[53]　康彦荣：《欧盟互联网内容管制的经验及对我国的启示》，载《世界电信》，2007年第4期。

像，一旦查出将处以罚金25万美元和最高可达2年的有期徒刑。但这一法案于1997年6月被美国最高法院裁定违反美国宪法第一修正案赋予公民的言论自由的权利，于是该法被宣布作废。近几年来美国政府转而推动一项称作《21世纪电子网络权利》的法案，法案赋予联邦调查局强迫ISP透露用户或顾客个人资料的权力，但立法者却煞费苦心地把这项法案附在"环境保护法"里，并冠之以"权利法案"的名义，极力强调"保护隐私"才是这一法案的根本用意。[54]另外，2000年的《未成年人互联网保护法》吸取了屡次被判违宪的教训，着重从技术层面对网站内容进行过滤，而不再将目标指向网络内容本身。

2001年"9·11"事件之后，反恐、确保国家安全成了压倒一切的标准。为防范可能出现的恐怖袭击，美国通过了两个与网络传播有关的法律：一是《爱国者法》（该法英文直译为"提供阻却和遏制恐怖主义的适当手段以维护和巩固美国法"）；二是《国土安全法》。通过这两部法律，公众在网络上的信息包括私人信息在必要情况下都可以受到监视。该法第212款规定，允许电子通信和远程计算机服务商在为保护生命安全的紧急情况下，向政府部门提供用户的电子通信记录。第217款规定，特殊情况下窃听电话或计算机电子通信是合法的。尽管《爱国者法》的部分条款存在争议，但在"9·11"的强力震撼之下，美国国会仅用45天就批准了该法案。

美国国务院还在贝尔茨维尔建立了一个网络监视中心。这个中心拥有75个中央报告台，能显示500多个网络入侵探测设备的信息，能够对探测到的攻击自动做出响应。[55]2007年5月，就在限制军人博客之后几星期，美国国防部以占用带宽和运作风险为名，禁止军人访问包括MySpace和YouTube在内的13个"社交休闲类"网站。结果，这项禁令严重影响了海

---

[54] 闵大洪：《网络媒体发展报告》，2003年中国网络传播学年会论文，未刊稿。

[55] 黄鹏、由鲜举：《美国如何打造网络安全盾牌："9·11"事件后美国加强网络安全保护的新举措》，信息产业部电子科学技术情报研究所。

外军人与家中亲人的交流，尤其是在伊拉克和阿富汗。[56]

　　有学者研究指出，美国的互联网管制是在各方面利益协调和权衡中进行的，其中互联网行业利益标准、公众利益标准以及特殊条件下的国家利益标准都分别在网络管制的立法和实践中得以体现。互联网传播中出现的各种问题是不同利益标准之间的冲突，而针对这些问题的管制实质是利益协调。[57]美国互联网管制标准的多层次性以及实践中的灵活性值得参考。

四、以中国网民切身感受为参照系

　　从教育、文化内容，到网上聊天、网恋、网上购物、网络游戏，越来越多的中国人迷上了互联网。事实上，没有人愿意去冒险浏览敏感站点，或者在聊天室发表比较激进敏感的言论。《凤凰周刊》的报道指出，对中国大多数网民来说，他们开始害怕的是，互联网已成为一个兴旺的大市场，那些以前仅是从网上出售下载盗版音乐和电影的不法分子，现在已把生意扩展到在网上兜售毒品、色情、偷来的汽车、武器，甚至还有供来移植的人体器官。[58]

　　2003年11月，马克尔基金会（Markle Foundation）发表了有关中国互联网应用的调查报告。在询问了中国12个城市的2,457名互联网用户和1,484名非互联网用户，并在5个城市进行了案例研究后，他们发现：71%的互联网用户与69%的非互联网用户回答称"在互联网上，可以对政策表达自己的意见"；在全部被调查人员中，54%的人认为"网上内容可以信赖"，

────────────────

　　[56]　Brittany Petersen，"Web Censorship in Other Countries"．http://www.pcmag.com/article2/0, 2817,2317414,00.asp.

　　[57]　王靖华：《美国互联网管制的三个标准》，载《当代传播》，2008年第3期。

　　[58]　萧方：《中国网络管理现状调查》，载香港《凤凰周刊》，2006年第10期。

但同时有50%的人认为"有必要对互联网加强管制"。[59]

中国社科院《2005年中国5城市互联网使用状况及影响调查报告》中也专门向受访者询问"互联网是否需要管理和控制",从统计结果看,不管是否上网,不管网络经验长或短,也不管年龄或者性别,受访者在这个问题上的回答没有显著差异。有36.8%的被访者认为"非常需要"管理和控制,约45.6%的被访者认为"比较需要"管理和控制。[60]上述两份研究报告的数据应当真实反映了国民对互联网内容监管的认同立场。

一个有趣的佐证发生在2006年9月,山西省方山县县委书记"铁腕"取缔全县网吧,使该县成了全国仅有的开通网络却无网吧的县城。从依法行政的角度看,这样的举动涉嫌违法;从自由价值观来判断,这是滥用强权的极端霸道行为。但是新浪网等门户网站的调查和记者的采访皆表明,支持此举的民众甚多,尤其是学生家长和老师赞誉鹊起。事件的起因是一个昔日网瘾少年给县委书记写信,诉说"自己由于定力不足,在同学带领下来到网吧,从此一发不可收,几乎每天到网吧打游戏、看电影和聊天,有时还偷家里的钱"……在采取各种常规措施均不能奏效的情况下,该县领导层形成了取缔网吧的决策共识。[61]一位江苏网民写给《北京青年报》的评论更是将"关闭全城网吧"称为一项顺民心、得民意的真正的"德政"。[62]

还有网民注意到,一些西方的批评者一方面批评中国执法机关的网络审查,另一方面又责怪中国没有对批评者反对的内容进行审查。例如,美国前驻华大使批评说,中国应该对网络签名反对日本加入安理会常任理事国的行为进行审查,他甚至要求封锁那些网站。他批评说,允许那些网站

---

[59]　Tamara Renee Shie, "The tangled web: does the internet offer promise or peril for the Chinese Communist Party?" *Journal of Contemporary China*, Volume 13, Number 40, August 2004.

[60]　电子版可见http://www.blogchina.com/idea/2005sumdoctor/diaochabaogao.doc。

[61]　相关报道相见四川新闻网专题：http://china.newssc.org/system/2006/10/23/010165634.shtml。

[62]　http://www.ynet.com/view.jsp?oid=16404251.

运行和那么多人反日是可耻的[63]。有人据此认为，部分批评者的观点是自我矛盾的，他们采用双重标准。对那些他们支持的内容，他们批评审查；对那些他们反对的内容，他们则又批评不审查。因此，批评者的出发点值得怀疑，究竟是真的为了网络自由，还是别有目的。

五、中国政府的本位立场

2006年3月15日，在全国人大闭幕式后举行的记者招待会上，美国全国广播公司记者向国务院总理温家宝提问说：在您的答问中提到了互联网，大家对中国在互联网方面进行的内容审查都颇有微词，您是如何看待中国在这方面进行的审查？您是否对现行的这一政策感到满意？

温家宝回答说：

> 我想先引用两句话：一句是萧伯纳说的"自由意味着责任"；一句是你们美国老报人赛蒙·斯特朗斯基说的"要讲民主的话，不要关在屋子里只读亚里士多德，要多坐公共汽车和地铁"。中国的互联网一直保持着很快的发展速度，现在的网民已经超过1亿。中国政府支持互联网的发展和广泛的应用。作为人民的政府，应该接受群众的民主监督，也包括在网上广泛听取意见。只有人民监督政府，政府才不敢懈怠；只有人人负起责来，各项事业才能顺利发展。
>
> 按照我国《宪法》规定的原则，每一个公民都有利用互联网的权利和自由，但同时要自觉地遵守法律和秩序，维护国家、社会和集体的利益。中国对互联网依法实行管理，同时我们也倡导互联网业界实行行业自律，实行自我管理。中国对互联网管理的

---

[63]　http://www.popyard.org/cgi-bin/npost.cgi?num=38855.

做法是国际通行的做法。我们非常重视吸收国际上有关互联网
管理的经验。网站要传播正确的信息，不要误导群众，更不能
对社会秩序造成不良的影响。这些规范作为职业道德，应该得
到遵守。

可见，在当下中国的复杂事实面前，在多重价值立场交错的参照系面
前，任何将中国互联网内容监管单纯地视为严厉或者宽容，可能都有失
偏颇。

其实，用其他国家做参照系，弊端很明显，即各国所处的发展阶段、
承继的文化传统、国民的核心诉求都有较大差异，很难找到恰当的比较基
点。而从民众感受和政府立场来比较，又过于主观。一种现实主义的说辞
是，适合自己的就是好的；而一种理想主义的期待则是，应当有更好的以
便改进追求。

之所以会形成判断结论的两极化，简单的解释是，西方学者的批评含
有一个基本价值预设，即个人权利优先，自由价值优先，由此出发，必须
警惕和反对公权力的扩张；而中国政府的辩解也有其基本价值预设，即安
邦定国优先，民族发展优先，由此出发，必须警惕和防止社会失序。前者
表达的是私人自由与公共权力之间的紧张，后者则定位于公共权力与国家
秩序之间的调和。

"每种社会都有自己的偏执、迷信和心灵的幻想"[64]，每个观察者都
有其自身的视角局限。"可观察性偏见"概念包含了两点，一是偏见，二
是可观察。对中国互联网的内容监管在这两个层面，都可以获得经验验事
实与学理的支撑。在互联网早期阶段，"无政府、无国家、无治理"的主
张一度成为主流，"网络空间独立宣言"被奉为经典，但在成长中，互联

---

[64]　金观涛、刘青峰：《多元现代性及其困惑》，载香港《二十一世纪》，2001年8月号。

网麻烦纷至，不但主权国家"清理门户"的举动日益频繁，而且跨国家的全球治理合作也已提上议程。中国互联网的内容监管从这个角度看，不过是普遍可见的治理浪潮中的一个案例而已。

中国政府的传统治理模式是动员或运动偏好型。在互联网内容监管中，无论是以惩罚为主的行动（对网吧的整顿、对违法网站的举报打击、对高校BBS的实名制改造），还是以威慑和合作为主的行动（网络警察上网巡逻、文明办网自律），无一不带有传统模式的厚重痕迹。但是它也在探索由重管到重治的新路。最近数年来，政府频繁立法，形成了互联网内容监管的恢恢法网，单以禁止性规定而论，就有14条之多。

那么，监管尺度是严厉还是宽容？对此问题，也许并没有简单的定论。基本预设和核心偏好的差异，以及选取的参照系的不同，都是导致结论迥然不同的最主要原因。

第四章 内容监管的单线性视角：
政府主导下的政策学习过程

第一节 面对新生事物的政府：
公共政策的学习理论

尽管我们肯定地认为，将政府视为当下大舞台上孤单的主角，将政府的执政行为视为这幕转型大戏的唯一线索，是一种优美但是简单的线性思维。但我们承认，由于市场发育较迟、公民社会又长期被国家笼罩，中国大多数的公共政策确实是由政府强势主导的。互联网的内容监管主要由政府推进，在大多数情况下是成立的。

其实不用往前追溯太久，半个多世纪以前的中国，每一个村庄、每一条街道甚至每一个人都处在无所不包的组织控制之下，国家掌握着前所未有的动员与组织力量。政府用强势主导的新政策解决了历史上从未解决的问题：黑社会绝迹；一夜之间关闭了妓院；用粮食征购和配给战胜了几十年来一直无法控制的通货膨胀；并在一次大规模的现代化战争中，使西方最强大的美国遭遇巨大挫折。[1]如果说近20多年来的改革，已经完全改变了上述权力格局，显然是不切实际的。因此，顺着这一政府主导的单线性

---

[1] 金观涛、刘青峰：《开放中的变迁：再论中国社会超稳定结构》，香港中文大学出版社，1993，第413页。

视角出发，我们依然可以看见主要的风景。

但是，由于本书讨论主题的新鲜性，政府主导的故事中还是多了些许曲折往复。互联网初来乍到时，给政府的感觉是陌生，它和政府熟悉的农业社会不同，也和它熟悉的革命与社会主义建设不同，甚至和它不太熟悉的市场相比也显得新奇。它就是一个彻头彻尾的"他者"。准确地说，不单是中国政府如此，世界各国恐怕都是如此，毕竟这个顶着太多新技术的玩意，太年轻，而且一直在不断发育变化中。

互联网是什么？互联网会带来什么？谁在用互联网？谁在用互联网干什么？这些问题全都难以解答。所以，如果有人说，政府一开始就企图监管互联网，一定缺乏说服力。如果有人说，政府一开始很迷惘，这或许更符合事实。

按照C.胡德（C. C. Hood）广为人知的说法，当政府面对公共问题时，治理在本质上就是运用政策工具、政策手段或管理手段解决问题。其焦点无非是从政府工具箱中选取可用或好用的工具而已。[2]但是，政策工具的选择过程显然受到工具特性、问题性质、政府过去处理类似问题的经验、决策者主观偏好以及受政策影响的社会团体的影响，政府针对这些内外影响选择工具，做出政策的渐进调适，这就是Michael Howlett和M. Ramesh所说的政策学习（Policy Learning）过程。[3]研究者将这种学习过程区分为内生学习（Endogenous Learning）和外生学习（Exogenous Learning）两

---

　　[2]　胡德认为，所有政策工具都使用下列四种广泛的"政府资源"之一，即政府通过使用其所拥有的信息、权威、财力和可利用的正式组织资源来处理公共问题。参见Christopher C. Hood, *The Tools of Government*, London,The Macmillan Press,1986, p.9。

　　[3]　对于政策学习的概念界定，公共政策研究者们仍有分歧。例如Peter Hall认为政策学习是政府根据原有政策的结果和新的信息试图纠正政策目标或改进政策技术，以更好地达到治理目标。而Hugh Heclo则认为政策学习经常是政府在以往经验的基础上对某些类型的社会或环境刺激所做出的回应，而很少是一种有意识的行为。但是，多数人同意，政策变迁与政策学习环环相扣、紧密相连。政策变迁源于政策评估的结果出现负值时，而对原政策进行的必要的调整、修正甚至彻底更改。不同的政策学习，会导致不同的政策变迁。参见Michael Howlett and M. Ramesh, *Studying Public Policy: Policy Cycles and Policy Subsystems*, Oxford University Press,1995, p.175。

种类型。与内生学习相对应的是教训吸取（Lesson-drawing），源于正式的政策过程，它影响政策制定者对政策方法和政策工具的选择，其结果主要是技术层面的改进；与外生学习相对应的则是社会学习（Social Learning），源于政策过程外部，它影响政策制定者适应或改变社会的阻力或能力，是一种更为根本的学习。当政策变迁的动力来自教训吸取时，政策风格（Policy style）只发生一般性改变，可称为"一般性的政策变迁"（Normal Policy Change）；当变迁动力来自社会学习时，政策风格变化非常剧烈，可称为范式性的政策变迁（Paradigmatic Policy Change）。[4]Richard Rose进一步指出，政策学习止于政策计划与工具，至于政策目标仍然不变。[5]

因此，政府面对互联网从迷惘到清醒，从手忙脚乱到井井有条的应对，可以被视为持续的政府政策学习过程。在接下来有关中国互联网内容监管的政策演进中，我们将看到这种学习过程。不过，受资料的限制，我们很难细致区分内生学习抑或外生学习；我们也不敢断定，它到底是一般性的政策变迁抑或剧烈的范式变迁。唯一清楚的是，政府的学习能力极强，将传统治理的精髓移植到互联网上的速度很快。如果说它依稀具备范式变迁的身影，那应当是它正在从孤军奋战走向局部的合作治理。西方学者亦承认，互联网已被中国成功驯服，北京制定的"有序发展"战略（一边审查，一边发展）目前已经占得上风。"受到管制的互联网仍是发展经济、提高生活水平、改善政府执政能力的一支积极力量。"[6]

---

[4] Michael Howlett and M. Ramesh, *Studying Public Policy: Policy Cycles and Policy Subsystems*, Oxford University Press,1995, p.185.

[5] Richard Rose, "What is Lesson-Drawing?" *Journal of Public Policy*, Nove.1,1991.

[6] Tamara Renee Shie, "The Tangled Web: Does the Internet Offer Promise or Peril for the Chinese Communist Party?" *Journal of Contemporary China*, Vol.13, NO.40,Aug.,2004.

第二节　时间维度：
变垃圾桶政策模式为分类主导模式

传统理论一直认为官僚科层体制中存在着一个层级节制、秩序井然的决策环境，不但问题可以通过分析规划加以厘清，而且经由果断的行动也能达到预期的结果。但是，三个美国学者科恩、马奇和奥尔森（Cohen，March and Olson）在1972年的研究中启用一个富有想象力的概念部分颠覆了这一假设。他们发现，其实官僚系统中时常充斥着多元偏好迥异的决策者，其自利行为使得决策环境不时进入"制度化的失序状态"（Organized Anarchies）。该状态的核心表现有三：偏好错置（Problematic Preferences）、技术混沌（Unclear Technology）、流动性参与（Fluid Participation）。科恩等人竟然想到用"垃圾桶"（Garbage Can）来比喻这种失序状态。

"垃圾桶"与"制度化失序"状态的可类比点在于：

> 决策常常是由许多人员和过程来实现的，正如一个垃圾箱的"内容"是由许多的行人和街道动态过程决定的。[就偏好的错置而言，决策的参与者对于解决问题的偏好往往无法有一致而明确的界定，一旦企图厘清他们的个别偏好，彼此间的偏好歧异便可能引发组织成员间的冲突与矛盾。因此，决策参与者更多是透过行动来表达政策偏好，而非以政策偏好为基础来采取行动。]

> 这些人员和过程常常是相互独立的，为不同的机制所推动、制约。[就技术的混沌而言，决策的参与者并不完全了解组织的决策过程，只能片面地掌握个人从事的决策行为与内容。而个人的行为内容与组织整体决策间的配合关联程度则既非个别决策者所关心的对象，也不是他所需要认知的内容。]

> 决策的结果与决策的时间性有很大关系，正如一个垃圾箱的

内容与人们在什么时间走近它有密切关系。[就流动性参与而言，决策的参与者经常会在不同的政策、不同的决策阶段过程当中进进出出，流动频繁；即便是同一个政策议题，他们的参与亦可能随着时间、地点的差别而有程度上的差异。]

因此，看起来彼此间相互独立的要素，问题、解决方案、决策参与者以及政策选择的机会，就在这样一个形如垃圾桶的决策场域中随机配对，形成决策产出。[7]

我们认为，这个"垃圾桶"决策模型可以较好地解释互联网初期政府的监管状态。由于对互联网的强大功能及其未来效应缺乏了解，在其发展之初，中央政府对它基本采取了放任态度。倘若将政府视为科层制的整体结构，那么，当时的情形是，这个整体结构并未传递出清晰的一致性行动命令，反倒是身处其中的职能部门对互联网各怀心思和想象，偏好模糊，使得整体意义的政府显示为"多重自我"。[8]

目前可见的资料表明，从1994年至1999年的5年间，几乎没有内容监管的重大政策出台，几部法规的重心也只是一般性规范，如：1996年2月，国务院第195号令发布了《中华人民共和国计算机信息网络国际联网管理暂行规定》（1997年5月修改），同年4月，邮电部发布了《中国公用计算机互联网国际联网管理办法》，1997年12月，公安部发布了由国务院批准的《计算机信息网络国际联网安全保护管理办法》，1998年3月，国务院信息化工作领导小组办公室发布了《中华人民共和国计算机信息网络国际

---

[7]　M. Cohen.J. March and J. Olson, "A Garbage Can Model of Organizational Choice", *Administration Science Quarterly*, Vol.17,1972.

[8]　2005年诺贝尔经济学奖得主托马斯·谢林在其论文《吸毒成瘾：关于抽烟的体验》中认为，在许多情况下，人们好像并不是具有惟一身份、价值观、记忆和感觉的单个个体，而是往往会存在"双重自我"（double-self）。双重自我对某一特定的事物具有不同的偏好，因而无法决定哪一个自我去支配行动并使总体效用最大，不时得展开以自己为对手的自我博弈。我们将政府想象为一个人，以"多重自我"来形容偏好之多之杂。Thomas C. Schelling, "Addictive Drugs：The Cigarette Experience", *Science*, Vol.255, Issue5043, 1992.

联网管理暂行规定实施办法》。尽管在公安部发布的《管理办法》中已经提出了不得利用国际联网制作、复制、查阅和传播的9类信息，但因为网络用户稀少，这些规定的出台更像是治理惯性所致，并非有特别针对性，所以也没有引起机构和网民哪怕是一般意义的重视。此外，1998年8月，公安部正式成立公共信息网络安全监察局，但直到2000年底才对外挂牌。

从技术上说，1998年末，公众通过电话拨号上网的流量只有33.6K，浏览一个网页不仅耗费金钱，还考验耐力。精通各种传统的监控技术的机构也还没来得及学习那些最新、最有效的信息技术，除了极少数对政府不友好的海外中文政论和新闻网站被屏蔽外，公众几乎感受不到互联网的内容监管。数百万网民中的一小撮，在网络上畅所欲言，享受着网下所没有的自由时光。

信息宣传工作的力度也不大，相反，多元声音的传递倒是愈加活跃。1997年1月，人民日报社主办的人民网进入国际互联网络，这是中国开通的第一家中央重点新闻宣传网站。几年间，政府并未刻意投入更多精力来占领互联网舆论阵地。不仅如此，1999年5月8日，中国驻南斯拉夫大使馆被美国导弹袭击，在沸腾的民意中，人民日报网站还开设了一个专门的"抗议论坛"供网民表达意见，平均每天有数千条网民发言，被海外媒体称为"中国超级政治聊天室"。事态逐渐平息后，其名改为"强国论坛"。

和内容监管与政府宣传部门的相对迟钝相比，科技和商业部门则嗅觉灵敏，在他们强势运作下，1994年6月，国务院办公厅下发文件启动"三金工程"（即公共经济信息网金桥、海关报关业务系统金关、银行自动支付及电子货币金卡工程）。1995年4月，中国科学院启动京外单位联网工程，实现覆盖国内24个城市百所学术机构与互联网的链接。1997年4月，全国信息化工作会议确定将中国互联网列入国家信息基础设施建设。1998年3月，全国人民代表大会批准成立信息产业部。1999年更由22部门联合启动了"政府上网工程"。

所以，我们将1994—1999年称为互联网内容"低度监管"阶段。进入2000年后，监管力度开始升级。最显著的监管迹象就是频繁立法和整治网吧。我们将2000年至2003年称为互联网内容"中度监管"阶段。

在这一阶段，以立法来看，最重要的内容监管法规集中出台。2000年9月25日，国务院发布《中华人民共和国电信条例》，这是中国第一部管理电信业的综合性法规，标志着中国电信业的发展步入法制化轨道。同日，国务院公布施行《互联网信息服务管理办法》。2000年11月6日，国务院新闻办公室、信息产业部发布《互联网站从事登载新闻业务管理暂行规定》。2000年11月6日，信息产业部发布《互联网电子公告服务管理规定》。2000年12月28日，第九届全国人大常委会表决通过《全国人民代表大会常务委员会关于维护互联网安全的决定》。2001年4月3日，信息产业部、公安部、文化部、国家工商行政管理总局联合发布《互联网上网服务营业场所管理办法》。2002年5月17日，文化部下发《关于加强网络文化市场管理的通知》。2002年6月27日，新闻出版总署和信息产业部联合出台《互联网出版管理暂行规定》。2002年9月29日，国务院第363号令公布《互联网上网服务营业场所管理条例》。2003年5月10日，文化部发布《互联网文化管理暂行规定》。上述法规中的大多数都是直接规范互联网网站、BBS提供商、网吧和网民的，其重心又特别明显地落脚在内容上（在第三章的"法网恢恢"部分，我们已经罗列了关键法规的关键监管条款，这里不再重述）。

互联网内容监管的主管机构也在这一阶段敲定，职能部门界限不清、责任不明的状况大大改观。2000年4月，国务院新闻办公室网络新闻管理局成立，负责统筹协调全国互联网络新闻宣传工作。其主要任务是负责规划国家互联网络新闻宣传事业建设的总体布局并实施；组织开展互联网络重大新闻宣传活动与开发重点信息资源；研究互联网络舆情动态，把握互联网络新闻宣传的舆论导向；拟定互联网络新闻宣传管理方针、政策和法律法规；对开办新闻宣传网站或栏目进行资格审核，组织搜索互联网络重要信息，抵御互联网络有害信息的思想文化渗透；组织新闻宣传网站开展国际交流与合作。在国务院新闻办成立网络新闻管理局之后，各省、自治区、直辖市新闻办也陆续设立了相应机构，形成了自上而下的管理体制。

2001年起，全国各省一级公安厅（局）皆组建了正式的公共网络信息监察处，还将该工作延及到区一级的公安分局，在分局成立相应的科（股），负责互联网的监管。

在这一阶段，政府对网吧的整治行动也是重点。我们在前面已经论及，网吧其实不是简单的互联网业务经营场所，在中国，它被家长和老师视为让青少年网络成瘾的"罪恶之源"；而公安与文化部门则将它视为不良信息和违法行径传播扩散的"窝点"，因此整治网吧，其目的依旧指向内容。2001年4月13日，信息产业部、公安部、文化部、国家工商行政管理总局部署开展网吧专项清理整顿工作（相关整治成果详见第三章"行动强烈"部分）。2003年6月5日，文化部发出《关于全国性互联网上网服务营业场所连锁经营单位审批情况的通告》，批准10家单位筹建全国性互联网上网服务营业场所连锁经营单位，这给中小网吧的生存竞争造成巨大压力。显然，政府是想把网吧经营权尽量放在可信任的大机构手中，从而减轻网吧"作恶"的可能性。

从2001年春天开始，互联网不良网站的屏蔽和信息过滤技术也明显上了一个台阶，通过IP报文关键字过滤的技术能够对进出互联网国际入口的绝大部分信息进行监测，一旦发现含有敏感字段的网页，就强制阻止该类网页到达用户端。除此之外，国内活跃的论坛也被套上更多规矩。最初是由各论坛服务商和版主人工把握，后来发展到研发程序自动过滤。以最著名的人民日报强国论坛为例，该论坛有三名全日制专职版主，负责对所有用户发言（俗称"帖子"）进行及时审核；论坛后台运行的程序则按事先选定的关键词进行过滤（关键词随形势变化而增减），凡是含有关键词的发言就无法显示出来。即使这样，管理者还不够放心，强国论坛在各大论坛中首先实现了"上下班制度"——早上8点开放，晚上10点关闭（只可读不可写）。

在这一阶段，政府开始主导互联网内容建设行动，从此前的灭火式防御被动监管，转为预防与教育的主动攻防，推动主流媒体上网，开始唱响主旋律。2000年5月9日，中宣部、中央外宣办下发了《国际互联网新闻宣传事业发展纲要（2000—2002年）》，提出了互联网新闻宣传事业建设的指导原则和奋斗目标，并确定了首批重点新闻宣传网站。2000年8月9日，《人民日报》在头版发表"本报评论员"文章《大力加强我国互联网媒体建设》。文章指出："面对互联网的快速发展，摆在我们面前的一个重要任务就是，加快信息传播手段的更新改造，重视和充分运用信息网络技术，大力加强互联网媒体建设，加强网上新闻宣传。这是一个带有全局性的重大而紧迫的课题。"要"增加必要的投入，特别是加快能够产生重大影响的重点网站建设，扩大重点新闻网站的知名度，吸引越来越多的国内国外访问者，抢占这个思想舆论阵地的制高点"。2000年12月12日，人民网、新华网、中国网、央视国际网、国际在线网、中国日报网、中青网等率先成为获得登载新闻许可的重点新闻网站，国家拨付财政专款予以支持。

2000年12月7日，由文化部、共青团中央、广电总局、全国学联、国家信息化推进办公室、光明日报社、中国电信、中国移动等单位共同发起的"网络文明工程"在京正式启动。其主题是"文明上网、文明建网、文明网络"。2001年11月22日，共青团中央、教育部、文化部、国务院新闻办公室、全国青联、全国学联、全国少工委、中国青少年网络协会向社会正式推出《全国青少年网络文明公约》。2002年3月26日，中国互联网协会在北京发布《中国互联网行业自律公约》。

在这一阶段，中央政府对互联网的认知日渐清晰。2001年7月11日，中共中央在中南海怀仁堂举办法制讲座，内容是运用法律手段保障和促进信息网络健康发展。时任中共中央总书记江泽民强调指出，要抓住机遇，加快发展中国的信息技术和网络技术，并在经济、社会、科技、国防、教育、文化、法律等方面积极加以运用；既要积极推进信息网络基础设施的发展，又要大力加强管理方面的建设，推动信息网络化迅速而又健康地向前发展。2001年8月23日，国家信息化领导小组重新组建，国务院总理朱镕基任组长。2001年9月7日，《信息产业"十五"规划纲要》正式发布，这是国家确立信息化重大战略后的第一个行业规划。2002年7月3日，又通过了《国民经济和社会发展第十个五年计划信息化重点专项规划》、《关于我国电子政务建设的指导意见》和《振兴软件产业行动纲要》。

进入2004年后，互联网内容监管跨入新阶段，我们称为"高度监管"。政府越来越娴熟应用各项传统的管理技能，调动各种组织和社会资源，形成了多管齐下的监管体系。

2004年9月，中共十六届四中全会在其《关于加强党执政能力建设的决定》中，互联网内容监管的思路已被清晰表述为"法律规范、行政监管、行业自律、技术保障相结合"，并强调应"高度重视互联网等新型传媒对社会舆论的影响，加强互联网宣传队伍建设，形成网上正面舆论的强势"。此后不久，2004年11月8日，中共中央办公厅、国务院办公厅发布了《关于进一步加强互联网管理工作的意见》（中办发〔2004〕32号）。依据相关部门和省市公开的实施细则，其中透露的最关键信息有三点，一是中央政府对互联网发展的基本判断，二是清晰界定了部门的职能分工，三是对当前问题的解决和长效管理体制的建立做出了十分具体的部署。几乎可以说，该意见的出台标志着中国互联网内容监管的政策学习过程告一段落。

另一份重要的文件是由中宣部、信息产业部、国务院新闻办、公安部等16家部门共同印发的《互联网站管理协调工作方案》的通知（信部联电〔2006〕121号）。该通知承认，有关部门于2004年11月至2005年6月联合集中开展了互联网站清理整顿工作。在集中行动中，各部门按照《集中开展互联网站清理整顿工作方案》狠抓落实、积极行动、密切配合，积累了一定的协调工作经验，为下一步做好互联网站日常监督和管理工作奠定了良好的基础。

通知要求，由16个部门组成协调小组，中共中央宣传部对互联网意识形态工作进行宏观协调和指导，互联网行业主管部门负责互联网行业管理工作。具体分工是，互联网行业主管部门（信息产业部）、专项内容主管部门（包括国务院新闻办公室、教育部、文化部、卫生部、公安部、国家安全部、国家广播电影电视总局、新闻出版总署、国家食品药品监督管理局、国家保密局等）、前置审批部门（包括国务院新闻办公室、教育部、文化部、卫生部、国家广播电影电视总局、新闻出版总署、国家食品药品监督管理局等）、公益性互联单位主管部门（教育部、商务部、中国科学院、总参谋部通信部等）、企业登记主管部门（国家工商行政管理总局）。

通知强调，各部门应认真落实互联网站管理职责，加强沟通，密切合作，在发挥各部门职能作用的同时，加强信息通报和管理联动，各部门发现违法违规网站和有害信息，在依法查处的同时，及时通报协调小组相关成员单位，相关成员单位积极予以配合，形成管理合力，对网站实施齐抓共管。

这一时期互联网法制建设明显有两个特征：一是大量互联网内容管理部门规章出台，包括《互联网等信息网络传播视听节目管理办法》、《互联网新闻信息服务管理规定》等；二是关于互联网应用的管理法规出台，包括《电子签名法》、《信息网络传播权保护条例》、《互联网著作权行政保护办法》等，这也表明互联网管理的热点开始聚焦于互联网内容监管和互联网应用规范。

2007年1月23日，中共中央政治局举行了"世界网络技术发展和中国网络文化建设与管理"集体学习会，明确指出应"加强网上思想舆论阵地建设，掌握网上舆论主导权，提高网上引导水平，讲求引导艺术，积极运用新技术，加大宣传力度，形成主流舆论"。中共中央政治局2007年4月23日召开会议，研究加强网络文化建设工作。会议强调，网络文化建设和管理，要坚持社会主义先进文化的前进方向，坚持正确的宣传导向。

被外界关注更多的法规文本则是2005年9月25日，国务院新闻办公室、信息产业部联合发布的《互联网新闻信息服务管理规定》，它首次明确"任何组织不得设立中外合资经营、中外合作经营和外资经营的互联网新闻信息服务单位。互联网新闻信息服务单位与境内外中外合资经营、中外合作经营和外资经营的企业进行涉及互联网新闻信息服务业务的合作，应当报经国务院新闻办公室进行安全评估"。

这一阶段以打击色情为触发机制的专项运动，以举报中心成功运作的公众参与监督，以及高校BBS实名制和商业网站自律升级等内容，在第三章已有介绍。需要补充一点的是"网评员"机制的建立。

　　2005年4月，江苏省宿迁市第一支网络评论员队伍成立，首批26名网上评论员分别来自宿迁市委宣传部、宿迁市各区县宣传部门和市直属大机关，而市直属大机关的人选基本为机关新闻科长或新闻发言人。评论员以普通网友的身份，在互联网上积极发言，引导"正确导向"，普及"党和政府的方针政策"。按照"积极发展，加强管理，趋利避害，为我所用"的要求，该市市委宣传部还将成立"网评管理办公室"和"网络新闻管理处"，对网上评论员队伍进行日常协调管理和年终考评。媒体报道还指出，宿迁并非孤案，来自各省区市纪检监察机关以及中央纪委监察部机关的127名网络评论员此前就已经在北京完成了培训。[9]

　　与此类似的是网络监督员。他们定期接受相关部门的指导，利用业余时间监察网络出现的"不文明行为、违法和不良信息"，及时通过电话、电子邮件、不定期参加会议等方式向相关单位提出监察意见。在北京，特约监察员将被给予每月100元上网资费补贴。[10]

　　据《北京日报》2007年5月14日报道，目前该市共有181名"网络义务监督志愿者"在岗工作。市互联网宣传管理办公室有关负责人表示，广大网民和网络监督志愿者的支持是政府部门进行有效管理的坚强后盾。北京网管办曾在2006年末以北京市网络媒体协会的名义，增聘了许多网络媒体内容监看人员，并在其"监看中心"的大办公室工作，按照门户、论坛、博客等网络类型的不同，分别进行监看，对应各大商业网站有一至三人，实行"两班倒"的工作流程，"非常"时期实行"三班倒"。2007年7月12日，《青岛晚报》披露说，该市组建了多达百余人的网络评论员队伍，网络评论员将主动发帖、积极跟帖，维护正面的评论、正面的声音，减小乃至消除负面舆论影响，维护学校和社会稳定。还有多篇新闻报道都证实，这一网络队伍在全国广泛存在。

　　经过数年的学习和理解，互联网不再是混沌之物，它的长处短处皆已

---

[9]　《宿迁：引导网络舆论实践》，载《南方周末》，2005年5月19日。

[10]　http://it.people.com.cn/GB/42891/42894/4374397.html.

鲜明。政府意识到互联网作为信息基础设施在国家发展中的重要作用，同时注意到在内容领域要加强管理，从而走出"垃圾桶"无序困境，确立起我们称为"分类主导"的模式，即在互联网的不同应用领域启用不同的主导策略：一方面对互联网的经济和科技功能强势扶持，一方面对互联网的内容表达和信息传播则控制引导。

第三节　空间维度：化"虚拟"为"真实"

前已提及，互联网的技术特征保证了信息能够跨越国界自由流动，但前提是政府不加干涉。因此，以为人们在同一时间生活在两个空间（物理空间和数字空间），物理空间的国家主权不能向数字空间延伸，其实是一厢情愿而已。事实上，所谓"虚拟"的互联网在若干层次上都是完全"真实"的。

首先，传递信息的互联网基础设施，不仅包括跨大洋的海底光缆，还包括各类网关、域名解析服务器、数据服务器，以及将无数孤立PC相互链接起来的各种普通线路和入网设备，都是可触摸的实在物。在宏观层次说，互联网信息貌似自由跨越国界的交流，其实是通过各主权国家的国际入口实现的。以中国为例，中国与世界上其他任何地方的网络联系都是通过为数不多的3个国际光缆出口完成的：北部的环渤海地区，接驳通往日本的光缆；中部的上海，同样是接驳通往日本的光缆；南部的广州，接驳通往香港的光缆。有一小部分地方通过又贵又慢的卫星方式连接网络；还有一些穿越中亚通往俄罗斯的光缆，但流量不大。在2006年末，由于特大海啸和地震损坏了台湾附近的主要海底光缆，我们的互联网用户才意识到这些出口有多重要。从技术上说，政府可以通过在国际入口处安装装置管理进出中国的数据包。这个行为在表面上使用镜像来进行。数据通过光缆以脉冲的形式传播，为数众多的小镜像将数据传送给一套独立的隶属于金盾工程的电脑集群。[11]

其次，虽然提供互联网服务的网站遍布世界各地，网民进出也没有"边防站"设卡检查，但大多数国民经常活动的网站无疑在主权国家内部，提供这些服务的大多数运营机构也在国家内部。无论网站和信息多么数字化，这些机器设备、注册公司、上网场所，包括网民，都是真实世界的真实存在。主权国家在监管真实世界方面有太多丰富经验。

中国政府在互联网发展之初，一度被它的"虚拟"和"数字化"所迷惑，耗费了不少精力去追踪飘忽不定的网站和网民，结果发现效果不佳。要说"捉迷藏"，具有匿名和流动特征的网络空间无疑是再好不过的地方，但政府是不愿意和不安分者"捉迷藏"的。

当政府明白"虚拟"是幻象而"真实"才是"本质"时，对互联网的内容监管就思路大开。显然，原来的状况是匿名的人在暗，政府在明；既然政府不能变暗，那就将匿名的变为明。从BBS的IP地址登记备份制度，到网吧的凭身份证上网制度；从网站、BBS的备案许可制度，到网吧的特许经营制度；从删帖过滤制度到实名上网制度，从早期忙于奔走的游击战，到中期的专项打击运动战，再到营造主流阵地和战斗队伍的强势进攻等，无不体现了政府在学习中的成长过程。

在强化虚拟空间控制权的政府作为中，政府找到了不断丰富的"政策工具"，有能力监管的空间不断拓展。起初，主要是厘定不良网站，阻止境外有害信息进入；接着是对论坛等重点空间加大管理和约束力度，防范境内不良信息扩散；进而通过网吧整治和大规模网站登记备案制，实现了运营空间的可控管理；而在对"虚拟违纪事件"实施行政处罚和司法追究的查处过程中，既坚持守土有责的属地化管理原则，即"谁主管谁负责、谁运营谁负责"，也认识到互联网管理跨地区、跨行业、跨部门的特点，强调协调配合，跨区域合作。尤其是在举报制出台以后，"眼睛雪亮"的

---

[11]　James Fallows, "The Connection Has Been Reset", *The Atlantic*, Mar.,2008.

人民群众成为政府最低成本的网络监管"道德民兵"。[12]政府由此有能力
腾出手来对极少数异见力量实施贴身式的监管。

在2006年9月21日召开的中国互联网大会上，信息产业部副部长蒋耀
平总结说，在互联网治理方面，国家有关部门还在及时研究新情况、新问
题，有针对性地制定监管政策和法律法规，建立有效的管理机制。同时，
按照"政府主导、公众参与、民主决策、高效透明"的原则，形成政府主
导、行业组织、企业和互联网用户共同参与的治理格局，全方位规范互联
网秩序。[13]

2008年12月，国务院新闻办公室主任王晨在第八届中国网络媒体论坛
透露，中国将借鉴国际上的一些成功做法，积极探索既保护个人合法权
益、又有利于弘扬诚信的实名上网办法。他强调，要坚持不懈地与网上低
俗之风作斗争，用高品位、高格调、健康向上的网络文化产品和服务占领
网络阵地，决不给低俗内容、不良广告、有害游戏等提供传播渠道；要切
实提高网络从业人员的社会责任意识，不断增强辨别和抵制有害信息、维
护网络诚信的素质和能力；要充分发挥网民在维护网络道德上的积极性、
创造性，自觉抵制各种道德失范行为，养成科学、文明、健康的上网习
惯，使广大网民真正成为构筑网络诚信的主力军；要通过多方面努力，在
全社会形成维护网络诚信的思想共识和舆论氛围。[14]

随着互联网应用范围扩大，中国互联网治理正从网络和信息安全，向
知识产权保护、消费者权益维护、个人隐私、商业秘密保护、传统文化与
道德冲突等领域扩展。

根据我国现行的互联网管理法规，可以把互联网管理对象划分为9大领
域：互联网资源管理领域、互联网网络犯罪管理领域、互联网保密管理领

---

[12] 朱大可：《铜须、红高粱和道德民兵》，载《东方早报》，2006年6月8日。

[13] 蒋耀平：《我国将逐步规范互联网秩序》，http://news.xinhuanet.com/tech/2006-09/22/content_5122505.htm。

[14] 2008第八届中国网络媒体论坛，http://paper.ce.cn/jjrb/html/2008-12/06/content_40992.htm。

域、互联网网络安全管理领域、互联网内容监管领域、互联网业务管理领域、互联网著作权管理领域、反垃圾邮件管理领域、电子商务管理领域。其中，互联网网络犯罪管理领域、互联网保密管理领域、互联网网络安全管理领域、互联网内容监管领域侧重于互联网网络信息安全管理大领域，而互联网业务管理领域、互联网著作权管理领域、反垃圾邮件管理领域、电子商务管理领域更侧重于互联网的应用管理。

参照各领域的管理法规，我们整理出互联网各领域的主要管理制度如下表[15]：

表4.1　互联网各管理领域的主要管理制度

管理领域	管理制度
互联网资源管理	对IP地址实行备案制度； 对境内设置并运行域名根服务器（含镜像服务器）的运行机构以及境内的域名注册管理机构和域名注册服务机构实行许可证审批制度； 域名注册服务遵循"先申请先注册"原则。但为了维护国家利益和社会公众利益，处于中立立场的域名注册管理机构可以对部分保留字进行必要保护。
网络犯罪管理	《全国人大常委会关于维护互联网安全的决定》确定了四大类网络犯罪行为： 危害互联网运行安全； 危害国家安全和社会稳定； 侵犯个人、法人和其他组织的人身、财产等合法权利； 利用互联网实施的其他犯罪行为。

---

[15]　韦柳融、王融：《中国的互联网管理体制分析》，载《中国新通信》，2007年第18期。

管理领域	管理制度
互联网网络安全管理	计算机信息网络直接进行国际联网，必须使用邮电部批准的国家公用电信网提供的国际出入口信道； 对从事国际联网业务的，实行许可制度； 对于不同的互联网业务提供者，规定了不同的安全需求和需要落实的技术措施。
互联网内容监管	内容管理法律规范在形式上表现为专项业务的管理规范。各管理规章延续了《互联网信息服务管理办法》关于内容管理的重要制度：记录制度、删除制度、处罚制度和电信监管部门的配合制度。 新闻：细致的业务划分和相应的审批、备案制度、安全评估制度，以及业务年度报告制度。 文化内容：互联网文化审查制度。 视听节目：细致的业务划分和审批制度、业务来源限制制度、节目审查监控制度。
互联网业务管理	互联网信息服务业务分为经营性和非经营性两类。前者实行许可制度，后者实行事前备案制度。对于新闻、出版、教育、医疗保健、药品和医疗器械、文化、广播电影电视节目等，无论是备案还是许可，还要取得相应的主管部门的许可或审核同意。
网络著作权保护	确立了国际通行的避风港制度，有效实现了保护著作权和保持互联网内容内容丰富性之间的平衡。还规定了信息服务提供者不承担赔偿责任的情况。
反垃圾邮件	电子邮件服务提供者的邮件服务器IP地址实行登记管理制度； 确立了用户举报制度，并明确了受理机构和受理流程。
电子商务	确认了电子签名和数据电文的法律效力； 对电子认证服务机构实行许可制度，审批重点是安全性。

第四节　技术维度：被动防御向立体防控演进

经过数年持续不懈的努力，中国互联网内容监管技术已发展到了一个非常成熟的地位，通过多手段、多途径、多层次、分布式的处理，实现了国家级网关的IP地址阻断、主干路由器的内容监测、域名过滤、监控软件、内容发布过滤等功能，把大多数网民能接触到的信息控制在一个政府能接受的水平上。

依据专家的描述，将其主要技术手段简介如下[16]：

一、国家入口网关的IP地址阻断

从20世纪90年代初期形成的中国互联网格局中，有教育网、高能所和公用数据网3个国家级网关出口，后来教育网和公用网不断扩充，运营机构和网络带宽都有大幅增加，但是国家级网关出口还是只有3个，分布在北京、上海和广州。在国家级入口网关直接进行IP地址阻断，是有效的阻挡有害信息进入的技术手段。因为每一个网站都对应着一个IP地址，阻断IP地址，网站就无法正常访问。一般来说，这个阻断清单有2个列表，一个是固定的列表，表示常年阻断；还有一个是动态变化的，就是被阻的IP可能在这个列表中保留若干时间，然后再解阻。动态列表主要是针对代理服务器和某些临时需要屏蔽的网站。IP被阻后的现象是，这个IP无法访问中国的任何站点，而中国的用户也没法访问这个IP。

二、主干路由器关键字阻断

2002年左右，中国研发出一套系统，交由各主要互联网服务提供商使

---

[16]　主要参考维基百科的"防火长城"条目，见http://zh.wikipedia.org/。

用。其中数据包级别的内容过滤路由器（content filtering router）等主要设备可能来自美国思科公司（Cisco Systems Inc）。该设备最主要的功能是入侵检测系统（Intrusion Detection System，IDS）。它能够从计算机网络系统中的关键点（如国家级网关）收集分析信息，过滤、嗅探指定的关键字，并进行智能识别，检查网络中是否有违反安全策略的行为。利用这些设备可以进行精确的网址过滤和全网范围内的网页内容过滤。如果数据流里的敏感字符符合事先给定的规则，路由器则向用户端发送一个重置（reset）的数据包，自动打断用户与服务器的会话连接，使数据流中断，从而在终端电脑上显示"该页无法显示"。这又是通过镜像实现的。当访问一个喜欢的blog或者新闻站点，请求浏览一些特定的页面时，被请求的页面同时发送给网民和互联网审查系统。扫描器会检查页面上是否含有违禁词汇。如果找到了，它就会中断连接，不让网民继续从那个站点上获得信息。防火墙会暂时强制阻止"IP1到IP2"的通讯——从PC电脑到不受欢迎的网站。通常第一次阻断通讯时长为2分钟。如果在这期间，用户再次发起同样的通讯，通讯阻断将延长到5分钟。如果你还要试第三次，阻断时间会变为半小时乃至一小时——如此下去，力度递加。多次重试或者经常访问"错误"网站的用户可能会引起监管部门的注意。

此种过滤还是双向的，也就是说，国内含有某关键词的网站在国外不可访问，国外含有某关键词的网站在国内不可访问。不同的IDS甚至还有可能在一段预定或随机的时间内阻止从用户主机发出的所有通信。

这样的系统当然也有弱点，一是IDS的反应有延迟，因为从抓取数据包，监测关键字，产生RESET包，到最后发出RESET整个过程都要消耗一定的时间。所以在用户的实际浏览中，可能会遇到这样的情况，可以看到第一页或者是开始几个连接，但过几十秒后就是页面无法显示。二是有很大的误报率，因为要凭借1个关键词判断整个网页的内容正确与否，确实是困难的。三是对已加密的网站和信息无能为力。

三、域名过滤

　　DNS或者说域名系统，可以看做登载网站的电话簿。每当键入一个网址时——比如www.yahoo.com——域名系统就会去检查与这个网站对应的IP地址。[17]如果DNS被控制，返回一个空地址或者错误的地址，用户当然就不能到达正确的网站——就像打电话却被告知一个错误的号码，当然就找不到正确的人。具体来说，比如人们想访问一个网站，那么浏览器先需要查找DNS服务器，看这个域名对应的IP地址是哪里，然后才能进一步发出访问请求。世界上一共有13个根（Root）级别的域名服务器，到目前没有1个安装在中国。所以，当中国用户访问网站时，不同级别的域名解析服务器会一级一级查询到海外来。骨干网络节点的监视系统会捕捉到这样的请求，正常的就放行，在审查范围内的就返回一个假的IP地址。由于假的IP地址返回速度一般都比真实的IP快，那么浏览器等网络工具就会先认识假的IP地址，从而无法访问真实的网站。一般用户根本识别不了这样的技术差别，只知道无法访问那个网站，却不知道这是由于网络过滤造成的。[18]

四、内容发布过滤

　　这是一种内容预审行为的技术，即通常所说的敏感词过滤。大多数网

---

　　[17]　这需要先解释一下域名解析（DNS）的原理。我们平常见到的域名，都是字符串的形式，比如 www.google.com 这样的形式，而计算机实际上看不懂这样的地址，它需要用域名解析（DNS查询）的功能把字符串对应到计算机能够识别的网络地址（IP地址，比如 216.239.53.99 这样的形式），然后才能够进一步通信，传递网址和内容等。在域名和IP地址之间的转换是由域名服务器（DNS）来完成的。如前述，每一个域名都对应着一个IP地址，域名好记（比如 www.google.com），而IP地址难记（如216.239.53.99）。

　　[18]　并非发生在中国境内的域名劫持都是政府或政府授意技术部门所为。一些黑客或商业团体也有足够能力或理由来操作此事，例如一度发生的Google中国域名被劫持，就很可能是一种商业竞争的作为。详细可见：http://tech.sina.com.cn/i/2006-06-24/13521006438.shtml。

站、论坛、聊天室以及QQ等即时通讯软件，根据影响力不同都会采用或接受程度不同的敏感词预先过滤或延后发布，其结果是任何出现涉及敏感词汇的言论不能在网上发表或被删节后才能发表，个人电子邮件或即时消息有时也会被阻挡或删除。敏感词一般也分为固定和临时两种。这些词到底有多少，可能很难知晓，或者不同机构尺度也不尽相同。[19]但是，偶然地，技术公司的中国黑客发现了隐藏在QQ聊天软件中的1041个关键词。著名的在线杂志*Solan*以"'自由'：文件无法找到"为题介绍了这一情况。[20]

五、网吧监控软件

在近年的网吧整顿中，各地公安机关相继开发出多种网吧安全管理软件，据称部分软件能过滤或阻止50多万个带有色情与含有违法内容而被禁止访问的网站等。

2003年10月，文化部市场司司长就对外透露，目前正在全国范围内建设网吧技术监控系统，其中四川、广西的网吧监控系统已经完成。该软件必须实现的功能包括支持上网记录的保存，一旦发现问题将可以查到相关全部记录。同时，许多网吧用户关心的实时查屏功能也在必须支持之列——有关部门可随时看到当前用户的窗口显示信息。具体的监督者为当地的文化部门。[21]2005年9月，山东省17个市139个县（市、区）近8,000家网吧里所有注册电脑的工作情况，都可以在山东省网络文化监管中心的大屏幕上显示出来，当看到有的电脑进入非法或不健康网页时，就可以马上中断其链接，然后，文化稽查人员可按地址前去查处。[22]2006年2

---

[19]　为了避免过滤系统的干扰，网民时常要想一些对策，比如拆字法、同音异型字替代法、符号插入法，等等，这些独特的另类表达形成了中国网络上特有的人文景观。

[20]　Stephan Faris, "'Freedom'：No documents found", *Solan*, Dec.16,2005.

[21]　http://it.sohu.com/60/29/article214912960.shtml.

[22]　《所有网吧网络监控，山东文化监管新亮点》，载《齐鲁晚报》，2005年8月27日。

月，深圳市公安局网监分局要求所有网吧全部安装视频监控器材，视频监控将通过互联网发送到网监分局监控中心，网络警察以此将实时掌握网吧动态。[23]

从上述技术手段的综合应用来看，政府对互联网的监管思路日渐清晰，即从控制网关到管理网民，再到控制代码。

1999年，劳伦斯·莱斯格就已洞察：网络空间将不会自我呵护，它的本质不是与生俱来的（Its nature not given），技术和法律已经改变了互联网原始架构所创造的自由世界。"它的本质就是它的代码（code），它的代码正在变不能控制为可控制。"[24]什么是代码？就是那些造就网络空间的各种软件和硬件。正是这些软件和硬件在规制着网络空间：身份识别、数字签名、加密技术、屏蔽与过滤技术借此都得以实现。是什么使得这些规制成为可能？作者指出，互联网的可规制性早期主要来源于商业力量的推动，例如电子商务的发展就要求身份验证、授权、隐私保护、交易不可抵赖性等，而政府随后起了推波助澜的作用。这一趋势还在愈演愈烈。[25]莱斯格将位于东海岸的国会和政府颁布的法典称为"东海岸代码"，它们以文字说明应如何行为；将集中在西海岸的IT商界设计的指令称为"西海岸代码"，它们嵌入软硬件中使网络运作。"代码"由此确立了网络空间规制者的至高身份，谁控制了代码，谁就控制了互联网世界。

中国政府以立法、技术和行政手段三重推进的方式，牢固确立了对代码的控制，彻底摆脱了互联网早期应用阶段的被动，初步驯服了一个崭新事物。在这种驯服过程中，政府对过去经验教训的吸取以及对成功管理记忆的再度挖掘，都给人留下深刻印象。

---

[23]　《深圳市公安局网络警察三月起视频实时监控网吧》，载《北京青年报》，2006年2月23日。

[24]　劳伦斯·莱斯格：《代码：塑造网络空间的法律》，中信出版社，2004，第78页。

[25]　同上，第51页。

第五节　互联网内容监管政策的中国特色

尚没有严谨的数据或案例能够证明，在互联网走势变化与政策变化之间具有高度相关的因果线索。但是仍可据此大致评估其间的交互影响：

当网民规模急剧扩张，其整体素质由精英化向平民化下滑时，互联网生态中"恶"的一面更容易放大出来，此时，不但政府对秩序的隐忧凸显，精英阶层也对大众的盲动表达了不安。所谓精英觉悟的自律和政府管理的立法，很容易合流，使得监管力度明显加强。

当网站结构由中心可控的圈层向多中心散布的网格变化时，碎片化的事件就更难以预测，也更不好控制。政府费心把一度可能燎原的星星之火（例如小网吧、个人主页、小众论坛等）防住，以博客为亮点的新技术又造成万民欢腾的局面。这一波欢腾由于人多面广，来势汹汹，再加上运营机构为了摆脱互联网低谷和泡沫造成的亏损压力，推波助澜，让政府有些措手不及。但是很快，机构和网民都被巨大的喧哗惊吓，博客实名制实施意见的出台，政府与机构再次合流。

当网络应用从点缀式的外挂生活装饰品演变为真实生活一部分的嵌入结构时，对互联网的监管便已经不是纯粹对他者的监管，在局部的层面，已是对多重自我的监管。监管的难度明显加大。嵌入式的网络结构与网格化的网站布局，构成了社会身体中纵横交错的血脉与细胞。要防止身体的病变乃至癌化，必须启用新的治疗思路：其一，是以健康细胞对抗坏细胞的人海战术，通过举报、相互监督和实名制，使潜在危险尽可能早发现；其二，是以X光的强扫描技术做身体的定期体检，这个技术工具在整个互联网信息管道中展开扫描，及时过滤和封堵恶性信息，来确保身体的免疫能力。

和此前介绍过的其他国家的互联网监管政策相比，中国的互联网内容监管有明显的特色，突出表现为三个方面：

一、普遍过滤的预审查与人工干预的后抽查相结合

多数国家进行的网络审查采取事后追惩的模式，即通常是在违法行为发生以后，才通过法律方式予以追究，一般不做普遍的预先审查。中国的普遍过滤机制区分多种情况：其一，由监管者先行审查境外网站或者信息，判断不适合入境者即通过技术手段隔离；其二，对于已在境内流动的信息，由主干路由器上的过滤软硬件系统实时扫描，一旦发现不良内容瞬间阻断；其三，对于用户发布信息或意见的公开渠道，尤其是论坛、新闻跟帖和博客，大都采取敏感词的预防范机制，阻止不良内容生产和传播。在此基础上，对已经发布或传播的已生成内容，组织数量不少的监管人员巡视抽查，发现问题及时处理，或者删除，或者记录在案。

事实上，广大的网民事先并不清楚原因在哪里。像在阿联酋这样的国家，在进行互联网审查时会给出解释。当位于阿联酋的访问者点击色情或者是反伊斯兰的网站时，会看到以阿拉伯文和英文形式同时出现的信息："很抱歉，你试图访问的网站由于与阿拉伯联合酋长国在宗教、文化、政治或是道德方面的价值观不一致而被屏蔽。"在中国，遇到链接被重置时，网民弄不清楚是电脑的问题，还是审查的效用，或者是ISP自行确定了过滤规则。

二、典则标准模糊，介入部门众多

依据相关法规典则，在当下中国，法律、法规禁止的网络内容和网络行为共计14条（具体见第三章），但可操作的标准却相当模糊。例如言论到何种程度就会"危害国家统一、主权和领土完整的"，何种程度又会"扰乱社会秩序"，"破坏社会稳定"？何谓"危害社会公德或者民族优秀文化传统"，哪些又"损害国家机关信誉"？讨论的内容是否会被有关部门认定为"国家机密"？向不特定的多数人表达自己的主张是否就会构成"煽动行为"？各类典则中皆没有细致规定。尤其是

还有一条禁止性规定为"含有法律、行政法规禁止的其他内容",给监管机构留下很大的自由裁量余地。因此,机构和网民在做自我审查时,除了一些周知的"禁区"(主要是政治事件和非主流意识形态的政治表达),很难把握好分寸。监管机构不断下发公文敦促或提醒,也增加了行政成本。

在2004年确认的分工体制中,可以介入互联网管理的部和机构包括国家信息化领导小组办公室、中共中央宣传部、国务院新闻办公室、信息产业部、文化部、国家广电总局、国家新闻出版署、教育部、公安部、安全部、国家保密局,甚至国家发改委和国家工商总局、国务院法制办也担负了部分职能。在实际运作中,有影响力的运营商甚至某些个人也能直接干预互联网的内容。多头介入,难免偶尔碰撞,偶尔又遭遇真空。例如,在网吧的实际管理中就经常陷入"网法恢恢,管理有漏"的尴尬处境中。[26]

三、监管结果一锤定音,缺乏行政和司法救济手段

确实很难预测某一网站会不会在某一天被列入屏蔽范围,如果被列入了,也难以知道确切的原因。这既与管理部门众多有关,还与操作的暗箱模式有关。而且多数时候,结果一锤定音,即使网站所有者或被处罚个人有异议,也难以寻求复议与诉讼的途径。由于监管在程序上缺少明确的界定,谁实施处罚、被处罚对象违反什么法律、依据什么典则进行处罚都难以明确指认。这种情况在处置一些学术、法律、维权网站时特别突出。[27]

十余年来中国政府主导的互联网内容监管政策已经发生了重大变化,

---

[26] 胡奎、江一河:《网法恢恢管理有漏》,载《中国新闻周刊》,2002年6月24日。

[27] 2004年9月,北京大学一塌糊涂BBS被关闭后,法学教授贺卫方表示反对这一做法,在试图寻求司法救济时,当时竟然找不出下令关闭的"上级"是谁。

在时间维度上监管力度渐强，在空间维度上监管范围渐广，在技术维度上监管措施渐多，面对新生事物初始时的迷惘已被克服，整体思路开始明晰。到现在，已经在代码层次实现了对互联网的完整监管。监管政策的变化，体现了明显的政策学习痕迹。政府各方之所以能在较短时间内统一认识和强化执行能力，可以从A.萨巴蒂尔（A. Sabatier）等公共政策研究者的发现中得到某种启示。

萨巴蒂尔等人认为，要搭建一个公共政策的支持联盟框架，需要某种在同一张画布上描绘信仰和政策的能力。这包括价值偏好、对重要因果关系的洞察力、对世界状态的洞察力（包括问题的重要性）以及对各种政策手段功效的洞察力或判断力。如果能够将有关目标的一些固有理论，以一种大致相同的方式概念化，形成政策的"核心信仰"，政策联盟实现的可能性就增大。政策的核心信仰是联盟的基本黏合剂，因为它代表了贯穿于整个政策领域或子系统中的联盟的基本行为规范和因果认知，象征着在政策精英专业化领域中最基本的规范和经验性的职责。[28]

从这个角度看，在互联网内容监管的政策学习过程中，中国政府并不困难地摆脱"垃圾桶"无序状态，其关键在于重塑了整个执政体系的"核心信仰"。它们包括：在基本的价值偏好层面，认同发展离不开稳定，稳定促进发展；在问题总体严重性的基本感知及其主要原因层面，认同互联网的杂音干扰了秩序，其程度在增加，其原因则是缺乏监管；在实现"核心信仰"的策略层面，认同政府主导监管是必须、必要和可行的，对不良内容的阻断过滤是有利于发展和稳定的；在要使用的最基本政策工具层面，认同强制性权威工具的效能。

这样，被上述"核心信仰"黏合起来的政府，在整体行动上高度一体化，在局部领域又容许各自创新；继而又在绩效激励下强化行动，终于控制了局面。

---

[28]　保罗·A.萨巴蒂尔主编：《政策过程理论》，彭宗超等译，三联书店，2004，第155—158页。

第五章　内容监管的多层级视角：
不同角色及其不同行动逻辑

第一节　角色：谁在监管互联网？

在业已形成的中国互联网内容监管格局中，我们很容易看到政府的力量与身影。但如果以为只有政府在只身奋战，那就是一种巨大的错觉；如果以为政府是铁板一块，同样是另一种"可观察性偏见"。

在理论上，以单一制中央集权的权力配置模式而言，全部权力理所当然地为中央政府拥有，只是为了管理公共事务的客观需要，才由中央政府自上而下地授予地方政府一定的权力。在这种关系模式中，中央政府具有最终决定权，地方政府受中央政府的领导和控制，必须服从中央政府的权威。但政治学家早就发现中国的政治过程充满非正式制度，并将由这些非正式制度组织起来的政治活动界定为"非正式政治"。在某些时候，非正式政治不但会渗透进正式的政治结构、程序和规则中，甚至是中国政治的最核心部分[1]。马骏等人在研究中国的公共财政预算时也发现，从1949年到1978年的大部分时间，政策制定权主要集中在党委手中，但是1978年开始，虽然中国政治最高层的政治权力仍然是集中的，但在省和中央部委一级，一种"零碎化的威权体制"（Fragmented

---

[1]　L. Dittmer, "Chinese informal politics", *China Journal*, Vol. 34,June,1995.

Authoritarianism）开始逐渐形成。[2]还有经济学家认为，邓小平推行的分税制改革，使得中央与地方之间呈现一种各自激励的中国式"财政联邦主义"。[3]

由此，在具体领域的实际运作中，就不能把政府笼统地理解为一个抽象意义的整体，而应深入其中，观察这个庞大系统各个组成部分的意思表示与肢体语言。

不仅如此，在互联网或者更广大领域的监管中，运营机构和个人起初是作为被监管的对象，但很快，他们就演变为对自我和他者的监管方。自我审查和举报揭发，是其典型的监管方法。

简单的经验观察即可证明，如果说互联网"国家防火墙"的"内核"是由政府控制的话，其"保护带"则是由运营机构和个体网民共同构筑的。机构的自我审查和网民的自律，把绝大多数不被体制许可的信息和意见阻挡或遏止在萌芽状态，完成第一层预防和过滤。

在我们看来，监管互联网的角色分工大致如下：

中央政府：互联网监管的主导者。提供具有强制性权威的导向意见，确认监管体制的内部分工，有时直接部署重大监管行动。最高决策者对互联网发展的判断是影响监管力度的最关键变量。内外形势的变化使得这种判断并非硬化不变，因而在可感知的层面，监管的幅度和力度也就呈现某种不容易准确预期的波动。

部门与地方（既包括中央政府职能部门与地方政府及其职能部门，也包括政府权力可以直接干预的国有单位，如高校）：互联网监管的执行者。高层的决策意图和行动部署经过组织动员，按照"谁主管，谁负责"的科层制原则迅速展开。在某些时候，高层的意图并不一定特别清晰，则

---

[2]　马骏、侯一麟：《中国省级预算中的非正式制度：一个交易费用理论框架》，载《经济研究》，2004年第10期。

[3]　Qian Yingyi and G. Roland, "Federalism and the Soft Budget Constraint", *American Economic Review*, 88（5）Dec.,1998.

要依靠部门与地方的领导人自主做出判断；有些尚未被规定的新兴领域或事件，也给部门与地方留下创新或自由裁量的空间。因而，在不同的条口或区域，对互联网监管的感知也会有差异。

机构（主要指提供互联网线路接入、内容服务或网吧精英的商业运营机构，包括在中国开展互联网业务的跨国企业）：互联网监管的协作者。尽管出于追求利益最大化的资本本能，机构有讨好消费者的媚俗冲动，跨国企业在母国也有其坚持的政治中立原则，但是在监管压力加大的情况下，安全赚钱的想法会比冒险失败更能够被接受。在不惹事的前提下，机构会加大自我审查力度，并积极加入各种政府牵头的自律行动，成为事实上的监管协作方。

网民（网民的身份非常复杂，但它显然包括以私人身份活动的政府公职人员，也包括强势资本拥有者、知识精英以及普罗大众）：互联网监管的参与者。基于各种各样的利益盘算，有的网民对执政集团及其监管理念高度认同，他们不但不会犯规，还乐意介入举报打击和引导舆论的正面行动中；有的则对政治的复杂感到迷惑，主动采取回避姿态，低调保持沉默；有的尽管想法多多，但有心无胆。总体看来，敢于越界犯规的个案极少，大多数人在政治社会化的学习操演中自学成才，首先成为自己的新闻检察官。

上述四种角色或者积极或者消极互动，形成了多层级—多偏好的互联网监管体系。

第二节　监管理由：中央政府的行动逻辑

作为系统的灵魂，中央政府对参与监管的各方发出主导信号，其中一些信号只传达给部门和地方，另一些信号则通过会议或指令的形式传达给媒体和运营机构[4]，普通网民只能从疾风骤雨般的运动中感受到监管之强，或者从胆大妄为的个案中体察到监管之弱。

在本章中，我们关心的是，中央政府监管互联网的决心，或者说行动逻辑来自何方？我们提出以下假设：

一、全能国家的治理惯性

芝加哥大学政治学教授邹谠创造了"全能主义"（Totalism）这一概念，以形容当代中国的国家—社会关系，意指"政治权力可以侵入社会的各个领域和个人生活的诸多方面，在原则上它不受法律、思想、道德（包括宗教）的限制；在实际上（有别于原则上）国家侵入社会领域和个人生活的程度或多或少，控制的程度或强或弱"。[5]在这种模式下，政府权力的硬扩张与软约束并存，政府不仅越来越多地承担了本来完全可以由市场自己去履行或完成的事务，而且经常深入到纯粹属于个人生活的私领域。

按照邹谠的分析，中国自近代以来一直陷入越来越严重的危机之中，在帝国皇权崩溃后，又出现了类似霍布斯丛林的军阀混战局面，内忧外患之中，民众渴望有超级权威整合全社会资源以解决"全面危机"，这是全能主义政治产生并兴起的社会心理原因。[6]社会主义取得胜利后，中国面临列强的重重包围，为了预防可能的干预与侵略，国防需求依旧强烈。此外，由于长期落后和屈辱导致的赶超心态，也使得优先发展重工业的目标

---

[4]　例如，《凤凰周刊》这么描述道："每周五，中国最有名的几家新闻网站的负责人齐聚在市政府新闻办公室。会议通常由市政府新闻办网络宣传管理处的职员主持召开。尽管他们拒绝接受采访，但与会者说，在会上他们将告诉各网站的负责人，什么样的新闻要从网站上删去，下一步哪条新闻要重点宣传。如果某事物没有被过滤器阻止，周五的会议上也没有被补漏，说明政府可能会在这个问题上放松。"见萧方：《中国网络管理现状调查》，载香港《凤凰周刊》，2006年第10期。

[5]　邹谠：《二十世纪中国政治》，香港：牛津大学出版社，1994，第223页。

[6]　同上，第139页。

得到广泛认同。政府学习苏联，以计划体制的严厉管束方式来实现以最低成本、最大程度来动员和控制社会资源。肇始于军事目的、对敌斗争的战略安排一旦延伸成国家管理和政权结构，国家意志对个人本位的清除和节制就具有了正当的理由和道义优势。

当重工业优先发展战略与现实的资源禀赋相矛盾时，政府在自由交易与强迫交易之间的选择是，要实现战略目标就必须实行强迫交易来积累资源。为了使个人、企业和社会与政府的交易能够实现，政府通过所有制、户籍制、择业迁徙等制度改革，重新界定了个人的权利集合，以权力划定交易域。[7]国家掌握了社会中绝大部分资源的控制和配置权，个人和组织要获得发展，都必须也只能依靠国家的制度性安排。全能国家在事实上建构起来。

萧功秦认为，20世纪70年代末期，中国从改革前的全能主义体制进入了全能主义体制下的新政时期即"后全能主义"时期。其关键特点是：存在着有限的多元化；意识形态领域仍然保持社会主义的基本符号体系，作为一党组织整合与党内凝聚的基础，其意识形态的符号内涵则不再具有原来平均共产主义的目标意识；继承了全能体制下执政党的国家动员力的传统资源，作为实现本国现代化的权威杠杆，从而在理论上仍然具有较强的进行体制变革的动员能力，以及抵抗非常事件与危机的动员能力，但与此同时，也承袭了全能体制下社会监督机制不足的问题。[8]"要言之，当代中国非政治领域的有限多元化与私域自由空间的扩大，意识形态的世俗化，以及一党体制为基础的社会动员能力与命令机制的存在，这三个特点构成中国大陆社会转型时期政治体制的最重要特征。"[9]

---

[7] 王小卫：《从强迫性交易到建立公民权利结构：体制转型背景中的政府转型》，载《上海经济研究》，2004年第11期。

[8] 萧功秦：《后全能主义时代的来临：世纪之交中国社会各阶层政治态势与前景展望》，载《当代中国研究》，1999年第1期。

[9] 萧功秦：《后全能体制与21世纪中国的政治发展》，载《战略与管理》，2002年第6期。

在成熟的市场经济中，国家（政府）、市场（企业）和社会（行会、商会）是三方各有担当的行动者。但中国一直处于强国家、弱市场、弱社会的状态，民间组织缺位，商会、行业协会不成熟，形成"社会结构洞"。[10]因此即便是在后全能时期，国家依旧垄断着绝大部分既有的资源，而且在新的资源出现后，也总是利用国家的强制性权力，将其置于自己的直接控制之下；对于任何潜在的控制稀缺资源的竞争对手，也是利用政治或行政的力量加以控制。[11]

在我们看来，无论是全能国家还是后全能国家，其中蕴含的两个基本前提一直未变。其一是对权力效用的高度迷恋；其二是对民间自治的普遍怀疑。[12]它展示了权力硬币奇特的两面，前者是权力的自信（一定能管好），后者却是权力的自卑（民间不好管，不管一定乱，监管的"封条"[13]不可撕开）。两者都必然推导出监管逻辑——既然能管好，当然要管；既然不管要乱，还是只能管。其间的死结在于，越是迷恋权力监管的效用，就越是挤压民间自治的空间；越是挤压民间自治的空间，民间就越是不能自治、不会自治，因而就越可能在监管失常的时候生乱；而越是生乱，权力就越是坚信监管的必要。（在第6章讨论父爱主义，第8章讨论信心与耐心时，我们从另外的角度再次阐述了同样的道理）

---

[10]　丘海雄、徐建牛：《市场转型过程中的地方政府角色研究述评》，载《社会学研究》，2004年第4期。

[11]　孙立平：《改革前后中国大陆国家、民间统治精英及民众间互动关系的演变》，载香港《中国社会科学季刊》，1994年第1卷。

[12]　例如国务院《社团管理条例》对结社做出了严格限制和繁琐规定；国务院《信访条例》规定，集体上访需派出代表，人数不得超过5人。

[13]　朱大可曾经通过解读中国古典小说文本的方式，形象地说明权力对失去"监管封条"的担忧。小说《忠义水浒传》的开头是一个出色的隐喻：一个被称为"洪太尉"愚蠢的高级官员，出于好奇揭开地狱的封条，结果放出了一群被禁锢的魔鬼，他们投胎转世之后，成为水浒中的108个"好汉"，为宋王朝带来一场纠缠不休的噩梦。这个被高度戏剧化的寓言，试图解释流氓诞生的内在机制。其中"封条"被撕破的隐喻是耐人寻味的，它暗示着用以约束和节制的某种戒律遭到了破坏，而流氓则据此获得反叛的契机。在吴承恩的《西游记》也有类似的描述。唐僧揭开如五行山上的戒帖，释放了造反者齐天大圣。所幸的是后者没有成为唐王朝的灾星，而是充当了新秩序的皈依者。见朱大可：《身份秩序的间歇性瓦解》，收入《流氓的夜宴》第2章，2003。http://blog.sina.com.cn/u/47147e9e010006cn。

"什么该管，什么不该管"本是任何法律永恒的难题，但在全能国家，权力却给出了"什么都可以管，什么都要管"的答案。"什么都可以管"是因为国家权力的边界不受约束；"什么都要管"则是国家权力对局面的判断，国家总是倾向于认为只有它自己拥有最丰富的监管资源、最充分的专业知识、最便利的监管条件、相对快速的反应机制，而民众不成熟，市场不规范，立法者有义务规定所有的细节。以理性的限度而言，这可能是一种"致命的自负"[14]。

即便国家权力已经从日常生活的广大领域渐渐退出，但只要局势恶化，国家权力对坏局面必须监管的判断，与缺乏自治能力的社会渴望监管的呼唤，便会再次合聚。经年累月，监管恐怕早已内化为中央决策层简单又强大的思维惯性。

二、信息多元的合法性困局

经济学家已经洞察，转轨必须面对一个尖锐的两难冲突：用来保护所有人的权利的强有力的国家暴力和此暴力合法性之间的两难冲突[15]。

在政治学中，"合法性"即指正当性，或正统性。[16]更清楚地说，政治合法性就是社会成员基于某种价值信仰而对政治统治的正当性所表示的认可，就是政府基于被民众认可的原则来实施统治的正统性或正当性。它既是统治者阐述其统治权利来源正当的理由，也是被统治者自愿接受其统治的价值依据。"任何一种特定民主的稳定性，不仅取决于经济发展，而且取决于它的政治系统的有效性和合法性。"[17]

一般说来，国家合法性的塑造起码要从3个角度同时入手，一是取得推

---

[14] 哈耶克：《致命的自负》，中国社会科学出版社，2000。

[15] 杰弗里·萨克斯、胡永泰、杨小凯：《经济改革和宪政转轨》，载《经济学》（季刊），第2卷第4期，2003。

[16] 燕继荣：《政治学十五讲》，北京大学出版社，2004，第143—144页。

[17] 马丁·李普塞特：《政治人：政治的社会基础》，上海人民出版社，1997，第55页。

动社会发展和提升公民幸福指数的实际政策绩效，二是强化以暴力威慑和法律规范为基础的秩序保障，三是培养社会成员基于某种价值信仰而对政府统治正当性所表示的认可。后二者可以被分别视为显性的和隐性的政治控制。在大多数后发展国家，隐性的政治控制一直都是与获取政策绩效同等重要的政治功能。之所以更加不可或缺，是与它们的被动处境密切相关的。它们必须在公民的攀比、激进情绪和国家的实际能力之间找到合适的平衡点，既不能一味冒进，也不能止步不前。

在现代政治体系中，我们称为"意识形态洁癖"的这种隐性政治控制又主要通过3种途径来实现：（1）政治系统倾向于垄断或封锁那些不利于政治稳定或危及政治统治的信息，同时强力控制大众传媒，有选择地发布经过筛选过滤的信息以营造统一舆论，来影响公众的认知和判断，捕获其想象力，塑造他们的情感体验方式；（2）政治系统必定会通过诉诸道德、伦理、思想意识等各种方式的说教和灌输来强化公民的民族国家意识，以赢得民众对宪法的忠诚、对制度框架的认同、对政府成就的赞美；（3）政府还会有目的地把政治参与节制在一个与政治发展相适应的水平上。因为政府确信，在一个缺乏基本共识的社会中，各种力量赤裸裸地对抗，而国家无法吸收或承受不了这种压力，其结果便是长时期的动荡和混乱。在前互联网时代，政府在这些方面一直显现出高超的技巧和足够的权威。

但是互联网多少撕开了这个帷幕。由于信息的海量递增和信息传递渠道的极度多元化，那些曾为国家专属的信息发布和控制权力正在丧失；在信息相对自由流动中造成的意见市场多元开放、主义灌输局部失灵的后果则在显现，甚至已经开始危及隐性控制的成效，从而导致政府焦虑不安，引发监管冲动。

在某种理想的技术层面上，互联网是一个不需要护照、没有边防检查站、出入境畅通的"数字化王国"。德国学者恩格尔就曾感叹说：如果极而言之，各国享有领土主权是现代国际法的基础，既然领土主权对互联网不起任何作用，那么民族国家在处理互联网的问题时实际上就无事可做了。[18]的确，难以控制的信息跨国流动，包含了深刻的意识形态意义和人文特征。在不平衡的信息流动中，信息输出大国更容易将本国的社会价值观和意识形态传递给其他国家，进行文化扩张，弱化其政治控制。

尤其让政府担心的是，在瓦解了统一舆论之后，虚拟空间还有可能被真伪难辨的信息垃圾，或者被有意制造的政治谎言所充斥。政府不但不能控制信息的发布和传递，而且不能掌控信息的真伪。在传统的政治领导者看来，这无异于一场灾难。

此外，信息传播中的匿名和加密技术也在挑战政府权威。随着互联网的发展，可供平民使用的匿名技术越来越高，加密手段越来越强。国家有理由担心，将敏感数据密码化的有效方法，使坏人更容易进行政治和刑事犯罪活动，例如组织恐怖行动、偷漏税和洗黑钱。

正如美国学者德图佐斯（Michael Dertouzos）描绘的那样：信息市场从两个方面会使政府担忧。一个方面是其影响范围无所不在，趋于无视国界。另一个方面是隐秘性，新的加密体制能把它给予罪犯和任何被视为"国家敌人"的人。我们分别称之为政府对普遍性和隐秘性的恐惧。[19]

网络时代的政府与公民关系由此成为一个突出而棘手的问题。过去，政府在人权条款下注意保护公民的隐私权，这实际上有一个前提，那就是公民没有能力刺探政府的所有秘密，都非常安分。然而今天，任何一个看上去老实巴交的公民都可能成为破坏力极强的间谍，他可能为某个国家服务，以领取赏金；也可能为全人类服务——在网上公之于众，不收钱。

国家显然意识到，互联网"可能是我们从来也没有建设过的最令人兴奋的环境；或成为由治安维护会、黑客和坏蛋所控制的丑陋的贫民区；甚至会成为未来的战场"[20]。政府不得不监督任何一个可能实施犯罪的人，以尽量减少突如其来的惨重损失。这时候政府就急切地想与所有公民签订

---

[18] C.H.恩格尔：《对因特网内容的控制》，载《国外社会科学》，1997年第6期。

[19] 迈克尔·德图佐斯：《未来的社会：信息新世界展望》，上海译文出版社，1998，第266页。

[20] 尼尔·巴雷特：《数字化犯罪》，辽宁教育出版社，1998，第209页。

一个浮士德契约：我来保护你的隐私，条件是你的隐私我可以随时知道。

三、虚拟广场的挤迫效应

对于前互联网时代的普通公民而言，信息来源途径单一，政治参与管道稀少，自由言说空间有限，个体的政治行为基本处于被压制的状态。但是，随着互联网的兴起、扩张，使得以网络为传播媒介和公共平台的公民政治表达、虚拟社群的集结甚至有组织的政治抗议都在迅速增加。"互联网已经成为当前无论左派还是右派的民间活动的一种有力的符号和组织工具"。[21]不仅如此，它还是一个将民众参与和事件放大的虚拟广场，挑战稳定高于一切的执政价值观。

随着网络的普及，互联网聚合人群的能力在进一步提升。它可以按照不同的主题把人群细化，并通过多种多样的电子方式把某些"志同道合"的公民链接在一起，然后又给他们提供相互之间情绪感染的快捷方式。借助论坛、聊天室、即时聊天工具、电子邮件以及后来才有的手机短信，任何一个引发关注的事件都能将散布在各地的家伙聚拢为"意见同盟"。在既不上街也不碰面的孤单状态下，通过联线的沟通，构筑为"想象的共同体"。

在互联网监管体系尚未完备的一段时期，中国网民在网络世界里已经部分实现了言论、结社、示威和新闻自由。例如：[22]

准言论自由：虽然整个系统和大多数网站都有自我过滤和自我监控的功能，但是由于互联网广袤无边，发言机会如水银泻地、无孔不入，监管体系防不胜防。而且由于监管的滞后反应，在某些信息被删除之前，言论可能已经通过各种渠道迅速复制传播，成为有影响力的公共话语。

准结社自由：实际上，从功能和组织形态来看，每个论坛和虚拟社区

---

[21]　Sherry Turkle,*Virtuality and Its Discontents*, New York,1998,p.77.

[22]　王光泽：《网络时代中国政治生态的演变与可能走向》，载《议报》，第171期。http://www.chinaeweekly.com。

都可以视为规模不等、议题不同的网络社团，他们有自己的游戏规则、活动目标。这种社团组织的运行成本极其低廉，甚至在聊天软件上就可以集结，给传统监管方法带来了很大难度。

准示威自由：从2001年开始兴起的网络签名运动愈演愈烈。起初是民间异议人士针对特定事件指向政府的微弱抗争，后来成为大众表达民族情绪的重要渠道。无论其意图如何，形式上它已类似示威和抗议行动。

准新闻自由：网络的传播能量对部分商业化的媒体产生竞争压力。一旦传统媒体没有跟上网络热点，就可能遗漏重大新闻话题，影响营销业绩。这种局面的直接后果是，传统媒体中诞生了专门跟踪网络的编辑记者，"新闻把关人"偶尔也会扮演"添油加醋者"，不时"踩线犯规"。例如近年来以新语丝网站为发源地的学术打假，经由传统媒体的报道传播后，对许多高校和知识精英造成重大名誉打击。而新闻网站为了提高点击率，一般允许在经过审查的新闻内容后面跟帖。可能一起不经意的地方事件，都会引发潮水般的发言。一旦民意放大，监管层将其控制在小范围内解决的想法往往就会落空。

在政府高层看来，上述在传统监管体制下受到严格约束的领域，正在被互联网冲撞出缺口。如果不加节制，胃口会越来越大，而别有用心的其他力量也会假戏真唱，继续利用网络上的民意资源，增大对政府的压力。

互联网的挤迫效应还表现在它正在形成一套独立于官方之外的"在野的话语体系与行为方式"。[23]原先严肃庄重的主流政治话语时常退缩

---

[23] 不仅如此，在野意见领袖也在崛起。在严格的审查体制下，独立于官方的民间人士并没有多少公开发言的机会。但互联网的传播效应使得完全不依靠报刊杂志也能拥有巨大影响力成为可能。2004年9月7日，南方日报属下的《南方人物周刊》推出了中国最有影响的公共知识分子50人，其中极其惹眼地提出了网络公共知识分子这一概念，并把王怡作为网络知识分子的代表人物。王怡，是个很具有象征意义的符号性人物。他并非生活在上海、北京这样的中心城市，而是生活在成都这样的一个西部城市。随着网络的延伸和普及，他获得信息的质与量一点都不亚于一些中心城市。在网络上发言之前，他从未有过纸媒体上发言的经历，他直接在网络上实现了自己的写作愿望，并且在30岁的年龄就达到了一般在纸媒体上发言的知识分子穷尽一生也难以达到的影响力。

为纸媒体上的自说自话，而在互联网中，民众则以俏皮甚至恶搞的方式消解崇高。

正如人们在交换西红柿、茄子、卷心菜的地方形成了市场，然后成立独立于封建领主的城市，并组成了第一个市民社会，开始制定他们自己的法律（按照某种经典的历史解释）一样，国家苦心孤诣培养的良善公民，也会在晚上，进而延伸到白天，越来越频繁地进入到那个"虚拟的"的电子空间，在那里结成他们自己的社区，发表他们的高见，促成他们的集体行动。或许国家也已经看到，对它更加深远的威胁，并不是那些随时可以删除的"有害"信息，而正是这种网络信息交换体系和生活方式。倘若是互联网而不再是国家对民众的长期影响更强，这也许是现代史上最大的一次哗变或逃亡。

另外，还有两个非常现实的考虑也在强化高层决策者的监管决心。其一是海外的"政治反对"力量一直虎视眈眈。起初是1989年事件中的流亡人士在西方组建组织，不停通过互联网扰乱民心；后来是1999年法轮功事件，海外功法人士借助宗教外衣浮上台面，凝聚起反对势力。其二是互联网传播中的情绪"群体极化"[24]效果，加深了社会内部的裂痕。所谓精英与草根之间的对立、新富阶层对弱势边缘的交锋、民族主义者与全球化分子的舌战、新左派和新自由派之间的争吵，等等。流氓式的口水泛滥成灾，中国网民遭遇了"文革"以后最为复杂最为残酷的语言暴力。

四、以退为进的博弈策略

托马斯·谢林（Thomas Schelling）1960年就已发现，所谓策略行动，

[24]　"所谓群体极化就是这样一种趋势，即志趣相投者彼此强化他们的观点以至达到顶端。"凯斯·桑斯坦：《网络共和国》，黄维明译，上海世纪出版集团，2003，第151页。桑斯坦在该书中指出，信息随时获取同时带来"量身定制"而造成的信息窄化，其结果就是社会趋于分裂，各种仇恨群体更容易相互联系与影响，这与民主社会的多元化特征是相悖的。在这种情况下，政府介入以提供一个多元的环境是具有合法性和必要性的。

就是通过影响他人对其如何行动的预期来影响他人采取有利于自身的选择
行动。谢林认为，在双方处于僵持的时候，一方为了引起对方让步而使自
己选择变差是有利的。此时可以采取诸如事先承诺、边缘政策和有威慑力
的威胁等策略。而在冲突状态下，决策者更是可以通过公开恶化自己的选
择权来巩固自己的地位。[25]

在谢林获得2005年诺贝尔经济学奖的颁奖仪式上，评委会将他的贡献
归结为：表明了"某一方可以显而易见地限制自己的选择，以此强化自身
的（竞争）地位；报复的能力可以比之抵御攻击的能力更为有用以及不确
定的报复比之确定的报复更为可靠和更为有效"。

这一博弈策略也可以从权力的应用逻辑来理解。权力来源于对不确定
性领域的控制。个体或团体对特定情景的控制程度，依赖于对方的行为在
多大程度上被决定。为了加深控制程度，这个团体（或个体）必须尽可能
地限制对方行为的不确定性；它必须剥夺对方的自由余地。如果对方的行
为变得越来越可以预测，也就是说它是重复性的、常规性的、受规则支配
的，那么，控制就会增加。怎样才能实现这一目的呢？一种方式是增加违
规的成本，如果对方不服从的话就会受到严厉的惩罚；另一种方式是想方
设法减少对方的行动自由，迫使他们只能进行常规行动。这两种方式的共
同后果是，对方不再是不确定性的来源，不再是一个有效的行动者和竞争
者。[26]鲍曼（Zygmunt Bauman）更是以其直觉一语中的："秩序建构就是
反对陌生的拉锯战。"[27]

我们以为，这种以退为进的博弈策略，可以用于解释中央决策层强化
监管的意愿。通俗地说，中央政府做出"凶巴巴"的姿态，虽然看上去和
某种价值理想不匹配，但它给博弈其他各方传递出清晰的信号：我要动真

[25] 托马斯·谢林：《冲突的战略》，华夏出版社，2006。

[26] R. Kilminister and I. Varcoe（eds.），*Culture,Modernity and Revolution*, London: Routledge,1996,p.219.

[27] Z. Bauman, *Post Modernity and Its Discontents*, Cambridge: Polity Press,1997.转引自郇建立：《论
鲍曼社会理论的核心议题》，载《社会》，2005年第6期。

格。在反对力量不足以撼动其立场时，如果又不愿选择鱼死网破的双败格局，就只能选择合作。而合作恰恰正是威慑者期待的博弈均衡点。其核心要点有二：一是稳定的政治秩序需要强势政治权威，公开亮出监管底牌，有利于适当节制公众对民主化进程提速的心理预期，从而减缓参与剧增造成的体制紧张感；二是通过普遍的坏人假设，将潜在报复者明朗化，以减少反复讨价还价的无效环节，降低监管成本。

上述推论如果成立，还必须解释，为何中央政府的偏好是，稳定的政治秩序需要强势政治权威。

依据经典的现代化理论，在国家建设启动的初期阶段，权威确是一种特别稀缺从而也显得格外重要的政治资源。这与以下三个因素有关：

一是交易的扩大。现代化进程的一个突出特征是打破地域、身份、手段等方面的限制，在不断扩大的范围内和不断膨胀的规模上从事商品交易。而要顺应这一客观需求，减少交易成本，就必须形成统一的市场、统一的货币、统一的度量衡、统一的游戏规则，简言之，必须建立统一的政治秩序。由于这项任务既复杂又艰巨，所以不仅需要动员民族的力量，将其文化的内聚性转变对国家共同体的认同感，而且需要在强有力的政治权威的组织和领导下，通过激烈的政治斗争来击垮不合作的势力。

二是冲突的加剧。现代化进程打破旧有的社会分层格局，造成复杂的利益分化和利益纠葛，往往成为滋生社会冲突的温床；而商品交易和社会交往的扩大，则不仅使社会冲突的发生变为现实，还会增加它的频率和强度。在传统社会用来调节行为、应付冲突的伦理规则已然失效的情况下，要对个人之间、群体之间的利益冲突进行有效的控制，以免整个社会框架被炸毁，通常就得靠某种强势权威用断然措施和非常手段来收拾局面。

三是心态的失调。现代化进程撕裂传统的宗法纽带，冲破身份界域的限制，使一种以追逐物质财富为核心内容的自由竞争和生存比较在全社会被激活，由此带来了强烈的内心骚动。这种骚动往往蕴涵着某种积极的创造活力。可是另一方面，在社会转型期，当人们从传统宗法关系和群体归属结构中解脱出来，逐步获得自主独立性的时候，相互之间也产生了疏离感、陌生感和不信任感。激烈的利益竞争，尤其是无序的利益竞争，更强化了他们的风险意识。在这种情况下，他们特别渴望稳定与安全，因而也就特别容易认同那些能够给社会生活带来秩序的强有力的政治权威。

　　具体到当下中国，大规模利益调整的改革模式在对身份、结构和秩序造成冲击的同时，也对社会稳定程度提出了极端的高要求。改革越是剧烈，被抛离分配游戏的局外人就越是多，利益表达的意愿就越是强烈，反过来，表达意愿越是强烈、压制这种表达的力量也就越具有强迫性。在这种两难处境中，中央政府企望以发展来解决难题，而发展需要稳定，于是，民众参与的"弹簧"就必须以稳定的理由暂时压紧。

第三节　监管理由：部门与地方的行动逻辑

　　对于担当政策执行者的部门与地方而言，上述中央政府的监管意图显然是其必须领会并实施的。但由于地位和利益的差异，部门与地方的行动逻辑中显然还有其自己的"小算盘"。

　　虽然中国是一个中央集权的单一制国家，但幅员广阔，地区差异巨大。尤其在经济列车高速启动后，区域和阶层之间的发展不平衡尤其显著，中央统治集团很难对地方上各种细微的变化做出及时反应。一方面，如果放纵地方势力坐大，导致无序竞争，则威权体制无力维系；另一方面，如果遏制地方主体意识，强行"一刀切"，那么在A地适用的政策可能在B地完全行不通，治理效果会大打折扣。因此，在实际运作中，中央政府和地方政府"斗智斗勇"，表现出令人惊讶的"威权弹性"[28]。

　　在新政权成立之初的数十年间，中央政府处在极度强势的地位。造成

---

　　[28]　《宪法》规定："中央和地方的国家机构职权的划分，遵循在中央统一领导下，充分发挥地方的主动性、积极性的原则。"这一条款可以理解为"威权弹性"的法律许可。

这一局面的主要原因，除了大一统的集权传统以外，主要有三：一是魅力型领袖的个人权威盛极一时；二是中央决策层以计划配置方式直接掌控有限的资源分配；三是在政治运动的主旋律下，经济发展程度不是核心考核指标，地方政府不容易有变通余地和逐利冲动。

但改革开放以来，上述三个制约地方的因素随之减弱。首先，具有个人魅力和传统权威的政治领袖及其革命同辈陆续逝去，新一代领导人政治资历相当，在国家治理中很难延续个人独断或者元老寡头的模式，更多要依靠集体领导和多方博弈的平衡技术；二是市场经济的发展，提供了多元化的资源配置形式，尤其是城市土地成为财政来源后，地方对中央政府的资源依赖明显减少；三是以经济发展为主要考核指标的压力型体制下，地方政府无论是追逐经济利益还是政治升迁，都要求更大的弹性运作空间。

诸多观察表明，在有限政府的治理状态下，基于意识形态的控制由中央往下渐次松弛，各个层级的官僚集团自利冲动强烈；凝聚政党的内部纪律弱化，相对而言，基于合法性考虑回应民意的问责压力趋强；政府赖以控制社会的手段，不再是富于广泛社会动员能力的乌托邦式煽情，而是更多出自绩效考虑的"善治"。

随着政治文明的进步，中央政府放弃了原来那种通过路线斗争强制清洗来使官僚绝对服从的做法，同时又下放了部分管理权力，因此各个"子系统"不再像以前那样是严格执行领导人意志与政策的工具，它们也形成了自己的利益。[29]其结果是，领导权威和控制能力都在下降的中央政府，面对大国治理的复杂难题，有时是鼓励地方因地制宜，有时是被迫默许地方适当逐利。只有在事关全局的重大政策问题上，中央才会以人事操控这张王牌，来展示对（省一级）地方的威慑力。"威权弹性"给地方留出了可争取的宏观制度空间。

---

[29]　周飞舟：《分税制十年：制度及其影响》，载《中国社会科学》，2006 年第 6 期。

在地方治理的层面，已有诸多文献留意到变革的征兆。一条明显的学理线索强调，变革的要害在于地方主体意识的凸显，它既表现在中央政府对各地坐大、利益纷争的反复焦虑之中，更表现在地方谋求经济利益最大化的强烈冲动之中。

魏昂德（Andrew Walder）发现，20世纪90年代中期以前，中国的经济发展呈现出一幅"无私有化的进步"的奇异图景。他的解释是，因为不同层级的政府在企业中的利益和对企业的控制能力不一样，地方政府与高层政府相比，具有更大的动机和能力行使作为所有者的权益。在这个意义上，"地方政府即厂商"。[30]戴慕珍（Jean C. Oi）的类似说法是，在政府与经济结合的"地方—国家合作主义模式"（Local State Corporatism）下，地方政府就像是一个拥有许多生意的大企业，官员们完全像一个董事会的成员那样在行动。[31]

有学者指出，改革之前，虽然地方政权作为一级政府也具有一定的权力运作空间，但是行政管理职能上的单一化和上下级政府职能的一致性，使它的主要特征表现为对国家意志的贯彻及对上级指令和政策的服从和执行，其角色是"代理型政权经营者"。改革以后，地方政权获得了谋求自身利益的动机和行动空间，嬗变为"谋利型政权经营者"，利用手中权力争夺可资利用的资源，"将政策用足，打政策擦边球"，变通普遍化和常规化成为一种正当的体制运作方式。[32]

不仅如此，在地方政府内部，根据职能分工的原则，党政首长的权力也必须一定程度下放，核心团队的成员各自主管或分管某几个政策领域，形成多个实际的"政策领地"。一般的，分管领导在自己的政策领地拥有

---

[30]　Andrew Walder, "Local Governments as Industrial Firms: An Organizational Analysis of China's Transitional Economy", *American Journal of Sociology*, 101（2）, 1995.

[31]　Jean C. Oi, "Fiscal Reform and the Economic Foundation of Local State Corporatism in China", *World Politics*. 45（1）, 1992.

[32]　杨善华、苏红：《从"代理型政权经营者"到"谋利型政权经营者"：向市场经济转型背景下的乡镇政权》，载《社会学研究》，2002年第1期。

几乎排他的权力。而且，每位分管领导的四周都围绕着一些官僚部门，分管领导实际上成为这些部门的利益代言人。在这种"威权零碎化"[33]的体制下，政策制定要历经讨价还价，执行起来也经常走样。只有一些政策被严格执行，一些则被"选择性执行"[34]，有时还有象征性的执行。经验研究证明，在中国行政体制中，基层政府间的共谋行为已经成为一个制度化了的非正式行为；这种共谋行为是其所处制度环境的产物，有着广泛深厚的合法性基础。[35]

在以条为主的部门政治中，由于国家放弃了原来那种通过强制和意识形态清洗使官僚绝对服从的做法，同时又下放了部分管理权力，所以各个部门或者"系统"也不再像以前那样是严格执行领导人意志与政策的工具，它们都形成了自己的利益。在很多情况下，没有任何一个部门可以拥有比其他部门更高的权力。因此，在政策过程中同样会出现大量的讨价还价和政策协调。[36]

此外，前述"零碎化的威权体制"使得部门和地方内部、部门与地方之间都存在复杂的分权制衡与竞争关系，在很多情况下，步调不一和争权夺利是部门与地方在政策执行中的真实面目。

在某种意义上，负责纵向管理的部门与负责横向区域的地方政府，在行动逻辑上并没有太大差别。前述对地方政府的研究结论扩展到专业管理部门，仍然是大致成立的。

---

[33]　马骏等人在研究中国的公共财政预算时发现，从1949年到1978年的大部分时间，政策制定权主要集中在党委手中。但是1978年开始，虽然中国政治最高层的政治权力仍然是集中的，但在省和中央部委一级，一种"零碎化的威权体制"（Fragmented Authoritarianism）逐渐形成。参见马骏、侯一麟：《中国省级预算中的非正式制度：一个交易费用理论框架》，载《经济研究》，2004年第10期。

[34]　Kevin J. O'Brien and Lianjiang Li, "Selective Policy Implementation in Rural China", *Comparative Politics*, 31（2），Jan.,1999.

[35]　周雪光：《基层政府间的"共谋现象"：一个政府行为的制度逻辑》，载《社会学研究》，2008年第6期。

[36]　K. G Lieberthal and D. M. Lampton（Eds），*Bureaucracy, Politics, and Decision-Making in Post-Mao China*, University of California Press,1992.

当然，研究者们普遍承认，地方政府的自由裁量空间放大，只是现行权力格局的一个方面。在官员考评升迁的命运主要掌握在上级政府手中时，"压力型体制"[37]并没有发生重大改变。由于行政和人事方面的向上集权，由上级主导的，在下级政府之间围绕经济增长而进行的"晋升锦标赛"[38]，将关心仕途的下级官员置于强力的激励之下。我们还是需要将注意力转移到政治动机上来，这些动机源自干部责任制、政治契约制以及地方政府和官员都需签订的岗位目标责任书。托尼·塞奇（Tony Saich）指出："岗位目标责任书并非不鼓励经济发展，但远不止如此，它明确规定这只是地方官员所需要履行的一系列复杂任务中的其中一个，这些任务还包括保持社会秩序、向上级政府上解税赋以及控制好计划生育指标等。地方各级政府之间存在着多种委托—代理关系。这些契约的精确属性随着时空的转换而变化，但是，它们的确列出了预期目标，这就奠定了对官员进行评价的基础。"[39]

具体到互联网的内容监管，部门与地方基于不同的本位立场和得失评估，要算至少两笔账目：权力与利益。当然，在事关意识形态安全和社会稳定的大局时，确保权力安全的政治要求必须优先满足，在实现这个条件的前提下，扩权或逐利作为"私货"很有可能被掺杂考虑。因此，我们提出的两个行动逻辑假设，一是仕途平安的利弊权衡，二是监管政策的寻租可能。

从仕途平安的角度权衡，部门和地方起码会顾及三点：

其一，政治效忠度。在官员考评升迁的命运主要掌握在上级政府手中时，对上的效忠就成为官员的理性选择。由于营造政策绩效的能力有时很

---

[37]　所谓"压力型体制"，这一名称"并无任何文献依据，而是来自于实际生活"。它指的是一级政治组织为了实现经济赶超，完成上级下达的各项指标而采取的数量化任务分解的管理方式和物质化的评价体系。参见荣敬本等：《从压力型体制向民主合作体制的转变：乡镇两级政治体制改革》，中央编译出版社，1998，第1页。

[38]　周黎安：《中国地方官员的晋升锦标赛模式研究》，载《经济研究》，2007年第7期。

[39]　托尼·塞奇：《盲人摸象：中国地方政府分析》，载《经济社会体制比较》，2006年第4期。

难量化比较，是否具备"与中央保持一致"的政策领悟能力，就成为某个十分重要的组织考察变量。在西方选举制民主中，获胜的总统或总理有权组建内阁，在挑选偏好一致的执政集团成员时高度自主；但在中国，由集体决断的复杂人事任命机制，使得最高层在挑选合适伙伴时弹性不足。再加上官员"能上不能下"的格局并未根本改观，"不换思想就换人"就成为某种隐秘的"组阁"方式。这自然会引起地方和部门官员的高度重视。他们会紧密跟风，来捕捉和揣测高层意图，创造性地表达效忠。当互联网监管力度走强，政策风向明晰时，部门与地方权力执行，也就成题中之意。

其二，上级问责制。在社会矛盾突出、运行风险增大的转型时期，中央政府对屡创新高的群体性事件深感不安，对地方和部门处理突发事件的能力颇有责备。诸如"社会治安综合治理一票否决制"等略显粗暴的压力考核机制一再增列，让地方和部门面对焦点事件时左右踯躅。2004年中共中央批准实施的《党政领导干部辞职暂行规定》明确指出，"党政领导干部因工作严重失误、失职造成重大损失或恶劣影响，或者对重大事故负有重要领导责任等，不宜再担任现职，本人应当引咎辞去现任领导职务。"《规定》还列举了九种应该引咎辞职的情形。"因公辞职"、"自愿辞职"、"引咎辞职"、"责令辞职"等说法有了严格规范。国务院发布的《全面推进依法行政实施纲要》也将问责制写入显著位置。"高官问责"的制度化推行，在平抑民怨的同时，也加大了为官的风险。由于担心被互联网捅爆的焦点事件断送政治前途，加强监管也就成为保住乌纱的重要安全阀。

近年来，中央不断提醒地方和行业政府主管部门，处理突发事件时要改变对互联网"不理、不用、不管"的现象，尽早讲、持续讲、准确讲、反复讲，提高舆论引导水平，在多元中立主导，在多样中求共识，在多变中谋和谐。[40]然而，对于各级地方政府而言，在纾解了民意的同时，也可

---

[40]　祝华新、胡江春、孙文涛：《2007中国互联网舆情分析报告》，新华网，http://news.xinhuanet.com/newmedia/2008-02/05/content_7565553.htm。

能因此被上级政府机关抓住把柄。严格的问责制度的出台，在平抑了民愤的同时，也加大了为官的风险。是解决问题重要还是头顶乌纱重要，他们不得不仔细掂量。

我们认为，如果不斤斤计较政治正确的立场，也许可以这样来理解中央政府与部门、地方之间的立场差异。

我们可以把整个执政集团看作一个超大型的股份公司，把中央政府视为该公司的董事会，而部门与地方则是基于委托—代理契约的职业经理人。显然，对于中央董事会而言，公司的持久收益和永续经营是最大化的利益所在，但职业经理人则未必有那么宏观，除非有进入董事会的较大可能，否则，他们会倾向于谋求中央董事会对其治理能力的酬金回报。这种酬金可区分为两种，一是以工资和福利形式发放的现金酬报，二是可预期的期权回报（例如升迁）。当中央董事会在既定规则下不能充分满足其预期回报，那么利用信息不对称的原理，通过其他方式增加自己的收益，或直接以权"套现"，就会成为职业经理人的合谋。[41]

托尼·塞奇也看到，1994年的财税改革影响了中央与地方的关系。当下已经形成的、其影响遍及发展较经济、资源较有限地方的一个普遍规则是地方需要获得自己的财源，这已经变得越发强烈了。财政的压力导致了地方政府倾向于如下的发展计划，它将短期财政收入的最大化置于长期的需求之上，而且也不再将分配和福利置于优先地位。[42]

回到互联网监管的讨论中，道理也很类似。在政治效忠已经表白、焦点事件严密控制、个别案例妥当处理的状态下，最大限度谋求地方和部门利益，按照公共选择理论的假设，也是在情理之中。

自20世纪70年代以来不断完善的公共选择理论，把市场经济下私人选

---

[41]　2006年，新华社背景的《瞭望》周刊刊发评论文章，指责在决策或履行职能过程中，中央政府机构中的部门利益问题日益突出，影响了决策的战略性、全局性和前瞻性，损害了社会公正与大众利益。评论还列举了部门利益最大化、部门利益法定化、部门利益国家化、部门利益国际化等多种表现。见江涌：《警惕部门利益膨胀》，载《瞭望》，2006年第40期。

[42]　托尼·塞奇：《盲人摸象：中国地方政府分析》，载《经济社会体制比较》，2006年第4期。

择活动中适用的理性原则应用到政治领域的公共选择活动中，确立了国家代理人"经济人"角色和"寻租"预设。[43]该理论认为，只要政治活动中的个人行为有一部分实际上受效用最大化动机驱使，只要个人与群体的一致达不到让所有的个人效用函数相同的程度，那么政治活动中的经济个人主义模型就具有价值，无论是个人还是政府利己主义行为都是正常的。问题在于，这种利己主义动机有一种与经济租金（Economic Rent）因素相结合的动势，由此便产生了"寻租活动"（Rent-seeking Activities）。

布坎南（James M. Buchanan）等人发现，腐败的根本原因在于政府运用行政权力对企业和个人的经济活动进行干预和管制。[44]当平等竞争的市场秩序尚未建立，而政府官员还拥有对微观经济活动的巨大干预权力时，这种干预和管制既妨碍了市场竞争的作用，更创造了少数有特权进行不平等竞争的人凭借权力取得超额收入的机会。经济学家克鲁格（A. Krueger）把这种超额收入称为"租金"（Rent），而把谋求得到这种权力以取得租金的活动称为"寻租"（Rent-seeking）。在寻租活动的过程中，政府官员一般不只仅仅扮演一个被动的、被利用的角色，而是"主动出击"进行"政治创租"（Political Rent Creation）、"设租"（Rent-setting）和"抽租"（Rent Extraction）。[45]用巴格沃蒂（Jagdish Bhagwati）更直接的解释，就是企图获取"从直接意义上讲的非生产性利润"（DUP）。[46]

研究管制的经济学家也看到了同一番"风景"。斯蒂格勒（George J. Stigler）认为理解管制，就得理解谁从管制中得益、谁因管制受损、管制会采取什么形式，以及管制对资源配置的影响。在他看来，管制是利益集

[43]　丹尼斯·缪勒：《公共选择》，商务印书馆，1992。

[44]　J.Buchanan, R.Tollison and G.Tullock（Eds），*Toward a Theory of the Rent-Seeking Society*, College Station,1980.

[45]　克鲁格：《寻租社会的政治经济学》，载《经济社会体制比较》，1988年第5期。

[46]　Jagdish Bhagwati, "Directly Unproductive Profit-Seeking（DUP）Activities", *Journal of Political Economy*, Vol.90,Oct.,1982.

团追求的结果。大量管制经济学的实证分析，已经形成以下几个核心主张：（1）集中或组织严密的利益集团相对于松散的集团，可以从管制中获得更多的利益，即生产者比消费者更偏好管制；（2）管制政策或手段倾向于为政治利益的最大化提供支持，这种支持以寻租或合谋为前提；（3）由于管制起源于对既有财富的分配，管制的结果带来的一定是一种无谓损失，尤其应避免那些降低总财富的管制。[47]

因此，我们有理由认为，政府的管制偏好与监管政策的寻租可能，也许正是部门与地方的另一种行动逻辑。当部门与地方有权设定互联网运营市场和互联网信息发布的准入门槛时，可能诱导企业向权力抛媚眼以便实施不当竞争；当监管系统大规模技术升级带来数量可观的硬件与软件购买需求时，被经济利益驱动的软硬件厂商也可能投入公关费用；在对违规企业和个人施以经济处罚时，因为有一部分财政返还的诱惑，也可能加大处罚力度。

事实上，就已见的个别公开案例而言，部门和地方不仅由于寻租的逐利动机更深地介入监管，甚至还会因为部门之间的利益争夺而强化监管。例如，2006年8月，针对卡拉OK版权收费，国家版权局和文化部两个部门相继高调介入。一方是著作权的集体管理机构，一方拥有卡拉OK厅的管理权，谁是收费主体，争论愈演愈烈。而争论的背后，是巨额收费管理成本的大蛋糕，测算收费可达20亿元之巨。[48]另有人注意到，2004年7月，国家广电总局发布《互联网等信息网络传播视听节目管理办法》，该办法名正言顺的把广电总局在网络监管上的权力从广电网络扩展到整个国内网络，任何网站只要播放视频，就得过这个门槛。信息产业部则于2005年2月8日开始实行IP地址和网站备案，除了体现中央政府强化监管的意图外，可能也有和国家广电总局争抢未来势力范围的潜在愿望。其意思表示是，就算

---

[47]　乔治·J.斯蒂格勒：《产业组织和政府管制》，上海三联书店，1989。

[48]　刘伟、王荟：《20亿元"蛋糕"该谁吃，卡拉OK版权收费引争纷》，载《新京报》，2006年8月11日。

是在广电网络上建立的网站，也得归该部管辖。[49]还有人对广电总局监管互联网视频提出了同样的质疑。[50]

从历史上看，为了解决财政困境，中国历代朝廷都采取承包的配额征收方式，并按照自力更生的方式开辟财源，试图摆脱行政开支对税收规模的依赖。换句话说，政府历来积极介入市场并热心地直接参与交易，尤其是垄断和把持赢利商品的生产和流通活动。另一方面，社会呈现出自组织的特征，在人与人之间相互作用过程中形成的特殊纽带、关系网络以及规范性合意构成日常生活秩序的基础。中国法律秩序始终以这样一种很特殊的情境设置为前提。[51]

基于转型社会的历史和经验观察，地方政府和部门的实际治理表现虽然未必符合理想的价值预期，但也不是莽撞专断的简单化行为。官僚阶层的领导人及其治理团队，会反复权衡，尽可能基于事实判断，对利害关系进行评估，做出趋利避害的理性选择。由于需要考虑的关键变量十分复杂，整个盘算过程呈现为相互缠绕的行动结构，可以概括为"多重比大小"的逻辑。

其中的关键博弈变量包括：

（1）权威指数。权威不同于一般的权力，后者在科层制中体现为简单强制的命令—服从关系，而权威附带了更多主观判断和情感色彩，有权威铺垫的权力运用，往往表现为自愿的服从。最常见的权威当然来自法理，官阶越高，权威越大；但事实上，也有"县官不如现管"的说法，说明了权力距离对权威有影响。所谓权威指数，对应的是一种"谁更重要"、"谁更有威慑力"的心理测量结果。

（2）偏好弹性。偏好可以理解为组织或个人喜恶的排序。这种喜恶既

---

[49]　赵明亮：《网站备案：信息产业部未来的筹码》，http://www.zhaomingliang.com/2005/11/18/mii/。

[50]　朱大可：《文化"苟法"的四环素效应》，载《中国新闻周刊》，2006年8月29日。

[51]　季卫东：《从博弈行为和机制设计看中国法律秩序的特征》，载《比较》，第34辑，2008年1月。

可能是直接的利益/风险，也可能是抽象的理想/价值。所谓偏好弹性，就是调整偏好排序的可能性。例如，对于中央政府而言，其首要偏好可能是确保长治久安，这一偏好不具弹性，没有讨价还价余地；而地方政府的核心偏好可能是双重的，即在政权稳定方面，与中央政府同心，在捍卫经济利益或追逐新的权力领域方面，又有自身的本位考虑，因而有游移或选择余地。

（3）规则意识。规则既包括法律、纪律、契约等显性的控制方式，也包括经年形成广人人知的伦理、惯例。[52]所谓规则意识，既是对这些规范的认识程度，也包含了遵守或者蔑视它的意愿。完美博弈情境下有一个默认前提是各方都遵循共同规则。本来，科层制的要义符合这一前提，它要求官员严格服从非人格化的普遍主义典则，最大限度约束权力的自由裁量空间。但现代行政国家的兴起，却不断赋予政府相机行事的便宜。因而，是否遵守，以及在何时、以何种方式遵守规则，成为治理者时常面对的选择。

（4）关系网络。关系网络表现为聚合人际或调动资源的裙带能力，这是一种被当事者所认可，却未被法律、法规、契约、规章确认的非正式人际关系。在这些关系后面，又牵动着各种稀缺的权力或利益，因此，它不仅是各方追逐的具有再分配功能、有经济意义的资源，而且它还是一种无法均衡占有的稀缺资源。中国社会重人情轻规则的传统伦理，加大了关系网络的权重值。传统儒家文化和农耕文化的交互作用，又决定了关系网络亲疏有序的差序格局。在关系网络内部的熟人社会，往往表现为强信

---

[52] 埃里克森把支撑社会的秩序要素分为五个系统：（1）伦理：个人在无外界影响下自发的自我约束。（2）合约：交易双方基于自力救济的约束。（3）规范：长期交往的人们之间自发形成的合作博弈策略及保障这些策略的控制机制。（4）组织：由非政府的科层化组织所提供的约束。（5）法律：由政府强力提供执行保障的科层化立法和司法系统。他称伦理为"第一方控制"，合约为"第二方控制"，后三种为"第三方控制"。Robert C. Ellickson, *Order Without Law: How Neighbors Settle Disputes*, Harvard University Press, 1991.

任；而在关系网络之外的陌生人社会，则表现为弱信任甚至不信任。[53]信任容易导致合作，反之，则易滋长冲突。

上述4个关键变量在地方治理者的权衡中，构成一组交错的互动关系，使得治理过程看上去就是一个多重比大小的过程。核心的行动逻辑有3个：

（1）权威 – 规则比大小

如果治理权威的影响力明显凌驾于规则之上，则以权威指数的高低来选择行动方案。此时，拥有更高权威的一方既可以按规则出牌，也可以改变甚至另立规则，其他各方一般选择顺服。如果权威有多个层级，则可能自上而下由最高权威一锤定音；也可能自下而上，当上一级权威不干预时，以本级权威的决断为准，当上一级权威干预时，则以该干预为准。

（2）利益 – 风险比大小

如果博弈一方的偏好为刚性，偏好直接表现为巨大利益或核心价值，他会选择按捍卫利益或坚守价值的意愿出牌；如果遭遇强大阻力，宁可玉碎，也要瓦全。反之，如果博弈一方的偏好弹性较大，有机会捍卫利益或价值时，则选择捍卫，两利相权取其重；没有机会捍卫利益或价值时，则改按风险重新排序，两害相权取其轻。

（3）关系 – 能力比大小

如果相关各方并没有明显的权威差别，偏好弹性也都相当，则各方的实际能力及其聚合关系的动员能力相加，相对强势者主导治理格局。为了防止崩盘，强势一方也可能适当妥协，以达到皆有所得的准均衡状态。如

---

[53]　卢曼区分了人际信任和制度信任。他认为人际信任建立在熟悉度及人与人之间的感情联系的基础上，而制度信任是用外在的，诸如法律一类的惩戒式或预防式机制来降低社会交往的复杂性。Luhmann, N., *Trust and Power*, John Wiley & Sons Ltd.,1979.

果地方官员的关系网络不强，依靠把握机会窗口的能力，或者应对风险的足够胆识，也有倒转被动局面的可能。

由于考虑的坐标时常发生位移，单从结果看，很像是偶然因素在主导而难以琢磨。但万变不离其宗，其实质是一种"局限下取利"的"约束性选择"。

第四节　监管理由：机构与网民的行动逻辑

在20世纪90年代中期的中国经济界，民营企业家们才刚刚找到适合自己编织的草根光环，互联网就掀起了新一波淘金浪潮。而且在这里，财富制造的速度更快，偶像的年龄更小。

短短5年时间，相继造就三波互联网超级"财富偶像"，从张朝阳到陈天桥，再到李彦宏，从作秀时代到挟持技术，从大批空投海龟到本地草根，中国互联网的变数从来没有像今天这样巨大无比。现在已经没有人敢评论，谁是中国最强大的互联网公司了。[54]这些鲜活生动的成功事例在证明个人英雄主义的同时也向互联网运营机构证明，中国的市场之大，可能超乎想象。资本早已按捺不住淘金的热情在这些生猛榜样的示范下，变得更加急吼吼。

但是，在将大批用户吸引到其内容或运营平台之后，他们才明白，这块淘金的宝地，同时也是高危险区域。要是在内容上不能过关，不要说赚

---

[54]　2000年前后的第一波纳斯达克上市热潮，无疑为最初的互联网偶像标注了身份。人们记住了成功上市的丁磊、张朝阳和王志东。当时间推进到2003年，随着互联网门户业绩的上市，网易股票冲高到60美元以上，持股大户丁磊一夜之间成为中国首富。而2004年5月依靠网络游戏发家的盛大公司奔赴纳斯达克，让陈天桥以高达150亿元的身家，压过了《福布斯》财富榜上的黄光裕。凭借即时聊天工具QQ上市的腾讯，或多或少地让马化腾也拥有了一些技术财富光环。陈天桥和马化腾前后脚的涌现，被视作互联网偶像的第二波。2005年8月，仅有4年中国互联网工龄的百度李彦宏，用高股价掀起了中国互联网偶像的第三波。尚进：《互联网偶像3.0》，载《三联生活周刊》，2005年9月1日。

得盆满钵满，只怕是风险投资血本无归。

在简单的学习之后，大多数机构都懂得了如何娴熟地游走于两端，一边是资本在安全前提下逐利的欲望指标，一边是权力对稳定强力要求的政治指标，让两者完美和谐的机制就是自我审查。当无数运营机构加入各种自律条约以后，他们作为监管协作者的角色定位就十分明朗了。

对于深谙国情的本土企业来说，这自然不算什么难事，但对于互联网业界的国际大腕而言，则是经历了一番小小折磨。他们比本土企业还要多一道麻烦，那就是母国或国际舆论基于西方道义发出的指控。在一份资料翔实的报道中，一位美国专栏作家对跨国企业的处境和辩解做了西方视角的精当描述：[55]

美国公司正面对着一个艰难的选择。中国政府毫不犹豫地运用经济诱饵来要求政治上的让步。为了在中国发展生意，最著名的互联网公司Yahoo、微软和Google不得不适应这个帝国的国情——要么放弃这个全球最热的市场，要么悄悄承认审查体系，在这个两难之间，这些公司最后决定和中国政府合作。

外国公司则这样为他们在中国的行为辩护，Yahoo的发言人说，他们必须"遵守公司所在国家的法律、规则和习惯"。同样的，微软在北京的代表也说："微软是一个跨国企业，它必须与所在市场的国家法律、规则和标准相一致。"

Google，它的法国和德国版本就过滤反犹太和支持纳粹的网站，因此它一向不与本地法律相冲突。它说，对一些受审查的站点进行排斥是它对顾客的一种服务。因此，不仅仅是在搜索结果中屏蔽那些受到审查的链接，Google甚至将这些链接从其数据库中移除，从而为"中国大陆用户创造一个最佳的搜索享受"。

---

[55]　Stephan Faris, "'Freedom'：No documents found", *Solan*, 12.16, 2005.

在日复一日的演练和规训中，机构的自我审查机制已经比较清楚。一般分为三个运作层次。首先是对所有新老用户公示的"社区规则"[56]；其次是重大政治事件或突发敏感事件中的应急管理；再次是专门组建的网站巡视队伍。在国家级别的监管技术系统全方位扫描过滤的同时，机构自我审查的功能是前过滤和随时清除漏网的有害内容。

近年来，伴随着企业危机事件升级，搜索引擎的"主动屏蔽"和企业的"危机公关"相互映照，折射出中国互联网内容监管的新面目。

例如，2008年9月三鹿奶粉含有三聚氰胺的丑闻爆发后，有网友用统计记录证明百度存在"屏蔽三鹿负面信息"的可能。他们发现：百度上所有的三鹿负面新闻，都是在9月12日后开始出现的。用网上广为流传的热帖标题"三鹿，在小朋友的生命健康面前请不要表演"作为关键词搜索，9月12日下午：Google显示11,400篇，而百度仅能显示11条。9月13日上午：Google显示11,800篇，百度却"激增"到54条。还有网友尝试在百度和Goole分别输入"肾结石"，结果百度的首页竟然看不到任何相关的负面新闻，Google搜索的第一条就是三鹿负面新闻。[57]

《财经时报》引述业内人士的话说，最近3年来，国内互联网已经形成了庞大的势力群体，这个群体多以公关公司或营销公司的面目出现，他们明里打着"论坛营销"或"网络营销"的幌子，实际上却做着帮助某些企业打击异己的事情。仅在北京，从事"网络打手"生意的公关公司就多达数百家。更可怕的是，这股势力几乎控制了国内所有的主流论坛，在全国各地拥有数以万计的兼职员工，并收买了大量的论坛版主。"为了钱，他

---

[56] 浏览中国的任何网站，都会在网站首页或其他醒目处发现内容如出一辙的"删文与封禁规定"，强调不得在网站上发表颠覆政府、危害国家安全、泄露国家机密的内容。一个示范性的社区规则文本大致如下：新用户在注册、发文以前，请先阅读站规。若您觉得失望，欢迎另觅高枝。只要帖子中出现一次如下内容，即同时执行删除作者、砍账号、封IP地址3种处罚：1.邪教法轮功；2.攻击国家领导人；3.大量转贴境外反华媒体新闻，4.散布谣言，煽动闹事。依据中华人民共和国相关法律法规，本站有配合相关机构进行深入调查的权利和义务。

[57] 转引自：http://blog.sina.com.cn/s/blog_50a8f6880100atbe.html，以及http://itbbs.pconline.com.cn/market/9184364.html.

们有能力把白说成黑，把黑说成白，能决定一个企业的生死，也能轻易让一个人身败名裂。"[58]

《中国青年报》2008年9月的一篇报道也介绍了网络公关的部分内幕。有证明表明，为了消除对企业不利的影响，企业愿意给搜索引擎支付不菲的费用，以屏蔽甚至删除部分搜索结果。报道说，目前进行网络公关的主要手段，是利用搜索引擎、各大门户网站、论坛及SNS等网站，以网民、博主的身份发布软文、广告等，网络公关行业目前规模有5,000万到1亿元。[59]

面对这种糟糕的表现，有学者提醒要警惕搜索引擎的霸权扩张：我们要警惕的正是这样的威胁——由技术权力的合理追求转向经济权力的贪婪追求，继而转向社会控制力的越界追求。[60]

要辨认互联网监管体系中的网民，看起来比辨认政府和机构还要困难得多。因为这些散布在不同地方的个体，在互联网上活动时，常常故意遮蔽他们在真实世界的识别特征，例如性别、年龄以及身份，等等。但不去刻意区别个体的标签时，情况就简单多了。任何在中国互联网上徜徉的国民，只要稍微具备政治常识，都知道在虚拟空间展开涂鸦或者表达之旅时，首先必须斟酌，什么能说，什么不能说；什么能看，什么不能看。尽管没有任何官方的或权威的纪律教材，但似乎大多数人都能把握其中的底线。这种极大规模人群普遍自律的互联网氛围，也许才是真正意义上的中国特色。而那些偶尔的喧哗与骚动，倒像是短路造成的瞬间故障。

不过，在千篇一律的自我约束者之中，其内在动机却可能丰富多彩。我们只能将其粗略地格式化为三种模式：一是基于高度认同的积极自律者，二是政治冷漠的消极自律者，三是谨小慎微的避害自律者。他们一起

---

[58]　李国训：《网络打手身后隐现亿元黑金》，载《财经时报》，2008年9月5日。

[59]　白雪：《搜索引擎左右互搏，网络公关已成摆布舆论工具》，载《中国青年报》，2008年9月23日。

[60]　杜骏飞：《搜索霸权与网络社会的新危机："百度屏蔽门事件"评析》，http://www.tecn.cn/data/detail.php?id=21896。

充当着互联网监管的自律与相互监督角色。

借用现代社会学中的"角色理论"来解释这种分歧。假如把社会比作大舞台的话，那么，"演员在舞台上有明确的角色，社会中的行动者也占据明确的地位；演员必须按照写好的剧本去演戏，行动者在社会中也要遵守规范；演员必须听从导演的指令，行动者必须服从权势之人或大人物的摆布；演员在舞台上必须对彼此的演出做出相应的反应，社会成员也必须调整各自的反应以适应对方；演员必须与观众呼应，行动者也必须扮演各种不同的观众或'一般他人'的概念化角色；技能不同的演员赋予角色以独特的解释意义，行动者也由于各自不同的自我概念和扮演技巧而拥有独特的互动方式"。[61]正是在这个意义上，一些政治学家强调，政治行为不外是"政治角色所表现的行为"。[62]

对于某种特定角色，总是存在相对应的社会期望，即在历史经验和现实需要的双重作用下，在社会中会形成某一角色应该做什么和不应该做什么的约束性要求。有趣的是，由于经历、阅历、情感、认知等因素在不同个体身上烙下的痕迹并不相同，即便是解读同一个剧本，扮演同一种角色，也可能在内心里有不同的波澜起伏。这便是角色认知的差异。它通常取决于以下几个变量：一是外部期望被内化为个体需求的程度；二是伴随着一套特定社会期望的奖励或惩罚被个体所认识的程度；三是将外部期望设定为自我评价的衡量标准的程度；四是对他人或公众的潜在反应的预测以及实际反应的处置的恰当程度。

完全可以假定，由于政治社会化的成功运作，大多数网民会对政府主导的互联网监管表示出高度认同，并积极参与。

认同（Identity）是人类在群体中一种非常重要的感觉，每个人都不愿被遗漏，也不愿被孤立，更重要的是归属感的满足较容易带来安全感。在政治生活中，对政府及其政策表示出的基本认同，"是那些必须

---

[61] 特纳：《社会学理论的结构》，浙江人民出版社，1987，第430页。

[62] 艾萨克：《政治学：范围与方法》，浙江人民出版社，1987，第302页。

在某一国家或地区确保自己生活家园的普通人，理所当然持有的一种感情而已"。[63]

冷漠也是政治生活中常见的一种情感体验。达尔（Robert A. Dahl）把现代公民区分为四类，即：无政治阶层、政治阶层、谋求权力者和有权者。[64]在公民的利益盘算中，他会评估政治行动能否带来报酬，何种政治行动会有效，这种行动的可能性如何，采取这些行动要付出什么样的代价，等等。只有在报酬和代价相当明确的条件下，才足以鼓励人们去这样做。[65]否则，他就可能选择不惹是生非的顺从状态，低调远离风暴中心。

还有一类网民则是基于"越界恐惧"的心理，处处谨小慎微，以某种克制的情绪保持自律。这类人可能不是监管的积极认同者，也不是对政治生活的冷漠无心人，他不一定认同，但也不敢反抗。他对自己的偏好心明如镜，但对政治的丰富知识促使他选择政治正确的行动策略。

就像西方媒体注意到的那样：多年来，这些公众已经善于找一些事做，他们在谈论中回避政治上危险的问题。新的流行文化名人正在在线涌现，而人们在制作自己的电台甚至电视节目。很自然地，提供大多数用来制造这些内容并提供主机服务的公司们把审查内置到其软件、管理结构以及商业模式之内。但是，大多数的中国网民们将此接受为生活现实的一部分。他们不愿意为更大的言论自由而抗争，甚至愿意相互审查来明哲保身。[66]

无论内心的感受如何，单从实际的效果而论，运营机构强力的自我审查与网民普遍的高度自律，正是修筑起互联网心理长城的最大合力。起初处在隐秘状态的防火墙，在得到大众的认可和支持后，逐渐转为公开的运作，并从心灵世界出发，向更宽广的领域推进。

---

[63] 佐伯启思：《虚构的全球主义》，载香港《二十一世纪》，1999年2月号。

[64] 罗伯特·A. 达尔：《现代政治分析》，上海译文出版社，1987，第130页。

[65] 阿尔蒙德、鲍威尔：《比较政治学：体系、过程和政策》，上海译文出版社，1987，第229页。

[66] Rebecca MacKinnon, "Ah Q and China's great firewall", *Taipei Times*, 2.5,2006.

第五节　引导角色行动的核心价值观

在初步完成了上述多层级的行动分析后，我们再从多偏好的角度予以整合回顾。

正如制度分析者们注意到的那样，一个行动舞台总是由特定行动情景和该情景下的特定行动者组成。影响舞台效果的这些因素包含3组变量：（1）参与者用以规范他们关系的规则；（2）对这些舞台起作用的世界的状态结构；（3）任一特定的舞台所处的更普遍的共同体结构。[67]

在互联网监管体系中，规范参与者关系的规则被法律和技术所确定；对行动舞台起作用的状态结构由力量对比确定；更普遍的共同体结构由传统与文化的惯习确定。

那么，在被多种因素强烈约束下的监管，为何还是呈现出多重角色的多重行动景观呢？我们认为，这是因为角色行动逻辑背后的核心价值观存在差异。这种差异并不具体表现为意识形态的很高层次，而是表现为日常生活世界的偏好排序。我们给出的假设是：

对于充当互联网监管主导者的中央政府而言，其核心价值偏好是确保执政地位，在此前提下执政兴国或者民族复兴才不会沦为空谈；

对于充当互联网监管政策执行者的部门和地方而言，其核心价值偏好是双重利益联盟，即在政权稳定方面，与中央政府同盟；在捍卫经济利益或追逐新的权力领域方面，与机构同盟；

对于充当互联网监管协作者的运营结构而言，其核心价值偏好是盈利空间，即遵守权力既定的规则，以便在确保资本安全的前提下实现利润最大化；跨国企业也得入乡随俗，才能有利可图；

对于充当互联网监管参与者的网民而言，其核心价值偏好是平静生活，即无论是基于认同、冷漠还是谨慎，都是不愿意打破平衡。

---

[67]　保罗·A.萨巴蒂尔主编：《政策过程理论》，生活·读书·新知三联书店，2004，第57页。

　　毫无疑问，本章是全书的内容重点与方法论实践场。我们先将监管概念放大，然后将参与监管的角色增多，看起来不过是一个小小的花招而已。之所以费尽心机这么做，引入多层级—多偏好的分析框架，并不是玩弄文字游戏。我们的问题观照点在于：如果要对现有监管体系给予批评和赞扬，请先弄清如何批评或者如何赞扬。

　　在本章中，我们将互联网内容监管体系视为多方互动的合作产物，即充当主导者的中央政府、充当执行者的部门与地方政府；充当协作者的运营机构，以及充当自律和相互监督者的网民。在日渐零碎化的威权体制背景下，四种角色又各自有其行动逻辑。

　　对于中央政府而言，强化监管的动力既来自全能国家的治理惯性所致，也是以退为进的博弈策略，但惯性和策略都是基于对现实的不安判断，这种不安一是因为信息多元造成合法性困局，二是虚拟广场的挤迫，成为事件放大器。

　　对于部门与地方而言，在意识形态的一般共识之外，也有其本位的盘算。例如基于仕途平安的利弊权衡，既要在问责制压力下严格控制焦点事件，还应当与中央保持一致以显示政治忠诚；而监管政策的寻租可能，又给它增加了强化监管的经济动因。

　　对于运营机构而言，情况比较简单，资本求安全，权力要稳定，两者合流，不但本土企业自我审查，跨国公司也很快入乡随俗。

　　对于分散的网民而言，普遍的自律可能是因为对当下政策的高度认同，也可能是因为冷漠或谨慎。

　　不同角色的不同行动逻辑背后，则是核心价值观的差异。中央政府看重执政地位，部门和地方意在保守既得利益和圈划新范围，机构当然是盈利，网民则主要保个人平安。

　　各方不同的权衡，却共同选择合作。这个防火墙不仅在法律、技术中，还在国民的心中。

第六章 监管行动背后的政治文化：
社会记忆的唤起与重构

第一节 作为社会记忆的政治文化

如果把个体记忆视为纯粹个体的生活体验，那么社会记忆则要复杂得多。它已经不局限于对共同体历史的简单保存或回溯，而是各种政治社会群体在有差别的价值观念引导下，对过去进行刻意筛选和过滤的结果，是多元权力和多元价值观在长时段中复杂博弈的结果。在大多数时候，它所呈现出来的最终面貌，确实如愿以偿地表达了强势政治权力的意愿。[1]一个社会的主导政治文化在这个意义上，也可以被视为社会记忆。

按照阿尔蒙德（Gabriel A. Almond）的理解，"政治文化是一个民族在特定时期流行的一套政治态度、信仰和感情"[2]。它不同于明确的政治理念，也不同于现实的政治决策，而是深藏在人们心中并潜移默化地支配着人们的政治行为，每一种政治体系都蕴含在一个特定的政治行为的倾向性模式之中。亨廷顿（S. P. Huntington）说得更清楚："一个社会的政治文化包括对表现政治的标志和价值及社会成员对政治目标的其他倾向的经验

---

[1] 张凤阳等：《政治哲学关键词》，江苏人民出版社，2006，第372—373页。

[2] 阿尔蒙德、鲍威尔：《比较政治学：体系、过程和政策》，上海译文出版社，1987，第29—30页。

信念。这是一个政治体系的集体历史和现在组成这个体系的个人的生活历史的产物。它植根于公共事件和私人经历，体现一个社会的中心政治价值。"[3]

伊斯顿（David Easton）认为，国家统治者出于利益或稳定等因素的考虑，总会提供整合与诱导社会成员政治取向的一套由"价值（目标和原则）、标准、权威结构"组成的框架。价值成为社会生活的全面约束，引导人们在日常生活中循规蹈矩，避免触犯敏感的制度神经；标准是为政治指令的执行过程所规定的一套期望遵守与可接受的程序；权威结构是为政策制定与执行而设计的正式和非正式的权力组织与实施模式，即权威得以传导和运行的关系及角色安排。[4]也正是在这样的意义上，政治文化经由外在强制又内化成为主观习惯。

其实，从经验的角度便可感知，由于受政治身份、政治地位、政治利益以及所属国家和民族的政治传统、政治习俗等复杂因素的影响，任何政治行动者都会对相关的政治议题或者环境产生某种个性化的体验与反应，如好恶之感、爱憎之感、亲疏之感、信疑之感，等等。这些情感它以自发、朴素、波动的不确定形式，给政治运作平添了复杂的和无法排除的变数。但是，倘若从更高的层次来分析，则任何一种具有集体代表性和典型意义的政治情感，都不好简单地归结为某种偶然的一时冲动，它实质上是特定的价值取向和认知方式通过政治社会化而在人们内心深处长期积淀的结果，是社会记忆的唤起。

制度经济学眼中的"路径依赖"如果引申到政治领域，则是传统和文化依赖，或者用我们的理解，就是对社会记忆的依赖。

诺思（Douglass C. North）在考察了西方近代经济史以后，发现一个国家在经济发展的历程中，制度变迁存在着"路径依赖"（path

---

[3]　亨廷顿、多明格斯：《政治发展》，收入格林斯坦等主编《政治学手册精选》下卷，商务印书馆，1996，第166页。

[4]　D. Easton, *A System Analysis of Political Life*, University of Chicago Press,1965,p.193.

dependence）现象："一旦一条发展路线沿着一条具体进程行进时，系统的外部性、组织的学习过程以及历史上关于这些问题所派生的主观主义模型就会增强这一进程。"[5]

多洛威兹（D. P. Dolowitz）和马什（D. Marsh）的研究在另外一个领域得出了和诺斯类似的结论。他们认为，从长期的运作过程来看，政策转换是一个棘手和复杂的过程。每个国家的行政文化都是唯一且特色鲜明的，它们总是以不同的方式排斥所谓"最佳模型"的应用。[6]

其后，保罗·皮厄森（Paul Pierson）将"路径依赖"作为解释政治过程的工具，又有一些新的发现。他认为，有4个因素导致了政治过程表现出明显的路径依赖：集体行动的主导作用，制度的密集，运用权力强化权力非对称性的可能，以及政治的内在复杂性与不透明性。它们共同作用形成一种"自我强化机制"（Self-reinforce）[7]。

当执政集团及公众在面临一个陌生的新事物，而该事物有对既定结构造成冲击的情况下，各方都会首先从历史记忆中寻求解决方案。从结果看上去，则是各种行动都或多或少表现为以政治文化为依托的社会记忆惯习。

以此观察，我们可以提炼出3个关键变量，并认为是它们共同作用，搭建了中国互联网全景敞视的监管体系。

第二节　治国的伦理姿态：父爱主义执政风格

韦伯（Max Weber）老早就洞察了中国古代帝国的父权制本质，并一

---

[5]　道格拉斯·C. 诺斯：《制度、制度变迁与经济绩效》，上海三联书店，1994，第132页。

[6]　D. P Dolowitz and D. Marsh，"Policy Transfer: A Framework For Comparative Analysis"，in Minogue（ed.），*Beyond The New Public Management: Ideas and Practices in Governance*，Edward Elgar,1998.

[7]　Paul Pierson："Increasing Return, Path Dependence, and the Study of Politics"，*American Political Science Review*，Vol. 94,No. 2,June,2000.

针见血地指出，这种治理模式乃是家父长制（Patriarchalism）支配结构的一种特殊变形。[8]在韦伯看来，自秦统一中国建立中央帝国以来，这个王国就被置为统治者的家产，同时这种家产制又和官僚制度结合起来，成为"家产官僚制"（Patrimonial Bureaucracy）；它是这个大国稳定而持续发展的核心。[9]但韦伯似乎没有透彻地指出，这种家父长制源于中国的以德治国传统，其核心是治国者时常标榜或者自我期许的某种伦理姿态，或者说，全能国家的惯性当是出自父爱主义的执政风格。

父爱主义（Paternalism）又称家长主义，起初主要是一个法学概念，是指管理人出于增加当事人利益或使其免于伤害的善意目的，不顾当事人的主管意志而限制其自由的行为。由于这种行为就像具有责任心和爱心的家长对待孩子一样，故名。这种"政府对公民强制的爱"有4个关键要素：[10]善意的目的、限制的意图、限制的行为、对当事人意志的不管不顾。

20多年前，匈牙利经济学家亚诺什·科尔内（Janos. Kornai）借用该概念，用以解释社会主义国有企业为什么在多数情况下趋于不能有效地（常常是过度地、粗放地）使用企业的国有财产。在科尔内的理论框架内，正是由于社会主义国家的"父爱主义"，通过软预算约束（Soft Budget），培植了厂商的"投资饥渴"和"囤积倾向"，制造了短缺经济现象。[11]

概念虽是舶来，但其核心观念和行为模式却在中国本土由来已久。在中国两千年漫长的帝国时代，中央集权的政权形式虽然历经朝代更迭，却从未伤及根本。在这种体制结构下，皇帝以君临天下的傲然姿态，成为万千子民俯身跪拜顺目仰望的圣上，连治理地方的官僚阶层也被尊称为"父母官"，政治文化中笼罩着强烈的父权观念。更重要的是，在儒家

---

[8]　Max Weber, *The Religion of China: Confucianism and Taoism*, New York: Macmillan,1964,pp.42—50.

[9]　韦伯：《韦伯作品集Ⅲ：支配社会学》，广西师范大学出版社，2004，第99页。

[10]　孙笑侠、郭春镇：《法律父爱主义在中国的适用》，载《中国社会科学》，2006年第1期。

[11]　亚诺什·科尔内：《短缺经济学》，经济科学出版社，1986。

伦理成为主流意识形态后，治国者不仅占有了权力的高位，而且事实上处在了道德的高端。顺着这样的思路，政治与道德之间就建立起一种不可分割的紧密关系，"政治是要靠所谓贤人政治，即以身作则的儒家型的政治家。他们对自己的权力不仅有自我约束的能力，而且对人民的福祉有一定的承诺"。[12]

康晓光更是直截了当地把中国传统儒家政治的理想国称为以"仁政"为目标的"父爱主义国家"。他说：[13]

> 与一切伟大的古典政治哲学一样，儒家坚定地主张政治是追求正义的事业，国家的责任就是为人民谋幸福。在价值和道德领域国家不应该无所作为。圣人治理的国家有责任也有权力确立社会的基本价值和理想，并据此指导人民过一种高尚、和谐、富足的生活。尽管儒家不承认主权在民原则，但它坚持民本主义原则，承认大众的社会经济权利，主张建立一种"父爱主义国家"，即施行于现代社会中的"仁政"或"现代仁政"。

蒋庆也对儒家政治观给予了高度评价，认为儒家王道政治的外王理想，是以"天下归往的为民思想"来确立政治秩序合法性的民意基础、以"法天而王的天人思想"来确立政治秩序合法性的超越基础、以"大一统的尊王思想"来确立政治秩序合法性的文化基础。[14]

确实，在儒家的治国理念中，只有少数的社会精英，也就是孔子所说的"君子"，才能担当起治理国家的重任，这些人就有责任施行"德政"、"仁政"，以"亲民"、"爱民"的态度做老百姓的"父母官"。这种仁爱的重要体现，就是英明的统治者总是比一般的市井小民站得更高

---

[12]　杜维明：《现代精神与儒家传统》，三联书店，1997，第428页。

[13]　康晓光：《仁政：权威主义国家的合法性理论》，载《战略与管理》，2004年第2期。

[14]　蒋庆：《政治儒学：当代儒学的转向、特质与发展》，三联书店，2003，第210页。

看得更远，他们就像父母为子女的未来筹划一样，能够为平民百姓的福利作长远的规划。因此，政策的选择，并不以其在民众中的受欢迎程度为优先考虑，而是以促进国家政权稳定和经济繁荣为宗旨。只要政府认为有必要，就可以毫不犹豫地干预民众的自发选择。政府还认为，向往和接受政府的照顾和安置，也是民众的心理习惯。即使政策一开始不被理解，但假以时日并耐心说服，其良苦用心是能够被体会的。

而在衡量绩效的民意天平上，中国百姓也一直存在深厚圣君情结与清官梦。盛世体恤民情、施舍雨露的明君，黑暗年代耿直不阿的青天，都被视为感人的父爱典范。

外王仁政的理想与家长官僚的事实相结合，就形成了中国式的父爱主义执政风格。在这套治国理念中，“父”是执政者自我的身份定位，它高高在上，拥有不能挑衅的权威；“爱”是执政者的自我道德期许或者行动逻辑定位，不是“虎毒不食子”的低端动物本能，而是“可怜天下父母心”的高尚情操，不是机会主义的功利计算，是诚心诚意的替子谋福，其最精炼的民间表达方式是“管你，是为你好”。“父”的权威与“爱”的温暖，必然引申出的实际作为是强势干预，可能因孩子弱小不懂事理而包办代替，也可能因为溺爱而无原则包容自己人，反对别人的干预。

事实上，这种父爱主义执政风格并未因为传统的衰落而烟消云散，即便孔家店被砸烂，即便文言变成了白话，作为深厚的历史记忆，它依旧在各种诱因中被反复激活重现。从民间立场看，对伟大领袖的个人崇拜以及对执政集团的热情赞誉，都在集体无意识的层面表达了对父爱的景仰。即便偶尔在语言上转化为对母爱的歌咏，其核心内涵依旧未发生大的变化。

尤其是当民族生存的危机被克服，而国家复兴的梦想又被点燃时，曾被革命压抑住的父爱威权传统又重新批着现代化的外衣登场，表现为国家主导经济成长和社会进步的强力意志。

在父爱主义执政风格的强大惯性支配下，为民做主、替民指路的强势管制逻辑时刻喷涌而出。尤其是只要局势恶化，国家权力对坏局面必须扭转的判断，与缺乏自治能力的社会渴望管制的呼唤，便会再次合谋。经年累月，强势治理早已内化为决策层简单又强大的思维惯性。

第三节　朝野的道德紧张：革命传统与假想敌

在社会运行状况呈现某种波折时，政府基于父爱的强势治理行动，还容易被某种先入为主的假设所强化，即：一定是别有用心的敌对势力在搞破坏。此时，消除隐患的自卫本能和剿灭敌人的冲动就一起张扬，使得治理的正当性被加倍放大。而在民间，面对转型时期共识幻灭的道德分歧，也很容易就从道不同不相为谋的温和状态，快速递进到杀敌而后快的激情飞扬。这种朝野之间时刻紧绷的道德紧张感，可能来自百多年来斗争不息的革命传统。

进入20世纪以来，父爱威权一度在民族国家的风雨飘摇中溃散，取而代之的是以颠覆旧秩序、创建新社会为己任的革命风潮涌动。金观涛指出，本来在中国传统话语中，革命的本意是天道周期性变化，或指大动乱，是负面价值。但清王朝衰败，现代化运动引起社会整合危机，新文化运动爆发，俄国十月革命等重大历史事件的影响波及中国，革命的内涵发生巨大变化，它代表进步、彻底变革、用暴力推翻旧制度等现代含义被接受，从此革命成为至高无上的道义和人生的追求。[15]

在革命成为一个社会的主导价值观之后，其根本目标是要砸烂旧世界。而要实现这一目标，就必须诉诸包括暴力手段在内的坚决的政治斗争，时刻保持区分敌我的阶级警惕性。革命人生观与旧传统的道德政治耦合，产生了基于善恶对立的激烈斗争新传统。在救亡压倒启蒙的时期，革

---

[15]　金观涛：《革命观念在中国的起源和演变》，载台北《政治与社会哲学评论》，2005年总第13卷。

命者几乎全都不假思索地认定，政治冲突只有一种解决方式，那就是"一方战胜另一方，一方吃掉另一方"。由此，一旦冲突发生，冲突的双方都是同样立即高唱国际歌，这是最后的斗争——甲方相信：我们失去的只不过是手铐和脚链，我们赢得的将是整个世界；乙方则宣称，我们再退半步，那就将是江山易色，千百万人头落地。所以，政治结果也就变成了只有一种，即：不是东风压倒西风就是西风压倒东风。[16]

　　1949年以后，革命的主战场转移到阶级间的斗争，"常规化革命"[17]的情形依旧惨烈。在国家政治的宏大层面，执政者通过阶级定位、广树典型、政治运动等一系列手段，逐渐发展出完备的治理技术。通过放大外部帝国主义以及内部地富反坏右牛鬼蛇神等各路"敌人影像"，加剧人民的生存恐慌和危机意识。如果没有对"敌人"和"反革命"这个邪恶他者的认定、排斥、打倒、囚禁乃至消灭，广大的人民群众就无从实现团结，政权的合法性就无从被强化认同，革命的积极分子就无从表现。而确立了这样一个面目狰狞、用心险恶的对立面，原子化的个人就很容易基于安全选择自愿放弃个人目的加入集体防卫的国家阵营，从而将散漫的人民整合进国家目标中。[18]

　　这种革命时代的身份识别技术以及"假想敌人"的意识并未因为"和平与发展"成为世界主题就彻底消失。只要有需要，它随时从心里滋长起来，在政策中表现出来。甚至在治理国家的重要法律中，这种以"防敌"、"杀敌"为动机的革命价值观都还大量存留着。例如《宪法》第28条规定："国家维护社会秩序，镇压叛国和其他危害国家安全的犯罪活动，制裁危害社会治安、破坏社会主义经济和其他犯罪的活动，惩办和改造犯罪分子。"用词中的"镇压"与"惩办"仍然是革命的基调。《刑

---

[16]　甘阳：《序言》，收入邹谠《二十世纪中国政治》，香港：牛津大学出版社，1994。

[17]　梅斯纳：《毛泽东的中国及其发展》，张瑛等译，社会科学文献出版社，1992。

[18]　魏沂：《中国新德治论析：改革前中国道德化政治的历史反思》，载《战略与管理》，2001年第2期。

法》第2条规定："中华人民共和国刑法的任务，是用刑罚同一切犯罪行为作斗争。""斗争"无疑也是革命心理的折射，将部分罪犯视为敌对分子，试图在政治上否定其法律价值、在道德上否定其社会意义。[19]

而在日常生活的微观层面，就像新道德是对旧道德的颠覆一样，无产阶级立场也只能用对资产阶级之否定来定义。例如，资产阶级好逸恶劳，无产阶级就是勤劳的；资产阶级穿花衣裳，无产阶级就不穿花衣裳；资产阶级怕死，无产阶级就不怕死等。道德立场的迥异强化了"崇高的紧张"（只要不是我要求的这样，你就是恶），它不具备宽容的基础。无论是公权力，还是民间力量，在遭遇价值冲突的时刻，只要高举纯化道德的旗帜，就可以直接侵入私人领域。当内心世界成为国家和公众治理对象的情况下，贵在"慎独"的修身往往变成了意在"表现"的算计，"反求诸己"的自省常常落成了"反戈一击"的揭发。

表面上看，中国共产党1978年以后否定"文革"、推行改革开放，不仅是其自身从革命党向执政党转型的尝试，还似乎是世界性"告别革命"的一部分，然而问题并不那么简单。因为中国式现代革命观念的核心是斗争哲学和绝不妥协的革命人生观，经过无数次战争回忆、仪式体验和群众动员，它早已渗透成为国民气质的一部分。在互联网上经常的上演大众时代的迷狂，就让我们反复看见"大批受过现代化教育的城市哄客，他们以'无名氏'的方式，躲藏在黑暗的数码丛林里，高举话语暴力的武器，狙击那些被设定为'有罪'的道德猎物"[20]。

更要害的在于，1949年以后，伴随着新政权的建立，社会结构发生了颠覆性的改变，一个形象的说法叫"翻身"：原本处在社会底层的工人和

[19] 《刑法》第2条来源于苏维埃刑事立法，按照他们的解释，"'斗争'一词，实际上在所有的词典资料里，都被解释为搏斗、会战、决斗。它们的主要目的，是镇压、肃清、消灭什么或者谁。斗争往往要求斗争各方以获得胜利为最终目的，去进行不可调和的对抗。而为了获得胜利，斗争各方可以利用一切手段。"参见高艳东：《现代刑法中报复主义残迹的清算》，载《现代法学》，2006年第2期。

[20] 朱大可：《转型社会的网络"哄客意志"》，载《中国新闻周刊》，2006年7月7日。

贫下中农翻转成为国家的主人，而原本居于强势的阶层大多界定为"地富反坏右"被打倒。然而，市场化取向的改革，再次改变了阶层的力量格局。工人农民被大面积边缘化，新兴的"地富反坏右"凭借财富资本重新抬头。在这种对峙中，失去主人翁地位的公民对过去有怀念，对当下有怨言；获得上层地位的新精英则对过去有悲愤，对当下有担忧。

政府一面管制来自外部的不良迹象，预防其可能的渗透冲锋；一面对内部群众随时可能生发的"错误"激情忧心忡忡。管制的号角随时会因为革命内在的逻辑而在内外两个战场同时吹响。

需要指出的是，在具体的操作策略中，还有进一步细分政府的治理动机。有时是为了替广大民众清剿不健康的外来病菌，以纯化其肌体和思想，展示父爱的关怀；有时则是整治不守规矩者甚至捣乱分子，显露父威的能量。在这样的"规训与惩罚"中，实现对整个社会进行的"巧妙强制的设计"。[21]

第四节　世俗的生存策略：公众心灵的集体化

尽管"真正的政治人格是一种复杂的成品"[22]，但父爱主义的持久盛行绝非威权的单一强力所能维系，还得有公众的崇圣意识与子民心理配合，才能恰当好处。而革命传统下疾风骤雨的普遍动员，也绝非行政官僚制的典则律例所能企及。正如桑德尔（Michael J. Sandel）所说，往往是社群和文化去决定"我是谁"，而不是我的自由选择去决定"我是谁"。[23]

如果父亲的威权被民众的权利意识挑战，父爱的标榜被具体的事实反证，如果新一代对革命敬而远之，如果群众对敌人已经麻痹，那么效果就

---

[21]　福柯：《规训与惩罚》，三联书店，1999，第235页。

[22]　哈罗德·D.拉斯韦尔：《政治学》，杨昌裕译，商务印书馆，1992，第11页。

[23]　转引自金观涛、刘青峰：《多元现代性及其困惑》，载香港《二十一世纪》，2001年8月号。

会大打折扣。经验事实表明，政府监管动作的不断升级，既和转型时期剧增的复杂局面有关，也和监管遭遇的阻力较小、操作容易有关。后者的民意基础，可以视为公众"心灵的集体化"。[24]

对于东方专制主义起源的多角度研究指出：农业社会对水利工程的迫切需求，呼唤强权；东低西高的地理环境，气候恶劣，天灾频繁，灾后重建呼唤恩人和强人政治；农业经济对商业的排斥，导致权力决定一切，利出一孔的官本位制度安排；无技术增长下的效率提高对"等级—秩序"的深度锁定……映照到公众身上，就形成了基于利益计算的驯顺人格，在大多数时候，表现出以依附为特征的权力拜物教。例如，在学校要做老师的好学生，在家庭要做父母的好孩子，在单位要做领导的好下属，在国家要做事业的好接班人。至于"好"的标准，几乎是以驯顺的程度而定的。

这种依附品格的政治文化在不断的社会化和再社会化过程中，大批量产生着具有"权威人格"的个体。弗洛姆（Erich Fromm）曾经应用精神分析的方法发现一种极权状态下普遍存在的"权威人格"（The Authoritarian Personality），它强调权威的价值，重视命令和服从的关系，缺乏友爱的人类温情，造成人们逃避自由。[25]二战以后，阿多尔诺（T. W. Adorno）亲自率领一队社会心理学家在美国西海岸进行了大型民意调查。结果进一步表明，权威人格的核心品质是"权威主义侵犯"（Authoritarian Aggression）和"权威主义服从"（Authoritarian Submission）的"施虐—受虐综合症"。阿多尔诺对该人格特征有一个堪称经典的妙喻：它就像骑车人的

---

[24]　"心灵的集体化"是郭于华提出的一个概念。他在一篇关于陕北乡村女性口述历史的研究论文里指出，农业合作化运动在乡村的展开，不仅是一个生产劳动和生活的集体化过程，也是女性心灵集体化的过程，它在重构乡村社会结构的同时也重构了农民的心灵。笔者借用这个概念，虽然多少也有"权力如何改变心灵"的意旨，但更主要的还是，该概念营造了一个可想象的群体意见整合后的意境。参见郭于华：《心灵的集体化：陕北骥村农业合作化的女性记忆》，载《中国社会科学》，2003年第4期。

[25]　弗洛姆：《逃避自由》，工人出版社，1988，第88页。

本性，"对在上者鞠躬，对在下者踩踏"（Above they bow, below they kick）[26]。

　　具有这种人格特性的人往往是以权力为标准来确定自己与他人的关系的。这一类型的人对于人际关系中的地位高下、谁在上和谁在下等问题都极为敏感。这种"由雷达控制的"、他人主导的人格，对于政治领域中的行为具有非常直接的意义，并且以不对人们的常识形成压力的方式保持前后一致：对下属的控制；对上级的恭顺；对权力关系的敏感；以高度结构化的方式感知世界的需要；对类型模式的过分使用；对其环境中一切通行价值的坚持。[27]

　　改革前30年，在"父爱"的感召和"革命"的催化下，民众经历了"六亿神州尽舜尧"的道德上升时期。而在当下中国，由于乌托邦的愿景消退，加上多元价值的纷扰和个人意识的增强，普遍意义的道德水准大幅回落。"权威人格"的奴性色彩在世俗的算计下有所削弱，但又滋长出另外两种威权下的生存策略，其一是"偏好伪装"，其二是"犬儒主义"。

　　所谓"偏好伪装"是指在特定的社会压力下，一个人隐瞒自己真实欲望的行为。[28]它并非是一般意义的撒谎，而是偏好伪装者对现实或社会假想压力的反应。由于置身于强势的媒体、文化机构、社会教化体制所制造的强大的话语泡沫中，个体出于恐惧和认同心理，会产生强烈的"寒蝉效应（Chilling Effect）"[29]，轻易地把外界的思考看成自己的思考，并融入一个文化体系中以获得免受攻击的身份。由此我们也就容易理解为何人们害怕孤独，非常乐意自己被群体性的狂欢淹没，因为背后都是

---

[26]　Theodor W. Adorno, "Freudian Theory and the Pattern of Fascist Propaganda". *Psychoanalysis and the Social Sciences*, New York: International University Press,1951,p.103.

[27]　Fred I. Greenstein, *Personality and Politics: Problems of Evidence, Inference and Conceptualization*, Princeton University Press,1987,p.104.

[28]　第默尔·库兰：《偏好伪装的社会后果》，长春出版社，2005，第3页。

[29]　一个法律用语，特别在讨论言论自由或集会自由时，指人民害怕因为言论遭到国家的刑罚，或是必须面对高额的赔偿，不敢发表言论，如同蝉在寒冷天气中噤声一般。寒蝉效应的发生，将导致公共事务乏人关心，被视为过度压制言论或集会自由的不好后果。

"他人的目光",人们要经由社会的评价来确定自己的"存在价值";背后是他存在的空虚,他一定要避免自己体验到这一点。个人对社会的依靠和伴随而来的对抛弃的恐惧,使他们总是选择与社会保持一致。但是由于某些偏好总是不能公开地表达,一个社会的偏好便由公开声称他们偏好的那些人所左右,其后果则是:不受欢迎的社会现状的维持和广泛无知的产生。[30]

在中国,政治正确的各种观念总是被主流媒体大肆宣讲,它们对个体构成强大压力。在表达真实意愿确有风险的情况下,部分公众选择成为"沉默的多数"[31],或者干脆以变色龙的姿态,积极伪装偏好,加入媚俗行列。按昆德拉(Milan Kundera)的说法:"媚俗不是什么低劣的作品,而是别的一种东西。有态度上的媚俗,行为上的媚俗。媚俗者对媚俗的需要,即在一面撒谎的美化人的镜子面前看着自己,并带着激动的满足认识镜子里的自己。"[32]

所谓"犬儒主义"是指人们对于这个世界,采取一种消极、疏离、无力、无语的软弱无能对应态度。但犬儒主义并不是被意识形态面具所蒙骗,从而天真地误认现实、相信谎言的错误意识。对于意识形态面具与社会现实之间的距离心知肚明,但他依然坚守着面具。"他们对自己的所作所为一清二楚,但他们依然坦然为之",知道幻象但不再穿越幻象,拒不与之断绝关系。[33]他嬉笑怒骂地加入他并不喜欢的游戏,有时还玩得格外

---

[30] 第默尔·库兰:《偏好伪装的社会后果》,长春出版社,2005,第4—25页。

[31] 德国社会学者伊丽莎白·诺尔-诺伊曼(Elisabeth Noelle-Neumann)提出了"沉默的螺旋"(the spiral of silence)理论。诺伊曼认为,在大众传播时代舆论的形成受到三股力量的作用,即大众传媒、人际交往和从众意识。当一种观点得到大众传媒持续不断的宣扬,从而成为所谓支配性意见时,持有相反观点即所谓异常意见者由于受到群体压力和从众心理,逐渐陷入沉默,而放弃己见去追随公众看法者会不断扩展。于是,就会形成这么一种螺旋趋势:一种观点一旦得势便越来越走红吃香,越来越为世人所接纳;而一旦失宠,便越来越为公众所排斥。参见伊莉莎白·诺尔—纽曼:《民意:沉默螺旋的发现之旅》,台湾远流出版公司,1994,第83页。

[32] 昆德拉:《七十一词》,载《小说的艺术》,三联书店,1992。

[33] 斯拉沃热·齐泽克:《意识形态的崇高客体》,中央编译出版社,2002,第40页。

认真。他有一种"难得糊涂"的幽默感。犬儒主义是一种复合心态，他谴责社会之恶，却又用谴责来名正言顺地加入这种社会之恶。[34]

在权威人格、偏好伪装和犬儒主义的共同作用下，公众的心灵集体化达到了罕见的高度。

事实上，以本书探讨的主题而言，互联网上的绝大多数内容在表达和传播之前就已经历两重把关：首先是个体的"自律"，某些不良信息其实并未发布就已"胎死腹中"；第二步则是机构的协助审查。真正惊动管理部门乃至高层的信息与事件，从比例上说已经极小。每个人的"自律"和机构的"自我审查"，大大降低了政府监管互联网的成本。互联网上的"国家防火墙"不是建立在外部，主要是建立在我们心中。

第五节　虚拟空间全景敞视塔的形成

由此，我们来尝试描摹监管背景下虚拟空间的权力结构。国家权力依旧高高在上，沉默的大多数依旧低低在下。和传统时代不同的是，资本集团凭借其财富、技术精英凭借其对技术内幕的指控开始获得控制权；而生于草根的民间意见领袖，以及活跃在公共论坛的散兵游勇，也并非对权力体制毫无影响力。

福柯（Michel Foucault）认为，在现代社会，权力是弥散的，浸透在社会生活的各个方面，存在于经济、知识、性等各种关系当中。他说："每当我想到权力的结构，我便想到它毛状形态的存在，想到渗进个人的表层，直入他们的躯体，渗透他们的手势、姿势、言谈和相处之道的程

---

[34]　徐贲：《承诺、信任和制度秩序：当今中国的信任匮缺和转化》，载《当代中国研究》，2004年第4期。

度。"[35]它不是通过暴力，而是通过层级监视、规范裁决、检查制度等手段行使权力的惩罚。他有时把这种现代的权力称为"规训"："'规训'既不会等同于一种体制也不会等同于一种机构。它是一种权力类型，一种行使权力的轨道。……使权力的效应能够抵达最细小、最偏僻的因素。它确保了权力关系细致入微的散布。"[36]

福柯说，规训确立了一种封闭的制度，具有控制越轨的消极功能。"它逐渐被普遍化，变成一种'纪律—机制'，即以普遍化监视为基础，对整个社会构造进行组织，使其变成一种'纪律社会'。"[37]

福柯在《规训与惩罚》中援引了一个著名的例子，即英国思想家边沁提出的圆形监狱。"狱中人"处于圆形监狱的各个牢房中，而监视者位于监狱中心的塔。监视者从他的位置可以看到每个牢房里的人，牢房里的人也知道有一个监视者随时可以看到自己，却无法知道他此时是否正在监视着自己。只要想到有一种监视的目光存在，每个人就会在这种目光的压力之下，逐渐自觉地变成自己的监视者。福柯指称今天整个社会都是这样一个"全景敞视（Panopticism）监狱"，每个狱中人连越轨的设想都不敢有。"监禁的体系只需要付出很小的代价……只要有注视的目光就行了。一种监视的目光，每一个人在这种目光的压力之下，都会逐渐自觉地变成自己的监视者，这样就可以实现自我监禁。……权力可以如水银泻地般得到具体而微的实施，而又只需花费最小的代价。"[38]

德勒兹（Gilles Deleuze）认为从20世纪中期开始，历史进入了控制社会的阶段，控制不是反对永恒，而是反对运动："这样的社会已不再通过禁锢运作，而是通过持续的控制和即时的信息传播来运作。"[39]就信息传

[35] 阿兰·谢里登：《求真意志：米歇尔·福柯的心路历程》，上海人民出版社，1997，第281页。

[36] 福柯：《规训与惩罚》，三联书店，1999，第242页。

[37] 沃特斯：《现代社会学理论》，华夏出版社，2000，第247页。

[38] 福柯：《权力的眼睛：福柯访谈录》，上海人民出版社，1997，第158页。

[39] 德勒兹：《哲学与权力的谈判》，刘汉全译，商务印书馆，2000，第199页。

播而言，"'传播圈'和它们制造的数据库组成了一个超级监狱，一个没有围墙、没有窗户、没有瞭望塔和岗哨的监视系统。监视技术的大规模发展导致权力在本质上的粒子化"。[40]

监管者、法律、技术和文化四位一体，不仅在现实世界中广泛地行使着规训的功能，而且正在虚拟社会空间构筑起信息时代的全景敞视塔。在那里，千万双眼睛正盯住你我。

公共政策的路径依赖也许并不像技术或经济发展显示的那么强烈，但是因为现代总是"嵌入"在传统中起步，过去的习惯、思维模式和人格特征，还是不可避免地会对当下产生影响。政治文化作为社会记忆的的内容之一，不断地被唤起，又不断地被重构。即便把父爱主义执政风格、革命传统与假想敌、公众心灵的集体化视为纯粹的逻辑假设，它们也从各自的角度对于理解中国政治、理解互联网监管有积极意义。

家长制作风的弥漫，可以获得无数的个案证明，但和过往时代它所透露的专断相比，当下家长的权威确实有所削弱，"父"的威权必须更多依赖"爱"的标榜，也得以谋求并不强烈的认同；或者，看起来表达强烈的认同，也未必不是偏好的集体伪装。革命式思维在执政者那里难以根治，或许有一种深刻的两难。一方面，革命曾经导致的改天换日的巨大成功，为革命手段的频繁使用提供了正向激励；另一方面，对坚守这一成功的某种不自信则导致对"敌人"的近乎夸张的警惕与敏感，担忧外在或内在的力量也以革命之名重演历史悲情。公众心灵的集体化在多大程度上是一个真实，我们并无把握。但大众时代常见的群体狂欢与迷乱确实说明，被某种共通情感整合的"乌合之众"在偶然事件中是有爆发能力的；而在平静的日常生活中，多数人的沉默也许正是犬儒主义的普遍感染症状。

---

[40]　Mark Poster, *The Mode of Information*, Cambridge:Basil Blackwell,1990,p.93.转引自阿什德：《传播生态学：文化的控制范式》，邵志择译，华夏出版社，2003，第26页。

正如英克尔斯（A. Inkeles）指出的那样：“如果一个国家的公民缺乏一种能赋予这些制度以真实生命力的广泛的现代心理基础，如果执行和运用着这些现代制度的人，自身还没有从心理、思想、态度和行为方式上都经历一个向现代化的转变，失败和畸形发展的悲剧结局是不可避免的。”[41]

---

[41] 转引自殷陆君编译：《人的现代化》，四川人民出版社，1985，第4页。

第七章　政府监管预期与效果：
事实及评价

第一节　政府内容监管的间歇性失常

互联网兴起之后，的确提供了比前互联网时代更多的途径供网民平等参与，自由发言。这种日趋多元化和自由化的民意表达状况，对曾经被大众传媒集中掌控的舆论引导权力、精英生产机制，施予了某种冲击。政府和公民都越来越强烈地感受到互联网在民间意见表达上的力量，这些力量有时是建设性的，有时是破坏性的；有时是舆论监督的辅助手段，有时又是泄愤和报复的谣言公告栏。正像埃瑟·戴森（Esther Dyson）所指出的那样："数字化世界是一片崭新的疆土，既可以释放出难以形容的生产能量，也可能成为恐怖主义者和江湖巨骗的工具，或是弥天大谎和恶意中伤的大本营。"[1]

单从监管层面来看，由于监管在时间预见性和覆盖全面性等方面的某些欠缺，无论是在弱监管状态还是在强监管状态，监管的预期和其实际效果之间都存在着落差。我们以第四章监管提出的时间分段为线索略作评点。

---

[1]　埃瑟·戴森：《2.0版数字化时代的生活设计》，海南出版社，1998，第17页。

一、弱监管时期的"冲动许可"（1994—1999）

在互联网发展初期的弱监管阶段，福柯所谓"全景敞视"的"圆形监狱"尚未在这个新的空间搭建完工，"权力的眼睛"[2]半睁半闭，在国内的政治表达方面，网民以匿名的方式，得以暂时躲开审查者的目光。该阶段更显著的监管薄弱表现在海外的信息大量涌入，不时出现"意见启蒙"的小小高潮。我们将这种状况形容为民间"冲动许可"。

1997年中国互联网用户只有62万，1998年的统计数据是210万，1999年在免费电子邮箱和免费个人主页的吸引下，网民上升到400万。[3]以我们的经验观察，直到这一年，国内的网民才开始活跃起来，不仅浏览新闻，也尝试发表意见。最突出的事例发生在1999年11月。当月下旬，一艘名为"大舜号"的客轮在山东烟台附近海域因恶劣天气和违规航行搁浅倾斜，尔后沉入海底。船上共有旅客船员312人，最后生还者仅为22人。惨案发生后，媒体的追踪报道受到严格控制，互联网首次成为替代性的信息源泉。不少网民自发地充当起客串记者和新闻评论员的角色。在几大著名论坛，网民就此事件展开了热烈讨论，并逐渐发展到联合签名，要求追究相关官员的责任。

由于熟知中国的传统监管套路，网民还不敢主动展开政治传播，只有少数以时事评论和思想启蒙为目的的个人网站偶尔出现，不过互联网的跨国界特征，使得大量诉求对象为中国大陆网民的政治网站以海外服务器为据点，向国内"反倾销"；而且从生存角度考虑，其主办者也多在海外。

例如，由留美学生创办的《华夏文摘》早在1990年互联网还未普及时就已问世，一直到1998年前后都保持着锋利的政治品格。它制作的网上"文革"博物馆收录了数百万字的中文相关文献。流亡人士创办的杂志《北京之春》、《中国之春》、《民主中国》等在1997年后均已上网发

---

[2] 福柯：《权力的眼睛：福柯访谈录》，上海人民出版社，1997。

[3] 见CNNIC历次调查报告，http://www.cnnic.net.cn/index/0E/00/11/index.htm。

行。1999年，综合性的中文新闻网站在海外崛起，以其开放自由的特征迅速吸引了国内网民。首当其冲的就是多维新闻网。多维初创时以多和快闻名，现在已经发展成一个庞杂的网站群。多维崛起之后，带动了一批类似网站，大多声称要"推动政治改革，突破新闻封锁，新技术促进言论自由"，主要向大众提供不见诸官方报道的"限制级"新闻。一些被严格控制的人和事的消息在上面发布后，在国内和国际上都能产生一定反响。

1999年5月8日清晨5点50分，中国驻南斯拉夫大使馆遭到导弹袭击。《人民日报》、《环球时报》驻南记者吕岩松是传回噩耗的第一人，他于8日清晨6点通过电话报告了《环球时报》副总编辑胡锡进，并在以后时间里不断向报社发回有关消息。9时25分，《人民日报》网络版公布了使馆被炸的第一篇报道（国内对这一消息进行第一报道的是新浪网，时间为6点24分，形式为标题快讯）。11时55分，《人民日报》网络版将电话采访吕岩松的现场目击记上网发布，里面写明《光明日报》记者许杏虎、朱颖已经遇难。这是中国新闻媒体第一篇比较详细报道中国使馆遭袭击的报道。网络版上的报道立刻被国内各网站广为转帖，连第二天许多报纸报道此事的细节，使用的仍是网络版上报道的内容。中央电视台直到第二天（5月9日）中午12点，才在《新闻30分》中予以报道，而担负对国内统一发稿任务的新华社，则更是在午后才向各新闻媒体发出通稿。

5月9日，人民日报网站开通了"抗议论坛"，这是中国传统媒体所办网络版中的第一个论坛。到5月18日的10天间，论坛上就张贴了世界各地华人的帖子4万多篇，充分反应了社会各阶层对此事件的态度，以一种最公开和最大度的方式展示了民意。6月19日，抗议论坛改为强国论坛。到目前为止，强国论坛的注册用户有8万，每天上帖量在7,000至1万，在线人数一般都在2万左右，遭遇重大事件时更是人声鼎沸。[4]强国论坛已经海外媒体称为"中国的超级政治聊天室"，公认为是中国乃至全球互联网上人

---

[4]　参见《中国新闻周刊》2001年6月11日对强国论坛的报道。

气最旺的政治性论坛。

在一系列监管法规尚未出台的2000年5月23日，北京大学发生了一起引人瞩目的事件。数百名学生聚集在校长办公楼前，向校方提出质问，要求学校为一名被害同学举行追悼会、放哀乐，并保证不关闭校内BBS等。事件的起因是该校政治与行政管理学系一年级女生邱庆枫5月19日在回北大昌平校区的途中被人奸杀。北大校方将案件定性为"一起发生在校外的普通刑事案件"，昌平校区党委试图劝阻学生戴白花悼念，要"听从组织安排，维护稳定"。事件发生后消息被严密封锁，但还是被学生在北大校园网BBS上公布出来，并迅速成为焦点事件，激烈的情绪很快蔓延至北京高校，进而引起了海外传媒的极大关注。这是第一起完全依靠互联网达成信息传递和实际集结的"抗议"事件。

二、中监管时期的"维权春天"（2000—2003）

2000年9月开始，政府密集出台各种互联网内容监管法规。可能是由于法规的实际运作还要有待于各方理解消化，在一段时间里，"冲动许可"依然还在延续。与北大"邱庆枫事件"类似的案例发生在2000年12月的南京。有一家据说有日资背景、装潢具日式风格的盛岛大酒店选在"南京大屠杀"前日——12月12日——开业，开业当天，许多地方官员前往捧场。有人却在此时发现酒店附近的两座大屠杀纪念碑因为酒店开业被强行转移，而且断裂成了几块。当地一家新起的报纸《现代快报》在次日头版对此事进行了批评性质的长篇报道，引起南京市民的强烈反应。深重的历史悲情被激发，部分情绪激动的市民当天即去冲砸了酒店。次日，政府严令所有媒体保持缄默。信息的传递和民意的表达转移到南京人聚集的互联网社区"西祠胡同"中。在高峰时段，几乎每小时都有人在论坛上发布事件的最新进展。民愤愈加激烈，到17号晚上终于演变成南京市民的游行示威。

以政府对待稳定的一般思维考虑，这样的事情是不可以发生的。以政府对公众聚集的传统监管强度而言，这样的事情也是不可能发生的。但在互联网上，此类冲动并未被强力阻止。

　　"冲动"不仅指向国内偶发事件，也开始"感染"国际事件。这大概是中国网络民族主义的发端。

　　2001年4月，中美撞机事件[5]发生后，由于美方直接反对中国声称的美国飞机是撞机事件肇事者这一说法，引发中国民间强烈不满，自4月中旬开始，对美国政府网站的零星攻击行为就已开始，到5月4日晚，以"中国红客联盟"为首的3个中国黑客组织在各大中文论坛上号召国人集体攻击美国的政府和大型商业网站。在他们的统一指挥下，有据说多达8万的网民卷入了"战斗"，至少1600个网站被攻破。[6]此前此后的大约1周里，中美黑客开展了互联网上的对攻，多个国家的网民按其政治立场加入了各自的战团。这场技术含量并不高，但参与者众、持续时间长的攻击行为使中美双方上千个网站受到了不同程度的影响。中国组织者自称为"刺刀加上思想"的"网络卫国战争"。虽然重量级的黑客根本不屑于这种网络涂鸦行为，但大量年轻的中国网民在事件中投射出的强烈民族情绪和政治情感，值得关注。受到政府监管的主流媒体对此事件给予了大量正面报道，凸显出民族主义情绪下的"冲动"在当时也得到了许可。

　　2002年6月，韩日世界杯如火如荼地举行，东道主之一韩国队连克欧洲列强，晋级四强，在互联网上引起滔天口水战。裁判在韩国队参加的几场关键比赛中总是出现"低级意外"，引起球迷的强烈不满，国际足联的官方网站经常被愤怒的电子邮件和报复性的大流量访问淹没。在中国新浪等门户网站的相关讨论版中，讨伐声浪也此伏彼起。在这种狂热的网络喧哗

---

[5]　2001年4月1日上午，美国一架海军EP0-3侦察机在中国海南岛东南海域上空活动，中方两架军用飞机对其进行跟踪监视。北京时间上午9时7分，当中方飞机在海南岛东南104公里处正常飞行时，美机突然向中方飞机转向，其机头和左翼与中方一架飞机相撞，致使中方飞机坠毁，飞行员王伟失踪。美机未经中方允许，进入中国领空，并于9时33分降落在海南岛陵水机场。事件引发中美强烈对峙。

[6]　有关这一"中美黑客网络大战"的详细资料可见新浪网专题：http://tech.china.com/zh_cn/zhuanti/hacker/。具有黑客技术的网民自然没有这么多，但是组织者在网络上公布了可以自动进行攻击的工具，下载安装后就可以进行攻击。

中，有关足球的讨论被高度政治化了。

2003年以后，少则数百人，多则数千数万人的网络签名运动成为可观察的亮点。先是万人签名反对京沪高速铁路使用日本技术；接着是"爱国者同盟"等7家网站发起"对日索赔百万网民签名活动"。此举是"8.4事件"（侵华日军遗留化学武器在齐齐哈尔泄露）导致的，历时1个月的网上签名活动最终征集到1,119,248个网友及12,518个网站签名。9月18日，活动组织者将4,000多页的网民签名递交日本驻华大使馆。同月，又发生了网民抗议日本游客集体赴珠海嫖娼事件。10月29日，西北大学爆发了反日抗议活动，后来又演变成西安街头的示威游行。该次事件的起因，据说是4个日本师生在该校外语学院的日本书化艺术节上的下流表演。有评论者适时指出："网络民族主义除了以网络作为抒发情感和建言平台之外，甚至开始在中国特色的政治氛围里，小心翼翼地探试水温，进行化言论为行动的尝试。"[7]

但是从内容监管对应的内容表达来看，在该阶段最厉害的互联网民情喷发发生在2003年。当年由于"非典型肺炎"（SARS）的蔓延，政府主张信息公开，一时之间网上网下意见涌流。

2003年5月的一天，新任国家主席胡锦涛在广州对一位参与防治SARS第一线的医生说，"你的建议非常好，我在网上已经看到了。"此前的4月26日，新任国务院总理温家宝在北京大学考察时也对学生说，"我看到同学们在网上写的一些话，我挺感动。大家对政府的信心越来越强了。"

受高层态度鼓舞，当年的中国互联网千帆竞流，最显著的变化是人文启蒙退潮，事件维权升级。以具体个案为突破口，网民不断和政府较真说法。

例如，张先著、周伟因政府"乙肝歧视"提出行政诉讼；四川自贡3万名农民因土地被违规征用而走上民告官的"马拉松"；在与开发商谈不

---

[7] 杨锦麟：《近看中国正在掀起的网络民族主义》，载《南风窗》，2003年10月16日。

拢、住房可能被强拆的情况下，杭州市民刘进成联合百余人上书全国人大，请求对该市拆迁条例进行违宪审查；因母亲超期羁押被活活饿死家中的3岁女孩李思怡也深深震撼了人们的心灵。这些事件在互联网上得到了鲜明而有力的支持，网民纷纷以签名和发帖等各种方式严求严惩冷漠的责任人。

更重要的年度事件是"孙志刚事件"、"宝马撞人事件"[8]、"黑社会老大刘涌重审事件"。[9]"民意"开始在网络上现身，不是嘘的一声，而是轰的一声。不是意见领袖振臂高呼，而是陌生人成群结队。[10]一批有影响的公共知识分子经过90年代人文知识分子在商业时代的边缘化之后，借助维权行动开始以一种温和的改良姿态，重新参与介入广泛的社会政治生活。[11]

《中国新闻周刊》在年底刊出一组特稿对重大事件进行回顾报道，并发表题为《新民权运动年》的评论员文章，指出[12]：

> 　　过去的一年里，发生了一连串维护公民个人权利的事件。在这些貌似寻常的事件之间，我们看到了某种不寻常的内在关联，并给它起了一个名字："新民权行动"。
>
> 　　在新民权行动中，我们看到了当事人与舆论间的互动，互联网与传统媒体的互动，公共知识分子与媒体、当事人的互动；最后，还有政府与民间的互动。这些复杂的、交叉的互动关系，改变着中国的政治生态，初步形成了一种新型政治，这种政治试图

---

[8]　在宝马车撞人案中，交警部门认定是普通交通肇事案，当地法院依此判处撞死人的司机苏秀文2年徒刑，缓刑3年。但是互联网上的舆论对此强烈质疑，对部分核心细节被忽略表示不满。舆论压力终于震动黑龙江省委和中央纪委，决定对该案进行复查。

[9]　一审被判处死刑的沈阳黑社会团伙头目刘涌，二审被辽宁高院改判为死缓。互联网上矛头直指司法公正。在互联网和媒体共同营造的舆论压力下，最高法院改判刘涌死刑，并立即执行。

[10]　王怡：《网络民意与"程序正义"》，载《中国新闻周刊》，2004年1月19日。

[11]　王怡：《2003公民权利年》，载《中国新闻周刊》，2003年12月22日。

[12]　秋风：《新民权运动年》，载《中国新闻周刊》，2003年12月22日。

更加理性地在权利与权力之间寻求一种妥协。新民权行动正在教人们习得政治的技艺。

在新民权行动中，理性的知识分子和法律家推动法律"活"了起来。在他们的心中，除了现实的具体法律条文之外，还有一种无形的法律精神和原则，即自然的正义。所谓正义自在人心。知识分子和法律家正是依凭着对于正义的信仰，解释着现有法律，并把这种解释传达给整个社会，包括司法机构。正义之法的观念和学术，通过个案，扩展着现有法律保护公民权利的边界。

在新民权行动中，人民自下而上地参与了立法和释法，并通过与司法、政府部门的互动，使法律的执行向着救济受害者、更完善地保护人民权利的方向缓慢演进。

是年岁末，《南方周末》以"这梦想不休不止"为题发表新年献辞：2003年的奋力与求索，在这路途中为中国大写了两个关键的名词——公民与权利。[13]

在互联网内容监管的中度时期，"维权春天"的出现多少有些令人意外。一方面可能是因为这些民间维权都与整体性的社会政治诉求无关，因而没有触动监管者的神经；一方面则可能得益于SARS时期的特殊政治氛围，政府也迫切需要得到民间认可和支持。无论如何，互联网上的内容喧嚣并非是监管系统乐见的面目。这种预期与效果的落差，也从侧面证明监管强大中的薄弱一面。

值得一提的是，2003年，一个雏形的公共政治空间也开始从网络向平面媒体延伸。全国一百多家媒体开辟和扩张了"时评"版，开始尝试为公共知识分子从事社会评论提供平台。

---

[13] 《这梦想不休不止》，《南方周末》新年献辞，2003年12月31日。

三、强监管时期的"哄客暴戾"与"人肉搜索"（2004—　）

2004年网络舆论继续在一系列社会重大事件表现出的巨大的威力，不管是当事的政府部门，还是当事的社会名人，一旦卷入互联网漩涡，都会倍感震撼。我们曾经用"十面埋伏"来形容强势阶层可能遭遇的困局。我们指出，当下的状况是，事发之后，名人们对公众所说的每一句话都成为"呈堂证供"，被无数匿名检察官、高级神探、思想先锋以及长舌妇们细细探究，反复咀嚼；他们每一处细节表述上的思虑不周，都可能变成致命漏洞。互联网不仅提供了超强的资讯检索能力，还串连起无所不在的目击证人，真应了那句"要想人不知，除非己莫为"的警句。在尚不可知的信息筛选传播机制中，强弱之间的力量对比忽然倒转。江湖中的既定秩序看起来正在这个去等级、无中心的网中开始败坏。[14]

当年最有代表性的例子是深圳"妞妞事件"。10月26日，深圳市一位初中生家长在天涯、凯迪等论坛公布了一封学校给家长的信，信中披露深圳市5部门联合下发文件，要求初中学生安排在上课时间，自费购票观看电影《时差七小时》。网友调查发现，"妞妞"是深圳市高官之女，从而展开了对官场"潜规则"的猛烈抨击。3周以后，深圳市委专门就这一事件的调查和处理意见进行了通报，主要领导表示党的干部应接受网络舆论监督。

昭示互联网民族主义风向标的"反日"情结继续发烧。2005年2月28日，美国多个华人团体率先发动反对日本成为安理会常任理事国的"百万人全球签名活动"。随着3月中旬国内众多网站加入，真正成为一场声势浩大的签名活动。据估计，至4月下旬这次网络大签名的总人数达到4,000万（当然不可避免有反复签名、替他人签名的情况）。反对日本"入常"的签名，原本要打印交联合国，尽管最终没有付诸实施，但这次签名活

---

[14] 《网游日志之十面埋伏》，载《南方周末》，2004年9月16日。

动对随后的游行示威活动无疑起了舆论动员作用。进入4月，连续3周的周六、周日，国内多个城市举行了反日游行示威活动，互联网和手机的信息传播在其中发挥了集体行动组织者的作用。游行示威集结之快、人数之众、主题之明确、形式之松散、组织者之隐秘的特点，得到前所未有的展现。4月22日，公安部发言人就涉日游行示威发表谈话，提醒未经公安机关批准，通过互联网和手机短信发起组织游行示威是违法行为，要求公众不要利用互联网和手机短信传播鼓动游行示威的信息。

在强监管状态下，有政治企图的冲动不再被许可，维权的春天悄然远去，建设性力量出现退潮迹象。与此同时，大批年轻的新网民涌入，给互联网带来新的景象。文化批评家朱大可在其系列评论中创造了"哄客社会"这个概念，并反思说：[15]

> 2005年将成为中国文化史中最奇特的年份之一：侏儒式的巨人、面容丑陋的美人、举止粗鄙的淑女、身段走形的模特、技艺拙劣的舞蹈家、恐怖走调的歌手、文字恶俗的作家，在短短数个月里大量涌现，以惊人的率真，展开电视—互联网抒情，形成巨大的"丑角"风暴。
>
> 从内地进入周星驰式的娱乐时代以来，历经数年反讽式话语的炼制，中国大众文化突然发生了剧烈的价值飞跃，它不再是精英文化的附庸，而是要独立自主地开辟反偶像和反美学的奇异道路。官方文化和精英文化则开始退缩，它们之间长期维系的三角均势业已遭到破坏。然而，丑角时代的真正主角，既不是丑角本身，也不是大众媒体，而是那些渴望民间丑角诞生的娱乐群众，他们汇聚成庞大的"哄客社会"。

---

[15]　朱大可：《从芙蓉姐姐看丑角哄客与文化转型》，载《东方早报》，2005年6月27日；《中国网络哄客的仇恨快意》，载《中国新闻周刊》，2005年8月4日；《转型社会的网络"哄客意志"》，载《中国新闻周刊》，2006年7月7日。

在这幕耐人寻味的交易中，小人物利用互联网或大众传媒暴得大名，媒体则利用"丑角效应"牟取暴利和扩大影响，娱乐群众则在闹剧式的狂欢里获得短暂的快乐。娱乐资本主义时代的容貌，大体就是如此。

"哄客社会"的喧嚣与暴戾在2006年达到互联网有史以来的高峰。这年春夏陆续发生哄客暴戾的"网络追杀"事件，不仅严重影响了精英阶层对互联网的正面判断，而且，以激烈和激进方式表达出来的暴民思想与非理性行为，也成为监管层对于网络自由横加干预的充分理由。

起先是"虐猫事件"。[16]2006年2月26号晚，一个名叫"碎玻璃渣子"的网友在网上贴出了一组视频图片。图片中一位时髦女子怀抱一只可爱的小猫，她把小猫放到地上轻柔抚摩，接着用尖尖的高跟凉鞋鞋跟狠狠踩进小猫的腹部和眼睛，最后是小猫脑袋被踩得粉碎。完成这些后，时髦女子凝视着远处微笑着。这位网友在帖子中写道："我无意于宣扬这种丑恶，但良心也让我无法选择沉默！"一只猫的非正常死亡立刻引起了网民们强烈的震动。帖子迅速以口口相传以及网络转贴的形式在网上广泛地传播开来，到了2月28日，在各大门户网站都一度成为点击率最高的热门图片。有网友甚至将虐猫女的头像制成"宇宙A级通缉令"。3月2日，一个网友悬赏50万人民币买这个女人的身份或者买她的姓名，将民间追查的热情哄抬到了最高。不到6天的时间，被怀疑和虐猫事件相关的黑龙江省萝北县医院药剂师王某和萝北县电视台的李某，被网友通过一种在网上称作"人肉搜索"的方式从茫茫人海中找出，其效率之高可能不亚于警方的速度。接着，网民们把他们的个人资料张贴在网上，其中包括家庭住址、电子信箱、电话号码和个人身份证号码，供所有人使用。3月8日和15日，贩卖光盘的李某和虐猫女王某都失去了工作，并被迫发表一份公开道歉。在追查

---

[16]　详细资料可参见新浪网专题"女子虐猫"：http://news.sina.com.cn/z/nvzinm/。

过程中，无数网民对虐猫女的道德指控和仇恨心态，远远超过了对死难猫的同情。他们在怜惜猫的同时，痛快淋漓地表示想把此女碎尸万段。

接着是"铜须门事件"。事件的起因是，4月13日，在某论坛，一位悲情丈夫声称自己的妻子幽月儿有了外遇，并且公布了妻子和情人长达5,000字的QQ对话，慷慨激昂地痛斥与妻子有染的小人物"铜须"，随后，数百人在未经事实验证的前提下，轻率地加入网络攻击的战团，其中有人建议"以键盘为武器砍下奸夫的头，献给那位丈夫做祭品"，其他网站也贴出"江湖追杀令"，发布"铜须"的照片和视频，"呼吁广大机关、企业、公司、学校、医院、商场、公路、铁路、机场、中介、物流、认证，对XX及其同伴甚至所在大学进行抵制。不招聘、不录用、不接纳、不认可、不承认、不理睬、不合作。在他做出彻底的、令大众可信的悔改行为之前，不能对他表示认同"。

就在短短数天之内，这支队伍发展到了数万人之多。人们搜出"铜须"的真实身份和地址，用各种方式羞辱其尊严，把他逼出大学校园，甚至迫使其家人不敢出门和接听电话，令当事人身心受到严重伤害。为了平息事端，"铜须"用长达6分钟的视频来否认桃色事件，而那位"受害者"丈夫，也承认对其妻红杏出墙的说法多有不实之处，从而请求网民取消追杀，但还是无法平息这场惊天动地的网络骚乱。缉凶队伍不屈不挠，要以此达到"惩前毖后，治病救人的目的"，"为日益轻佻、浮躁、混乱和扭曲的当下，提供一些治疗和拯救的经验"。

网民们集聚起的愤怒，再次彰显着网络大众的冲动和力量，道德民兵们在对政权敬畏的同时，毫不吝惜对弱者展开快感冲锋。

如果说1999年是网民力量开始凸现、2003年是网民开始影响中国的话，那么2007年则是网民踊跃介入社会公共事务、改变中国的一年。以重庆征地拆迁"钉子户"事件和山西"黑砖窑"事件为代表，网民对突发事件和社会事务踊跃发表意见，形成了若干轮较大规模、较强力度的网络舆论，对事件的解决起到了积极的推动作用。另一方面，2007年也是中国政府对互联网舆情的引导工作趋于稳健和有序的一年。中央政府要求加强网络文化建设与管理，不少地方政府开始重视互联网反映出的社情民意，在网络舆情的应对中积累了不少经验教训。[17]

在"虐猫事件"和"铜须门事件"后，人肉搜索技术成为民意释放和将事件推波助澜最常见的方式。

2007年12月29日，31岁的北京女白领姜岩从远洋天地24楼的家中纵身跳下，用生命声讨她的丈夫和"第三者"。自杀之前，姜岩在网络上写下了自己的"死亡博客"，记录了她生命倒计时前2个月的心路历程，并在自杀那天开放了博客空间。此事成为2008年初网络第一大公共事件。姜岩去世后，她的博客被网友转贴了到各大论坛上，引起网友们强烈关注。因为博客中公布有照片和姓名，很快，她丈夫王菲和"第三者"东方在同一公司工作、电话以及MSN等背景，都被网友们"扒"了出来，网友先是留言谴责王先生及"第三者"，并表示要支持姜家打官司。随着事件的扩大，更多的信息被曝光了出来，甚至包括王菲及东方家人的信息也没有幸免。当事人不但双双丢了工作，甚至还被人在家门口涂写了标语。从在论坛里漫骂，到专门设立网站群起而骂之，再到启动人肉搜索引擎揭露隐私，"死亡博客事件"从网络谩骂转换成现实中的人身攻击和群体围堵，这场讨伐终于演变成一起"网络暴力案"。

更有戏剧性的是"正龙拍虎案"。2007年10月3日，陕西农民周正龙称在巴山拍到华南虎照片；同月12日，陕西省林业厅召开发布会展示华南虎照片。数小时后，质疑"虎照"真伪的帖子即出现在色影无忌论坛，此后网民不断从光线、拍摄角度、现实年画搜索等角度提出质疑。11月15日，网民"攀枝花xydz"称虎照中的虎和自家所挂年画极其相似；此后几天，全国各地网民不断报告发现"年画虎"，遂引发了虎照真假的网上讨论，认为造假的声音逐渐占据了上风。

曾在"虐猫事件"发挥重要作用的"西方不败"，通过百度"华南虎

---

[17]　祝华新、胡江春、孙文涛：《2007中国互联网舆情分析报告》，新华网，http://news.xinhuanet.com/newmedia/2008-02/05/content_7565553.htm。

吧"仔细分辨了年画照片左下角的商标，并分辨出一个繁体的"龙"字。西方不败遂用"龙年画"、"龙壁画"、"龙墙画"等关键字在网上搜索。结果，他竟然找到了有同样商标的浙江义乌威斯特彩印包装公司的"鑫龙墙画"。"去义乌！去义乌！"西方不败激动得在"打虎QQ群"和论坛里高呼。2008年6月29日，所谓"华南虎照片"终于被认定为假照片，"拍照人"周正龙因涉嫌诈骗罪被逮捕。

2008年5月，21岁的"辽宁女"高千惠坐在网吧的摄像头前时，由于对为期3天的全国哀悼日影响正常收看电视节目的不满，她录制了一段5分钟的视频，然后发布在网上。她在视频中说道："我一打开电视全是演那些砸死的砸伤的尸体，都演这些破玩意，我不想看吧，一打开电视总是这些东西，我不看也没有办法。你说这个破玩意吧整得网站上网页上都没有颜色了，你以为我们都是色盲呀，像你们一样啊，是不是你们眼睛的视觉细胞都给砸糊涂了……你们才死几个人？反正中国人那么多，怎么都没给你们震死呢。都给我们整死才好呢。"不到1个小时，该视频被中国网民链接到了天涯、猫扑等国内大型论坛上，以前所未有的速度开始传播，网民开始震怒，一个"号召13亿人一起动手把她找出来"的"搜索令"发起。网友通过其上网的IP地址，找到上网的具体地点，随后，QQ号和QQ空间被找到，里面存储的相关资料，包括年龄、血型、居住地被公开，随着QQ密码被网友攻破，更大的搜索网铺开，半小时不到，有匿名网友发帖称得知该女子的详细信息：1987年出生，沈阳市苏家屯人，她的身份证号、家庭成员、具体地址、工作地点全被挖了出来。

指挥对高千惠展开人肉搜索的杨志言，并不认为这种做法是错误的。"必须对她的行为加以制止，面对这样一场大灾难，我们中国人必须万众一心。"他说。"根据相关法律，她公开诽谤国务院宣布的决定，就应该受到处理。"杨志言还骄傲地补充说："那些向警方提供有关高千惠详细资料的人，是伟大的网民。"网民对"辽宁女"视频的愤怒反应，还吸引了当地警察的注意。第二天，高千惠便被警察拘留了，但警方并没有明确说明她触犯了哪条法律。

在此之前，"5·12"大地震发生的当天，成都的3名高中生在他们被疏散出教室时，也录制了一段搞笑的视频，开玩笑说希望学校倒塌，这样他们就不用回学校上课了。几天后，在遭到数百网民的骚扰后，几名学生含泪说："我们真的没有恶意，我们真的热爱我们的国家……谢谢所有网上朋友提醒我们的错误和对我们的批评。"

在香港，一名女学生在其博客中称她"对四川没有感情，没有悲哀和同情"之后，也被迫作出公开道歉。人肉搜索发现这名女生是在一所精英学校读书，就与她的班主任接触。女学生遭到被勒令退学的威胁，并被迫关闭了自己的博客。

拥有众多的参与者和愤怒的天性，人肉搜索对于这个数字化时代而言，就是一个独特的中国现象。中国网民已经变成网络空间的义务警察，并把在线社区变成了世界最大的以私刑处死的暴民（Lynch Mobs）。[18]

所谓的人肉搜索，只是一种利用Google、百度等超强的搜索功能，不断变换输入关键词，从被搜索的目标对象入手，搜查其本人及朋友的博客、论坛、QQ空间等，借以寻找各种线索的方式，在人肉搜索的强大力量面前，凡搜寻目标对象在网上可能留下的注册痕迹，凡被搜索目标的ID或邮件地址，都会被锁定并进而确定其真实身份。"人肉搜索引擎"2001年首次出现在一家娱乐网站，当时这家网站要求使用者去追踪电话和音乐等内容。这种搜索行为之所以被称为"人肉搜索"，不仅是为了区别于传统的信息搜索和机器搜索，更关键的是，它把从互联网上寻找网页和信息的答案的行为，指向了网民本身，从"人"的身上寻找信息和答案。

有评论称，由此可见，人肉搜索的确是一种充分动员网民力量，集中网民注意力，让每一个网民都充当福尔摩斯的角色的一种网络行为，同时也是在网络上搜索某一个人、某一件事的信息和资料，并将其暴露于互联

---

[18]　Xujun Eberlein，"Human Flesh Search: Old Topic, New Story".http://www.insideoutchina. com/2008/06/human-flesh-search-old-topic-new-story.html.

网世界之中的一种方式。[19]

也许可以用网上流传的一句话来形容人肉搜索的魅力："如果你爱他，把他放到人肉引擎上去，你很快就会知道他的一切；如果你恨他，把他放到人肉引擎上去，因为那里是地狱……"

人肉搜索就是一人提问，万人响应，再一次验证了"团结就是力量"，也把虚拟莫测的互联网，更进一步地拉近到现实生活当中。面对人肉搜索"不求最好，但求最肉"的姿态，面对一场又一场由网民们自觉发起的"人肉搜索"战争，在"人肉搜索"这四个字的背后，其实蕴藏着强大的不容抗拒的摧枯拉朽的力量。有评论形容说，现在中国的网络已被用来作为惩罚婚外情、家庭暴力和道德犯罪的一种强大工具。[20]

2008年已经看到这些人肉搜索正在起着一种新的作用。在西藏发生骚乱以及北京奥运火炬在海外传递时所遭遇的国际抗议后，这种人肉搜索日益受到中国民族主义情绪浪潮的驱使。2008年4月，当杜克大学中国女留学生王千源在校园晚会上在同学背后写上"Free Tibet"的照片，出现在校园一个中文论坛时，她便遭遇到网民的愤怒。她的形象被打上了"卖国贼"印迹，她的电子邮箱被公开，收到仇恨和威胁的邮件；她的父母在中国的地址也被人肉搜索引擎查到，被迫躲藏起来。

有趣的是，2008年6月，猫扑网论坛发布告示，准备开始招聘"人肉搜索"者，虽然他们的报酬只是在网络上才能使用的虚拟货币，但招聘方仍然坚信，通过即将出台的公约，有组织的"人肉引擎"将不再参与无聊庸俗的搜索活动，更不允许将他人隐私作为搜索的终极目标。[21]

---

[19] Xujun Eberlein, "Human Flesh Search: Vigilantes of the Chinese Internet", *New America Media*, Apr.30, 2008. http://news.newamericamedia.org/news/view_article.html?article_id=964203448cbf700c9640912bf9012e05.

[20] Hannah Fletcher, "Human Flesh Search Engines: Chinese Vigilantes that Hunt Victims on the Web", *TimesOnline*, June 25, 2008. http://technology.timesonline.co.uk/tol/news/tech_and_web/article4213681.ece.

[21] 李洁：《人肉搜索要招正规军：可以无组织但要有纪律》，载《北京晨报》，2008年6月24日。

民意或民愤的非理性，可能出自一种移情作用。即在信息不充分的情形下，人们很容易把长期以来或在特定事件中激发的愤怒，迁怒于一个具体的被告，这时对他的审判就成了一种政治仪式，对他的惩罚也成了一种公开的献祭。[22]

朱大可继续以他一贯的犀利评论说：[23]

> 互联网的"善恶双重品格"，是这项数码技术带给我们的最大困惑。在2001年至2004年间，"互联网之善"一度表现出某种令人激动的特性。面对孙志刚案及其一系列侵犯百姓权益的案件，正是互联网民意促成"暂住证"的取消，改善了底层民众的生存状况，显示出互联网的强大能量。但此后，"互联网之恶"却逐步上升为主导因素。哄客社会没有发育出健康的公民团体，为捍卫民权和推进宪政提供理性支持，反而滋养了蒙面的网络民兵，在针对"小人物"的话语围猎中，不倦地探求道德和游戏的双重狂欢。这是互联网民主的歧路，也是中国哄客自我反省的沉重起点。在网络哄客以道德正义的名义，无情地围剿各类大小人物时，那些更为重大的社会话题，却遭到了严重忽略。互联网洋溢着浓烈的后"文革"意识形态气氛，而其特征就是"文革"式叙事（一个中心），外加泛道德主义和泛民族主义（两个基本点）。

在"人肉搜索"盛行的同时，成长中的网络评阅员的作用也在强化。他们被称为"红领巾"或"红卫兵"等名，通过在聊天室和网络论坛里宣传关于党的正面观点，努力中和负面的公众意见，并向政府举报网络

---

[22] 王怡：《网络民意与"程序正义"》，载《中国新闻周刊》，2004年1月19日。

[23] 朱大可：《铜须、红高粱和道德民兵》，载《东方早报》，2006年6月8日；《转型社会的网络"哄客意志"》，载《中国新闻周刊》，2006年7月7日。

中的危险内容。据估计，这支评论员队伍在全国的人数达到28万人。[24]

四、预期与效果的落差：有趣的案例

从预期与效果的对比来说，这些强烈事件的发生，也说明只要不涉及敏感政治议题，互联网的内容监管其实是一个回旋余地很大的弹性空间。而数年来，互联网表达和行动的主题变迁、风格变异，民众与精英对立情绪的滋长等，也使得监管各方在不同时段、不同领域呈现出犬牙交错的复杂纽结。

中国互联网的有趣事实是，倘若将目光聚焦于监管体系，其结论是疏而不漏；倘若将目光聚焦于表达时，其结论是"防火长城"也有偶尔和局部的功能失常，导致瞬间闪烁的诸神狂欢。之所以会这样，部分是因为中国政府的手法历来是：对那些效应复杂，难以简单界定、简单处理的管理对象，事先准备好严苛法规，以备情势需要时使用；但在情况不算严重时往往备而不用，或者并不严格执行。

2006年6月，《纽约时报》的专栏作家纪思道（Nicholas D. Kristof）在新浪网上进行了一次博客写作试验。他说：[25]

> 对于一个雇用了3万名网络警察的国家而言，事实证明写博客出人意料的简单。在短短10分钟之内，我先后在两个网站注册了我的博客——以我的中文名纪思道，这不需要任何费用，也不用任何证件。
>
> 然后我用中文写了一篇关于我的同事赵岩被中国政府关押的帖子。我等待它被审查，但出人意料的是，它立即在我的博客上出现了。

---

[24]　David Bandurski, *China's Guerrilla War for the Web*, Far Eastern Economic Review,July,2008.

[25]　Nicholas D. Kristof, "China vs. the Net", *New York Times*, 6.20,2006.

在沮丧之中，我又写了些更刺激的文字：我要求最高领导人在反腐事业上做出表率，即向公众公开自己的资产。令我惊讶的是，这篇还是没有被审查。

带着绝望的心情，我看来最具煽动性的内容，尽管其中的敏感词用"★"号代替了，但是描述完整无缺。

在这篇专栏文章发表之前，纪思道用中文书写被他自称为"反革命的文字"一直活在网络空间上。当然，文章发表之后，它们就消失了。这个小小案例说明，对于缺乏影响的小众事件，"防火长城"并不真正放在心上。但是一旦成为公众话题，则必须消除影响。

纪思道的文章接着写道：

"我们如今在色情方面非常放松，但是在政治方面却很紧。"某主流聊天室的审查员姚波说。他为我描述了在一个聊天室中审查是如何进行的：

过滤软件会自动筛选每天贴在他网站上的几十万张帖子。含有违禁字眼的帖子会进入一个特别区域等待。但是姚说他最后会贴出所有的帖子除了那些最具颠覆性的——因为他的网站毕竟需要一定的刺激性来吸引浏览者。国家安全部门的人会定期地斥责他的不负责任，但是他看来并不在乎："我只是告诉他们我对政治一窍不通。"

目前任职于香港大学新闻与传媒中心的助理教授Rebecca MacKinnon在2008年8月至11月间做了一些尝试。她的研究小组在15个不同的中文博客平台上各自发布了108篇文章——内容涉及各个来源（从新华社到持异见的网站都有）的各种公共事件和新闻相关主题。结果审查最为勤快（censor-happy）的公司将这些文章删掉一半还多，而审查最为松散的公司只过滤了一篇。从这一带有实验性质并且规模相对比较小的项目中，她得到以下结论：

互联网过滤只是中国互联网审查的一部分；

国内网页审查并没有完全集中起来；

国内的网页审查是由政府部门外包给私营公司；

国内的网页审查标准并不一致——如果你不能在这个地方发帖，通常你可以将你的博文在其他地方发布（至少是可以发布一小会儿）；

在中国用于管理用户输出内容的系统，遵循的逻辑和方法跟那些用来控制专业新闻媒体系统的类似。[26]

事实上，在中国任何人想要绕过这个防火墙，有两种可信赖的方法：代理服务器和VPN（虚拟专用网）。[27]尽管在技术上讲，政府只要愿意，甚至可以随时切断所有代理服务器和VPN连接。但现时的政策是，如果通过审查系统的数据由于加密而不能被识别，就挥手放行。最近在一个有影响的美国科技网站发布了这样的头条，这个防火墙并不是那么有效。[28]

---

[26] http://rconversation.blogs.com/rconversation/2008/11/studying-chines.html；她的其他一些类似观察与发现可参见：http://online.wsj.com/article/SB121865176983837575.html?mod=opinion_main_commentaries；http://rconversation.blogs.com/rconversation/2008/08/censorship-fore.html；http://rconversation.blogs.com/rconversation/2008/08/censorship-fore.html。

[27] 代理服务器是通过将你的电脑与海外的一台或一系列电脑连接，如此传送的数据，其真实来路就会被隐藏。你首先发出一个请求，接着代理服务器接收，再转发到海外的另一台电脑。最后找到你想要的，再传回到你的电脑。这种方法主要的缺点是速度慢。VPN是一种更快、更受青睐、更正式的方法。本质上，VPN是沿正常的信道建立一条专属的加密信道。VPN将你从中国国内连上海外的某个服务器。你的下载及浏览请求就会传送到海外的服务器，然后由这个服务器去发现并将你找的东西传输回来。审查系统无法阻止你，因为没法读懂你发送的加密数据。在中国的每个外国公司都在使用这样的网络。

[28] Oliver August, "The Great Firewall: China's Misguided—and Futile—Attempt to Control What Happens Online", *Wired Magazine*, Issue 15.11, 10.23,2007. http://www.wired.com/politics/security/magazine/15-11/ff_chinafirewall.

在对国家的治理技术进行一般评价时指出，我们可以看到，在许多时候，这套庞杂的系统并未表现出它预期的高效。尽管高效的原因多种多样，但失常的表现形式却有惊人一致。

例如魏沂观察到的共性包括：（1）"形式主义"和"幕后解决"的结合。在治理架构中，充斥着以典型政治为中心和推动力的各种仪式性活动。但这些仪式表面的神圣性并不等于说它们就是社会成员的行动机制。实际上，在各种日渐僵硬的、"形式主义"的表现仪式活动之下活跃着色彩斑斓的"幕后解决"机制。（2）贫乏的治理技术和广泛的政治运动的结合。尽管治理架构在形式上无所不包、无所不能，却难以解决各种具体的治理问题。因为一元化、总体化和等级化的国家治理的无穷膨胀，排斥了丰富的、多样的和自主的治理技术，消解了社会成员进行自由伦理实践的可能性，造成了真正的治理技术的贫乏，其结果是同时瓦解了政府本身以及"社会"的行动能力。而当问题积累到贫乏的治理技术再也无法应对的程度时，政治运动就成为矛盾得到畸形解决的基本手段。当政治运动到来时，平日乏味的单位生活被打破，人们仿佛一下接通了与卡里斯玛权威的联结，被压抑的情绪得到释放，积累起来的矛盾也就在这种宗教般的集体欢腾中得到调整。[29]

在本书讨论的主题中，也可以预料，就像地区竞争助长经济成长一样，媒体和网站吸引眼球的商业竞争，也时不时以"擦边球"的边缘突破方式，为民众的表达开拓空间。当"防火长城"用法律来规范网民行为时，也为自己行为的规范设下了标准。所以，依法或以法抗争的维权事件还将不断呈现。而且，技术的进步也是波浪起伏，在强化管制能力的同时，也可能强化突破管制的能力。这些都可能进一步扩大预期与效果的落差。《纽约时报》也承认，按照5年前的标准来看的话，今天中国互联网

---

[29] 魏沂：《中国新德治论析：改革前中国道德化政治的历史反思》，载《战略与管理》，2001年第2期。

上的信息和评论的开放程度简直令人难以置信。[30]

第二节 基于自由偏好的批评言说

最近一两年来，中国崛起以及政府监察公民活动的政策已经成为西方政界、学界和舆论的热门话题。在西方人眼中，这里的网络资讯审查已经上升到一个全球性的高度，成为遏制言论自由的标志性事件。

据香港《凤凰周刊》的一份综述报道[31]，2006年2月15日，美国众议院人权小组委员会举行听证会，对Google（谷歌）、Yahoo（雅虎）、Microsoft（微软）以及Cisco（思科）4家公司进行了严厉谴责，指称这4家企业在中国参与不道德的商业活动，并协助进行网络管制。这是美国经营互联网的公司首次在国会山出席听证会。一些议员甚至指责这些网络公司是在帮助北京政府建立"限制新闻自由的防火墙长城"，以此换取进入中国市场。

负责向美国国会提出建议的"美中经济暨安全审查委员会"副主席巴特罗姆表示，目前的情况让人担心，最终很可能是中国改变了网络，而不是网络改变了中国。有消息说，华盛顿有可能通过立法行动谴责其他国家（如伊朗、古巴、越南、缅甸和沙特阿拉伯）的网络管制政策，甚至在与这些国家进行贸易磋商时以此作为谈判筹码。

2006年5月30日，国际传媒组织"国际媒体研究会"在英国的爱丁堡召开例行年会，通过了一项有关中国的议案，要求停止对互联网的封锁和审查。总部在巴黎的无国界记者组织也发布了一份"互联网自由"的研究报告，评出全世界互联网异见人士被捕最多的国家。

---

[30] Howard W. French, "Letter From China: Big Brother is Playing a Game He Can't Win", *New York Times*, Jan.12, 2006.

[31] 萧方：《中国网络管理现状调查》，载《凤凰周刊》，2006年5月9日。

　　西方视野的批评源远流长。在互联网兴起之前，他们就对这里的新闻审查制度表达过类似不满。这些批评是否严厉，我们在第三章已经做了多参照系的比较。我们更关心的是，这些批评背后潜藏的价值判断标准到底是什么？他们的标准是否可能和中国本土的自我辩护找到可能的交集？

　　政治行为从来就不是某种中立的行为。虽然既定的政治关系、政治制度、政治态势等是一种客观存在，但是，这种客观存在一旦纳入人的政治活动领域，成为其体验与认识、依存与改造的对象，便会产生是有益还是有害，能否满足人们的政治需要以及在多大程度上满足这种需要的问题。对特定问题进行评价的过程，也是人的政治意愿、政治态度和政治动机的孕育与成型过程。如何进行评价，既取决于他们的现实利益要求，也可能与他们超越现实的某种道德信仰和理想期待密切相关。比如，一个持守民主价值标准的人，就容易对专制和威权政体做出否定性的评价；而一个宗教原教旨主义者则会本能地反对世俗化的政治变革。再如，一个把经济增长视为优先目标的人，可能会忽视社会公平，并对腐败现象表现出某种程度的宽容；反过来，一个富有正义感的理想主义者，则会优先关注社会财富的公平分配，并对政治腐败现象予以猛烈抨击。

　　一般说来，对监管的反感最可能来自两个方面，其一是对个体自由的高度敏感，它的背后是对天赋人权观念的强烈认同和对政府权力可能滥用的强烈不安；其二是可能带有某种现实目的，但在监管状态下该目的很难实现，从而因挫折感产生敌对情绪。中国倾向于以后者的"目的论"或"阴谋论"来解释西方的批评，尤其是在中亚地区"颜色革命"陆续成功以后，政府更相信，西方国家利用互联网等新式传媒加速对所在国的渗透，有其明显的演变意图。对此，我们很难证明或证伪。

　　但是我们认为，对自由的"价值追求"应当是多数西方人反对监管的直觉理由。这就必须从自由主义意识形态的西方背景出发，才能更好地理解。

　　按照哈耶克的看法，自由指的是这样一种生存状态，在此状态下，"一些人对另一些人所施以的强制，在社会中被减至最小可能之限度"[32]。如果采纳这一界说，把自由理解为一个免受无理干预的自主选择和活动空间，那么作为"主义"的"自由"就表现如下典型特征：[33]

> 推崇个人的选择和行动自由，所以主张最大限度地降低来自他人、群体尤其是公共权力组织的种种不合理的外在干预；家长作风固然与自由诉求相悖，而集权高压和专制暴虐更会严重伤害人作为生命灵性的崇高尊严。因此，一个组织良好的社会，只能是一个对个人最少无理限制或强制的社会；而为这样的社会设计一种理想的政治蓝图，并将其转化为现实的制度安排和政策实践，便构成了它努力追求和捍卫的价值目标。

柏林（Isaiah Berlin）进一步区分了"消极自由"（negative freedom）以及"积极自由"（positive freedom）。在他那里，前者是针对"行动者在何种限度以内应被允许不受他人干涉"所提出的答案；而后者则涉及"行动者应如何做出选择"这个不同的议题。换言之，消极自由乃是"免于……的自由"（freedom from），而积极自由乃是"去做……的自由"（freedom to）。[34]

从个体的角度看，能够打破严酷的约束性障碍，消极又积极的自由生活，应当符合人的某种本能冲动。当这种冲动被上升到基本人权层面，并得到宪政架构的保护时，对其进行侵犯就变得风险重重，对其守卫则成为某种不证自明的"超验正义"。

从政府的角度看，在当代西方社会，尊重少数派权利成为现代民主制度的基本共识时，社会便不可避免地跨入价值观、行为和利益的多元化时

---

[32] 哈耶克：《自由秩序原理》上册，三联书店，1997，第3页。

[33] 张凤阳等：《政治哲学关键词》，江苏人民出版社，2006，第31页。

[34] Isaiah Berlin, *Four Essays on Liberty*, Oxford University Press,1969,pp121－122.中译本《自由四论》，台北联经出版社，1986，第229—230页。

代。此时，如何能在众说纷纭、各自期待的紧张对立中继续维系社会的稳定繁荣，就势必成为执政当局、思想者和普罗大众共同关注的话题。自由主义者为其提供的思想资源是以公正作为社会统一的基础。但是，以什么办法来建构这样一个持不同价值观的人都能接受的公正体系呢？如果排除掉用强制的力量要人们接受某种价值观之外，唯一剩下的办法就是把所有的价值观都视为等同，也就是不将它们分别高下。如果接受了这点，中立性原则（The Principle of Neutrality）就成为公正原则最为合理的基础了。[35]在这个意义上，拉莫尔（Charles Larmore）指出："用来描述自由主义本质性格的一个自然的观念就是中立性。"[36]假如以政府作为应该保持中立性的主体，约瑟夫·拉兹（Joseph Raz）认为，最重要的中立乃是政府对于不同的价值观不应该采取任何立场，不去偏向或提倡某种整全的理论（Comprehensive Doctrine）[37]。基于这个原则，政府在价值、思想或内容的领域尽可能减少监管或干预，就是最合理的做法。

当个人认可自由的重要，当制度保证自由的通畅；当个人认可权利的天赋，当天赋的权利得到人赋的保障时，这种自由主义观念就逐渐沉淀为西方社会的底层共识或基本价值预设。无论是政府、集团或者个人，在看待各种事件时，都情不自禁带上了这副"自由主义的有色眼镜"，不假思索地以为他们的标准早已是普遍共识，从而对违背共识的处理方式表现出莫名惊诧。

因此，我们以为，西方的批评言说是基于自由的偏好立场所致，是把西方经验的销子插入中国经验的洞口。

其实，自由不仅是一种抽象的天赋人权，还是与特定历史发展阶段有关的现实人造物。用阿马蒂亚·森（Amartya Sen）广被接受的说法，自由

---

[35]　石元康：《政治自由主义之中立性原则及其证成》，收入刘擎、关小春主编《自由主义与中国现代性的思考》，香港中文大学出版社，2002。

[36]　Charles Larmore, *The Morals of Modernity*, Cambridge University Press,1996,p.125.

[37]　Joseph Raz, *The Morality of Freedom*, Oxford: Clarendon press,1986,p.114.

是"实质的"（substantive），即享受人们有理由珍视的那种生活的可行能力。[38]

霍尔姆斯（Stephen Holmes）等人的研究指出，无论从道德上理解的公民权利应该有多少，我们实际能够获得的权利全部与政府有关。不管保护什么权利都必须依赖由公共财政支撑的警察、检察、法院、监狱等政府机制，因此，权利是有代价的。例如，为了防止某些公民妨碍另一些公民的言论自由，必须要有警察；为了防止政府机关限制公民的言论自由，必须要有法院。而警察与法院都是国家机器的一部分，没有公共财政的支撑就根本无法运作；如果政府不设立监督警察和狱卒的机制，无法及时安排公费医生访问拘留所和监狱，没有在法庭上出示有效证据的能力，公民免受警察与狱卒虐待的权利就是一句空话。财产权是尤其昂贵的权利之一。直接或间接与保护私有产权相关的开支包括：国防开支；治安开支；消防开支；专利、版权、商标保护开支；自然灾害的保险和救济开支；保存产权及其产权交易记录的开支；合同强制实施开支；监督股票和其他有价证券公平交易的开支，等等。[39]

如果承认自由是一种能力，保护自由需要成本，那么，我们或许可以假设，经历了数百年资本主义发展的西方发达国家，在个人拥有自由能力和政府拥有保障自由的成本方面，不但比后发国家具备明显优势，而且在将能力转化为事实方面，也确实做得更好。在这个意义说，西方世界以其特定价值立场发出的批评，是一种怀特海（A.N.Whitehead）所谓的"错置具体感的谬误"（fallacy of misplaced concreteness）[40]，是"价值比对现实"的非对称交流。

当然，这种批评有时也来自国内。那些对未来理想蓝图怀抱热烈期

---

[38]　阿马蒂亚·森：《以自由看待发展》，中国人民大学出版社，2002，第3页。

[39]　霍尔姆斯、桑斯坦：《权利的成本：为什么自由依赖于税》，北京大学出版社，2004。

[40]　转引自林毓生：《中国人文的重建》，载《中国传统的创造性转化》，三联书店，1988，第19页。

待的人士总在设计一场总体性的社会变革，而对其"危险的教条主义忠诚"[41]浑然不觉。我们可能是自由的，同时也可能是悲苦的。而一旦自由与悲苦的并存成为生活的实况，消除悲苦的善良愿望和允诺，就会对人产生诱惑，甚至被人看做是放弃或牺牲自由的正当根据。[42]在这个维度上，自由的绝对化表述具有颠覆冲动而缺乏建设内容，因而对弱者缺乏感召力。

第三节　基于现实权衡的合理辩护

在当下中国，尽管互联网内容监管体系复杂，技术先进，但很容易找到经验证据来说明，监管过强并不是多数国人认同或感知的事实。数量广大的网民沉浸在自娱自乐的生活世界，他们关心八卦绯闻，关注超级女声、好男儿，他们"恶搞"精英以戏弄正统，他们快乐交友整日聊天，与政治事件小心地或者无心地保持着莫大距离。而在许多经济精英的眼中，互联网依旧繁荣，依旧是一个淘金的宝地，是可以放手开拓的新财富的源泉。

对监管的敏感与反感，更多还是极少数知识精英阶层认可西方的自由立场所致。亨廷顿令人信服地指出：对现代思想行为的初步接触往往造成不合情理的清教徒式的标准，这种标准甚至会像在真正的清教徒中间一样严厉。此种价值观念的升华导致否认和拒绝在政治上是必要的讨价还价和妥协。[43]

以注意力的分布来看，岳成浩曾经追踪2004年9月到2005年1月南京大学小百合BBS上每天的"十大热门话题"。再随机选取36天的360个议

[41] 波普：《开放社会及其敌人》，中国社会科学出版社，1999，第1卷第307页。

[42] 张凤阳：《现代性的谱系》，南京大学出版社，2004，第79页。

[43] 亨廷顿：《变化社会中的政治秩序》，三联书店，1996，第57页。

题观察，结果发现，娱乐类议题285个，占79%；政治类话题75个，只占21%。在仔细观察，75个政治议题中，国际话题只有3个，分别是"朝鲜战场第一狙击英雄"、"踩烂鬼子，血洗世仇——反日海报一组"、"美国《时代》杂志上我军战俘被枪杀的照片"。国内话题中，局限于社区政治的有38个，超过一半。[44]可见，即便是在网民素质相对较高的高人气论坛中，去政治化的特点也十分突出。在我们进行的多次随机访谈中，被访者虽然对监管造成的使用不便有些微词，但极少上升到指控体制和政策的高度。数年来，每遇重大政治事件组织签名抗议的，以及在抗议上联署的强烈抗争者，局限在数百人的规模。

倘若我们的这个基本判断成立，有人可能会疑惑，既然"捣乱"的情况并不严重，为何政府要耗费不菲成本来完善"防火长城"呢？这一方面是因为互联网轻易跨越国界的信息传播特点决定了政府必须在虚拟空间守卫国土，一方面是因为抗争不多在很大程度上是受刻意压制的结果。在前文，我们描述过2003年互联网维权的春天，即表明一旦监管松懈时，民间表达突围的愿望还是不可忽略的。

但更重要的是，政府加强对互联网的内容监管有其自身对多重困境的独立判断。以我们的理解，不能假设政府精英不懂或完全漠视公民自由权利，同样不能假设，政府的立场与价值偏好会等同于西方中心论调。以公共选择理论确认的政府自利假设看，这应当是它基于国情做出的现实权衡。

一、体会大国转型之艰难

中国在1978年后同时在进行3项大转型：从计划经济转型为市场经济；从农业社会转型为工业社会；从封闭社会转型为开放社会。这3项大

---

[44] 岳成浩：《当代大学生在网络领域的注意力分布研究：以南京大学小百合BBS为个案》，南京大学公共管理学院硕士论文，2006。

转型中的任何一项都会给一个社会带来空前震荡，更何况它们同时发生。

　　相比较而言，西方发达国家的现代化进程中普遍只遭遇过单一转型。例如1492年哥伦布发现美洲大陆后，跨国海洋贸易使西欧经历了从封闭社会到开放社会的转型；19世纪至20世纪初的工业革命使美国等西方社会经历了从农业到工业社会的转型；20世纪末期俄罗斯和其他东欧国家经历了从计划经济到市场经济的转型。即便如此，上述单一转型仍然给所在国带来了极大社会变迁。

　　当下中国，每一代人（20到25年）中都有相当于美国规模的人口（3亿）从农村涌入城市，每年有1,200万新工人加入就业大军；再过15年，中国人口老龄化会使不工作人口与工作人口的比率世界最高。目前已有3,000万国企下岗职工，5,000万失地农民，社会结构正在生发深深的裂痕。以阶层的财富分化为例，全球管理咨询机构波士顿咨询公司（BCG）2006年10月发布的《2006年全球财富报告》显示，0.4%的中国家庭（大约150万户）拥有70%以上个人财富，而这些富裕家庭又主要分布在北京、上海以及几个沿海省份。[45]2003年上榜的中国400名富人手中，积聚了超过3,030亿元人民币（折合380亿美元）财富，是中国最贫困的省份之一贵州当年国内生产总值（GDP）的3倍以上。以城乡和地区差距为例，2005年城市居民人均收入是农民的3.22倍，东部沿海最富有省份的人均GDP，是西部最贫穷省份的10倍。联合国开发计划署公布的《2005中国人类发展报告》显示：如果把贵州比作一个国家，那么它的人类发展指数仅刚超过非洲的纳米比亚，但是如果把上海比作一个国家，其人类发展指数则与发达国家葡萄牙相当。

　　更严重的是，社会不满的怨恨式表达日趋强烈。据公安部2006年1月19日在新闻发布会上的资料显示，2005年妨害公务、聚众斗殴、寻衅滋事等扰乱公共秩序的犯罪增多，中国公安机关共立此类犯罪案件8.7万起，同比

---

　　[45]　《全球财富报告：中国最富的150万家庭占有70%财富》，见新华网http://news.xinhuanet.com/fortune/2006–10/18/content_5216283.htm。

上升6.6%。一些社会矛盾事件中出现"无直接利益冲突"苗头，不少参与群众本身并没有直接利益诉求，而是因曾遭受过不公平对待，长期积累下不满情绪，借机宣泄。[46]这对于以稳定为核心偏好的政府而言，确是一个巨大挑战或者引发不安的信号。现代化进程的正处于微妙的关键转折关口上。

按照亨廷顿的经典说法："事实上，现代性孕育着稳定，而现代化过程却滋生着不稳定。……产生政治秩序混乱的原因，不在于缺乏现代性，而在于为实现现代性所进行的努力。"[47]这其中的缘由与机理何在？亨廷顿提出了3个著名的解释公式。

公式一：社会动员／经济发展＝社会颓丧

以经济发展为目标的现代化进程不仅会带来财富的增长，也会破坏传统社会的阶层结构、拉开贫富差距、加剧社会分化，并且唤醒民众的自我意识，使之在不断扩大的规模上和不断加深的程度上动员起来，追求越来越多的财富和越来越高的生活质量。它不断拉升民众的期望值和需求水准，以致远远超出了经济发展所能给予满足的基本限度，当期望和需求得不到满足的时候，社会挫折感也就随之产生了。当一个人同时被手铐和脚镣所束缚时，他对自由的憧憬微乎其微；然而一旦手铐被打碎，脚镣的存在就会变得百倍的不能容忍。

公式二：社会颓丧／流动机会＝政治参与

社会受挫感通常表现为一种不满和怨愤情绪。当它不断蔓延的时候，就会对一个社会的有序发展构成威胁。因此，必须设法对受挫的社会成员给予一定补偿，从而使淤积在他们内心深处的愤怒情绪得到某种程度的宣泄与排释。一般来说，补偿社会受挫感的安全通道是流动机会，既包括横向的区域流动，更包括垂直的地位升迁。一旦流动机会不能满足社会成员

[46] 钟玉明、郭奔胜：《我国出现无直接利益冲突现象》，载《瞭望》新闻周刊，2006年10月17日。

[47] 亨廷顿：《变化社会中的政治秩序》，三联书店，1989，第28页。

的需求，非政治的社会化通道显得淤塞，各种社会集团为表达和追求自己的切身利益，便会向政治竞技场蜂拥而入，由此造成非常态的参与剧增。

公式三：政治参与／政治制度化＝政治动荡

政治参与中的多元利益诉求呈现排他性，并在实现过程中发生冲突的时候，政治系统的运作便被置于一种高度紧张的状态。倘若被动员起来的各种社会力量超过现有政治体系的承载能力，便会转而寻找体制外的政治参与途径，如罢工、示威、游行乃至政治恐怖等。在这种状态下，"政治参与是无结构的、无常规的、漫无目的和杂乱无章的。每一股社会势力都试图利用自己最强的手段和战术来确保自己的目标。政治上的冷淡和激愤相互交替，它们是缺乏权威性政治象征和制度的孪生兄弟。在这里，政治参与的独特形式就是把暴力与非暴力、合法与非法、胁迫与说服结合起来使用的群众运动"。[48]

面对这一状况，那种认为现代化是若干理想目标齐头并进的线性发展观，就被证明是简单化的和行不通的。鉴于富裕、效率、公平、民主、自由、稳定、秩序等目标之间会发生严重的逆向摩擦，因此，怎样立足现实国情，认真审视并合理确定其优先战略选择，便成为一个关键问题。很显然，剧烈的政治动荡在执政集团眼中，是所有糟糕情况中最坏的一种。这意味着，至少在现代化进程的一定阶段，认为稳定和秩序要优先于自由和民主的判断，是执政集团的理性选择。通过强硬手段来有效地维持政治稳定，自然就成为他们的基本治国方略。

经济学家在描述转型的一般轨迹时说：更一般地，当经济发展的后来者试图赶上发达国家时，它通常遵循着逆向的制度发展工程学。它首先试图模仿工业化模式；接下来是经济制度，诸如私人企业的组织结构；再下来是法律体制，诸如公司法；然后是政治体制，诸如代议制民主；它也许最终采纳一些宪政规则，诸如权力的制衡及来自发达国家的

[48]　亨廷顿：《变化社会中的政治秩序》，三联书店，1989，第82页。

意识形态和行为规范。事实上，意识形态和道德准则的变化比经济结构的变化要慢得多。[49]

二、体会压力赶超之焦虑

特别需要指出的是，对于历史上曾经强大而近代以来却遭受百年屈辱的中国来说，现代化是一个民族复兴的伟大梦想，是具有某种神圣意味的发展目标和发展战略。不论是否公开宣示，这一历史任务的完成实际上是有一个时间表的。建国之初，为了和资本主义比拼制度优越性，第一代领导人就确立了"超英赶美"的战略。但是中国底子薄、基础差、人口多，要实现这个目标绝非轻易之事。毛泽东的诗句形象地表达了这种豪情下的时间焦虑："多少事，从来急；天地转，光阴迫。一万年太久，只争朝夕。"（《满江红·和郭沫若同志》1963年1月9日）。

西方国家的现代化路线图要是从地理大发现算起，迄今已有500来年。按照阿尔蒙德的看法，这500来年间大致经历了在时间和空间上有所交错的3个阶段，即专制时代（其主要任务是国家建设与政治整合，可用"秩序"和"稳定"来表征）、民主时代（其主要任务是政治参与和法理规范，可用"自由"和"效率"来表征）和福利时代（其主要任务是社会福利与生活保障，可用"公平"和"正义"来表征）。"西方各国处于专制时代达两个多世纪，处于民主化时代达一个半世纪，处于福利时代达一个世纪。"西方的现代化经验还表明："国家建设和经济建设按理先于政治参与和物质分配，因为分享权力和福利首先要有权力和福利可以分享。"[50]这几个时代是前后相继的，又分阶段展开的。

---

[49] 杰弗里·萨克斯、胡永泰、杨小凯：《经济改革和宪政转轨》，载《经济学》（季刊），第2卷第4期，2003。

[50] 阿尔蒙德、鲍威尔：《比较政治学：体系、过程和政策》，曹沛霖等译，上海译文出版社，1987，第422—423页。

　　但是时过境迁，中国已经无法获得原生现代化模式的成长条件了，不得不设法把权力集中、民主参与、福利分享3个阶段压缩为同时并举的1个，在较短的时间内解决相互抵牾的复杂问题。用官方语言说，就是要"正确处理稳定、发展与改革三者之间的关系"。正因如此，多重任务的错综交织的复杂态势，无疑还会加剧这种压力下赶超的焦虑。一方面，必须通过国家建设进行有效的政治整合，建立统一的政治秩序并保持政治系统的稳定运作；另一方面，伴随现代化进程而必然产生并且会不断高涨的民众政治参与，又给尚嫌稚弱的政治体系频繁制造麻烦。此外，为解决基本的民生问题，保障政治体系的有效资源提取，还要把经济发展摆在优先的地位；但是，在提取资源和经济增长的需要显得十分迫切的时候，民众分享社会财富的利益要求也在公正和平等的名义下急速发了展起来。

　　除了任务繁重的焦虑外，民众以发达样板作为参照系进行生存比较的外部压力也不可低估。由于对外开放，民众对全球化的世界格局了然于心。在随时进行的横向比附中，历史的变量常被忽略。人们不可能拿中国内地和50年前的美国、40年前的日本、30年前的中国台湾相比，一切都是当下对当下。执政集团对此无可奈何，只能埋头苦干，跑步前进，希望以经济绩效来减少因比较而产生的普遍心理落差。问题在于，这种比较并不止步于物质的层面，人们对西方的自由、民主、福利等也寄望多多。若要同时满足这些诉求，政府要么无能力，要么因价值差异不愿意。

　　与西方相比，发展模式的重要区别还在于中国走的是国家主导发展的道路。在西方，虽说政治发展构成了现代化进程的一般约束条件，但是，从早期资本原始积累到工业化、市场化和都市化，整个经济发展与社会变迁主要是靠社会的自组织力量一步步实现的，国家并没有在其中起主导作用。直到凯恩斯主义和罗斯福新政之前，西方国家的政府职能基本上定位于"守夜人"的角色。如今，西方国家已经形成了政府、市场、社会三足鼎立、三足前行的稳定格局。但是中国的社会自组织程度低，传统习惯的阻力比较大，市场的发育极不健全，而发展的任务又相当迫切，因此，其现代化进程只好采取自上而下的形式。在这个过程中，国家不但主导现代化进程，还要承担一切后果。成功固然会加深民众的认同，但失败则极有可能导致合法性危机。其间悖逆的又在于，由于政府在拖着市场和社会走，负担太重。市场偶有失误，或者社会稍有失序，不但政府紧张，民众也对此忧心忡忡。在赶超的时间焦虑中，各方很缺乏足够的耐心和从容来调整彼此之间的关系。

在此情形下，政府独掌乾坤，通过集权和权威来实现对市场和社会的有效控制，也是某种迫不得已的选择。

三、体会改革进程之复杂

用股市的术语来描述，中国改革的发生是一次"触底反弹"。从1950年代起，中国对内没收私人财产，全面实行国有，抑制财富创造力和物质生产能力；对外与西方世界隔绝，将全球资本力量拒之门外，关起门来艰苦奋斗。按照耶鲁大学陈志武教授的推算，1976年北京普通工人1天的收入大约为1元，大概相当于当时的2.5斤米、1.4斤肉，或者10只鸡蛋，以"一篮子购买力"比较，降到了清朝乾隆之后的新低[51]。社会主义制度的优越性经过近30年建设，迟迟得不到证明，政府遭遇严重的信任危机。与此同时，党的最高领袖走下神坛，政权认同的信仰基础也被损耗。面对这种迫在眉睫的困局，政府中的改革力量展开了自救。

中国改革30年，可以简单地以1992年市场化改革为界，区分为两个不同的阶段。

大多数中国人对1978年到1991年的改革给予高度评价，甚至称其为国家与社会全赢的"光荣改革"。其核心是威权的自我节制，国退民进，在政治和经济的多个领域放权让利，放开搞活，松绑解禁，鼓励民众自食其力，休养生息。那时的改革，一方面是国家汲取资源的能力下降，一方面

---

[51] 陈志武：《"数"说"改革开放"165年》，载《证券市场周刊》，2007年3月19日。

是民众福利的普遍改进，因而赢得了较为广泛的民意支持。

从1992年开始，市场化在国家主导下起步，企业资产以及各类自然资源，通过产权化、证券化或者金融票据化转变成流通的资本。尤其是1998年以后的城市住房改革，唤醒了土地的价值，财富开始魔术般涌流。今天在中国，高速公路每年建造4,000多公里，足以横跨整个美国。上海在5年间建成的商业楼宇面积，比香港50年建成的还要多。同时，社会不平等程度加剧，被抛离的民众累积成怨，个体的"相对剥夺"和"主观贫困"交织感染成社会颓丧情绪，公共危机四伏；而本已逐渐松绑的公权力重新尝到配置资源的巨大好处，"官本位"观念回归，并与新兴权贵资本结盟，在垄断领域再度聚集。改革成为艰难的利益调整。

有历史学家认为，在中国这样的超稳定结构下，当权者要改革制度，必须先改变意识形态；而改变意识形态，又可能丧失当权者的权力正当性。如果改革势在必行，则唯一的方法是，建构一个既可以为改革提供合法性基础，同时又可以维持当权者权力的意识形态，这就是"意识形态再阐释"[52]，官方的习惯叫法是"解放思想"。

确实，30年来，每一次大变革的发动，都伴随着权力当局主导的思想解放。例如，1978年的关键命题"实践是检验整理的唯一标准"其实并不深奥，但它以马克思基本原理的姿态指出，毛泽东的路线是否正确，也要通过实践来检验，从而破除了毛的神话，将社会主义从乌托邦梦想拉回到现实世界；1987年，中共第十三次全国代表大会全面阐述"社会主义初级阶段"理论，暗示共产主义道路非常遥远，强调贫穷不是社会主义，要大力发展生产力，"不管黑猫白猫，抓住老鼠就是好猫"，民间的活力逐渐释放；1992年邓小平在南方巡视讲话，强调发展才是硬道理，市场没有姓"社"姓"资"之分，将改革往前推进了一大步。

此后，中国的社会结构发生了逆转。1949年新政权成立之初，工人和

---

[52] 金观涛、刘青峰：《中国现代思想的起源》第1卷，香港中文大学出版社，2000。

贫苦农民"翻身"成为国家的主人，资本家和地主被打倒；如今，工人农民沦为社会贫弱阶层，资本家跃起为新富阶层。但是历史的记忆犹在，弱势群体怀恋过去的好时光，感到处境悲凉；资本家担忧革命重来，对财产安全心怀恐惧。没钱的人不满政治，有钱的人想参与政治，来自左右两翼的压力同时指向政权。

2001年，江泽民提出中共要代表先进生产力、代表先进文化、代表最大多数人的根本利益，"三个代表"理论并不像言辞显示的那么空洞，事实上它积极响应了新富阶层的政治诉求（允许资本家入党），中共从代表无产阶级的先锋队，成长为也代表有产者的中华民族先锋队；此后保护私有产权写入宪法，《物权法》确定了私产和公产的平等地位，扫除了财富创造者的后顾之忧。2005年，胡锦涛开始倡导以人为本的和谐社会和科学发展观，新的执政团队显然意识到底层民众的怨恨正积累成社会的高风险，他们试图缓解区域和阶层的对立情绪，通过社会政策的"大转型"，努力"缩小不平等、降低不安全"[53]。

如果更简练地概括，中共意识形态话语及其引发的公共政策变迁，是一次又一次"内核"与"保护带"的调整。每一次调整过后，社会主义要守卫的"内核"就越来越少，而可改革的空间则越来越大。倘若单以政策转型的力度和效果来看，30年来改革的不断调整，并不亚于西方民主制下的多次"政党轮替"。

由于3大转型同时展开，执政集团的改革任务史无前例地繁重。在改革启动的阶段，通过改革来改善贫困获得福利，既有广泛的社会共识，也有实际可供分配的普遍红利。但是改革越是深入，对既得利益的调整就在更多的领域剧烈展开。有所失的阶层、得不如愿的阶层、得失反复的阶层都会对改革产生抗拒心理。

执政集团往往要同时面对保守派和激进派的双重压力，必须进行两线

---

[53] 王绍光：《大转型：1980年代以来中国的双向运动》，载《中国社会科学》，2008年第1期。

作战或多线作战。这与革命者面临的问题有所不同。革命者的逻辑是使政治两极化。他们擅长用泾渭分明的两分法，把多种政治问题简单而戏剧性地归结为"进步势力"和"反动势力"之间的斗争。改革则不是这样。相比之下，革命者倾向于加剧分裂，而改革者却要设法缓解和消弭分裂；革命者喜欢将各种社会势力一分为二，而改革者则必须学会驾驭它们。在这个意义上，改革往往需要具备比革命更高超的政治技巧，在谋求变革的途径、手段与时机等方面，会更为慎重。"一个成功的革命者无须是政治巨匠；而一个成功的改革者则必是一流的政治家。"[54]

中国的威权政府尽管强大，但在根本性重大决策方面并没有任意选择的自由。如前所述，它在大国之难和赶超之忧中腾挪的余地十分有限。由于国家导向的现代化主要依靠政治权力来掌控推动，权力的稳定和有效本身也就成为重大问题。放松监管，或者容忍对权力的挑战，在执政者看来势必会遏制威权体制的效率源泉，使其丧失持续存在的基本条件。

从技术上说，改革成功的关键在于谋求支持。大体有两种情况。一是谋求"特定支持"，即通过某种具体政策的制定与执行，使某些社会成员得到实惠和好处，从而赢得他们的支持。二是谋求"散布支持"，即通过意识形态的宣传和教育，在民众中培养对现存政治秩序的广泛好感。"特定支持"联系着具体的政策输出；"散布支持"独立于具体的政策输出。在现实政治生活中，应将两个方面有机结合起来。[55]

严格地说，任何一个社会都不容易同时满足以下3种条件：充分的自由，充分的效率，充分的公平。换句话说，既然三者不可充分地兼得，比较理性的社会成员就愿意有所取舍。例如，他们可能愿意舍弃一些自由而换取更高的效率，他们可能在富裕起来之后，更愿意舍弃一些效率而换取更多的自由，或者舍弃一些效率和自由以换取更多的公平。

执政集团的可能意图是：在众口难调的格局下，对于那些无法用特定

---

[54] 亨廷顿：《变化社会中的政治秩序》，三联书店，1989，第317页。

[55] 戴维·伊斯顿：《政治生活的系统分析》，华夏出版社，1999，第295—301页。

政策打动的非主流人群和领域，则采取强化监管的办法。在民意的宣泄与
控制之间，优先选择控制；在以民意、民情制衡权力腐败与控制舆论维护
稳定之间，优先选择维持稳定。例如，市场取向的自由化政策很容易获得
经济精英认可；取消农业税、改善中低收入者的状况也能得到弱势民众的
支持。大部分知识分子因为在改革中得到实惠，也成为既得利益者。对于
剩下的人数不多但不容易就范的国内人群，尤其是海外异见和反对力量，
则坚决审查或封堵其言论发布管道，尽力排除杂音，减少其蛊惑力。

海外媒体曾发表有17省宣传部门向中央联署要求限制舆论监督的报
道[56]，地方官员们的这种要求不难找到理由，而且理由也很"正当"：
现实与理想总有差距，任何社会都存在一些问题，问题的解决需要时
间；在问题得到解决以前被媒体披露出去，只会引发社会负面的心理反
应，增加解决问题的难度。更何况，任何社会都有一些暂时解决不了的
难题，在中国这种人均收入水平与资源约束条件下的国家难题更多，如
果媒体大肆宣扬这些方面，对社会稳定将造成何种影响？已经刚性化的
社会必然雪上加霜。

最后，从政治心理的层面评估，未经过革命战争洗礼的在位领导集
团可能对20世纪60年代"文化大革命"的"十年浩劫"和1989年的社会
失控记忆犹新；社会主义阵营瓦解以及东欧转型过程中的某些乱相，还
有近年"颜色革命"的连锁反应，再加上西方大国始终不懈的意识形态
批评、经济壁垒和文化渗透等，都让他们的执政神经无法松弛。对政权
稳定的强烈偏好，符合其人生经验和价值立场。部分后发国家的民主化
失败经验也说明，强化监管跟放纵自由相比，在某些阶段也许是更好的
选择。

亨廷顿在考察当今世界第三波民主浪潮时承认，确实有一些威权国家
通过如下的方式暂时缓解了困境，如：大肆渲染民主转型的失败案例以及

---

[56]　纪硕鸣：《地方向中央说不挟经济以自重》，载《亚洲周刊》，2005年9月25日。

民主政权的种种弊端；试图通过用强制的服从来取代日益涣散的义务和忠诚；挑起外部冲突，并试图通过诉诸民族主义来凝聚认同；将实行民主的承诺推迟到未来某个不定的时候。但亨廷顿也提醒说，到上个世纪80年代为止，除了非洲以及其他地方的少数几个国家之外，"民主已经开始被视作任何威权政权的唯一合法和可行的替代者"。[57]经济学家的研究也得出了类似结论：在执政党的政治垄断下，经济转轨将被国家机会主义所挟持，它所产生的非常高的长期代价，也许大大超过它赎买既得利益平滑转型的短期好处。[58]

一个技术先进、体系严密、监管队伍庞大的"防火长城"并没有理论上那么强大，在不同阶段都可亲见它局部的或间歇性的功能失常，说不清楚这是系统本身的bug，还是监管者的故意，或许二者兼而有之。无论如何，这些偶然绽放的瞬间事件证明，中国互联网即便是在日渐强大的监管体系面前，也没有达成彻底的统一意志，或者实现清澈的舆论一律。

西方的批评者可能忽略了这样的常识。不仅如此，他们还犯了以显微镜放大毛病的理想主义幼稚病。这也不能过于责怪。因为他们的历史经验和当下常识早已塑造了他们的核心偏好，他们相信个人自由应当免于公权力无理干涉，就像相信阳光是温暖的，水能解渴一样。

可惜这个在他们的世界不证自明的预设在中国并不成立。不要以为执政集团偏执无理，也不要假设他们对文明的高度视而不见，只是中国人的常识理性时常比道德理想更加强大。在渐进和国情的双重现实权衡下，加强监管从直觉上说起码不是最糟糕的选择。无论是大国转型之艰难，还是压力赶超之焦虑，还有改革进程之复杂，在执政者的功利权衡和理想追求公式中都会推导出稳定、秩序压倒活力、自由的排序结论。

---

[57] 亨廷顿：《第三波：20世纪后期民主化浪潮》，上海三联书店，1998，第64—68页。

[58] 杰弗里·萨克斯、胡永泰、杨小凯：《经济改革和宪政转轨》，载《经济学》（季刊），第2卷第4期，2003。

　　不过，现实合理的不一定永远合理，集团的功利盘算不能永远凌驾于个人的自由解放。既要避免狂热的理想主义，也应克服激进的犬儒主义，因为"狂热的理想主义和激进的犬儒主义都是一回事；对它们自己以外的一切人物与实体都不负责任。狂热的理想主义者只对他们自己的理想负责，激进的犬儒主义者只对他们狭隘的自我利益负责"[59]。

---

[59]　邹谠：《二十世纪中国政治》，香港：牛津大学出版社，1994，第197页。

第八章 走向宽容与合作治理

第一节 公共修辞：一个方法论的启示

我们在本书中论述并承认，对互联网多方位的内容监管有其可理解的当下正当考虑；但我们仍然期待，在迈向未来的可见时间里，这种监管能更策略、更温情，更多地用疏导，继而是沟通与合作取代。这个愿望并不会自动实现。

确实，对互联网内容监管的严厉批评在更高阶的价值层面是有力量的，但批评者定位太高，吊起公众的理想期待，又徒增理想难以实现的焦虑，反而加剧了社会创伤；监管政策主导一方的自我辩护在逻辑上也能够自洽，但辩护者说辞陈旧，不留幻想空间，在压制公众的不现实预期后，也不免助长其灰心沮丧的情绪。而且各方自说自话，没有交流与回转的余地，结果批评没有效果，改进缺少动力，陷入对抗性的僵持。那么问题在哪里？问题也许在于，各方的言说都显得生硬，无法经由泰勒（Charles Taylor）所说的"同理心"（common mind）以获得某种"共同的解决方案"。[1]要打破僵局，则要找寻一种妥当的述说方式，让各方彼此理解，逐渐累积偏好或利益上的共识。

---

[1] Charles Taylor, "Modernity and the Rise of the Public Sphere", *In The Tanner Lecture On Human Values*, delivered at Stanford University,Feb.25,1992,pp.223－224. http://www.tannerlectures.utah.edu/lectures/Taylor93.pdf.

对此，我们长久陷入无解的苦恼之中。近日偶然阅读了台湾清华大学吴介民博士等人的新作，忽然获得方法论上的巨大启发。

吴介民等人从启蒙时期的意大利思想家维柯（Giambattista Vico）那里得到灵感。维柯强调，政治说服过程必须兼顾"正义的外观"和"正义的内涵"，才能达到Sensus Communis（共通感受），吴介民将其引申为"公共修辞"。公共修辞的要义，乃是指向一个具有集体性质的情理辩证的社会过程。通过唤起共通感受，将分属不同社会场域的人情（特殊性）与事理（普遍性）联系起来。他进一步论述说，公私利益的调解，本质上就是情理的辩证。一个公共对话的场域，既需要基于情感召唤（"搏感情"）的"情感信任"，也需要基于说理论辩（"讲道理"）的"说理信任"。一个好的修辞人，需要优游在这两种信任场域之间，借由感同身受的体会与理解，让各方的利害冲突通过公共说理的过程来折中调解，导向一个寻求共识的社会心理状态。一个社会改革者的成败关键，就是有无能力在这些利害空间的接壤地带，传递共通感受，并且不断地扩大深耕。[2]

在该篇文献中，吴介民等人还对基于私人情感的信任，和基于公共说理的信任做了细致的阐述：

情感信任的心理运作基础是：一个对话参与者觉得自己的利益（广义的利益，包含情感、物质利益和精神价值）被这个对话场域关照到，因而产生的信任感。说理信任的心理基础是：一个对话参与者觉得自己参与的社会对话中，的确是围绕着公共利益的原则在讨论，并且相信每个参与者都愿意在接纳公共利益的原则上对私人利益做出让步，因而产生的信任感。

日常的经验告诉我们，即使在最琐碎的社会对话中，情感和

---

[2]　吴介民、李丁赞：《传递共通感受：林合小区公共领域修辞模式的分析》，载《台湾社会学》，第9期，2005。

说理这两个元素总是同时并存。换言之，这两种社会信任，并不必然冲突，反倒是相辅相成。至于两者之间的搭配调和，则是属于审时度势的论辩技艺，是融合了情理辩证的公共修辞。一个好的政治家，就是能够穿透两种社会信任场域的实践者。他/她能够同时掌握两种信任的社会运作机制，而促成良性的公共沟通，催化公共德行的生活。反之，若是两者割裂，那么情感的信赖，会演变成派系结党营私的工具——耽溺于纯粹情感世界中公共事务的私人化；而公共的说理，则会退化成自诩社会改革者喃喃说教的语言游戏——没有公众参与的公共修辞。[3]

在本书的余论部分，我们就尝试运用这种公共修辞的情理辩证，来为中国互联网内容监管的未来走向给出两点宽泛的建议。

第二节　信心与耐心：政府与社会的交互理解

"一放就活、一活就乱、一乱就收、一收就死"这句顺口溜，常用来描述中国公共政策的某种调整周期：中央放权→地方自主性增加→中央控制力削弱→社会局部失序→中央忧虑→强化控制、收权→地方制度性僵化。

对此现象的一种解释是，中央统治集团在主观的控制意向（intention）和客观的控制能量（capacity）之间存在落差；由于这种国家能力的限制，中央政府在推动政策，以及控制地方政府和地方社会的行为时，常常必须诉诸政治动员的方式，所以呈现一种间歇性（sporadic）控制的特质，时

---

[3]　吴介民、李丁赞：《传递共通感受：林合小区公共领域修辞模式的分析》，载《台湾社会学》，第9期，2005，第133—134页。

放时收，忽松忽紧。[4]另一种补充性的解释认为，中央政府在信息取得、监督成本和可支配资源上面的限制，使得控制不仅呈现间歇性，还具有问题领域和地域的选择性（selective）。在中央控制松动的期间，便遭遇地方政府的阳奉阴违以及社会的反抗。更重要的是，由于调整周期的不确定感，官员和民众的"短期行为"，便显得非常突出。[5]

其实，这种现象不仅出现在中央与地方的政策博弈过程中，治乱反复交替还逐渐积淀形成某种几成"集体无意识"的社会心理基础。这种心理基础用官方语言可表述为带有悖反的两句政策口号：发展才是硬道理；稳定压倒一切。在"发展才是硬道理"的旗帜下，有利于发展的政策变通都是可取的，它既为管制松动提供了理由，也为漠视规则找到了证据，容易放也就容易乱；在"稳定压倒一切"解释下，对既定秩序有干扰的事项都是可干预的，它既为管制强化提供了原则，也为打压升级重设了边界。问题是，这两个核心价值总是拥堵在一起，从整体看有点"分裂人格"；在细部观察，能够谋求合力的同时，也经常造成彼此的相互削弱。

具体到中国互联网的政策取向，前文曾论述政府在摆脱"垃圾桶"模式后确立了分类主导模式，在科技和经济领域，它认同"发展才是硬道理"，鼓励创新致富；而在内容领域，则认同"稳定压倒一切"，敏感防范不良信息。也就是说，站在主导政策的政府层面，在事关经济发展的问题上，他们或许还有对"一收就死"的某种不安，但在内容监管问题上，他们唯一担忧的只是"一放就乱"。

社会精英阶层的内心矛盾与痛苦也不逊于政府。基于对个人自由价值的认同，他们可能主张淡化监管；但对"草根"、"暴民"的不信任，又有强烈支持强监管的冲动。

---

[4] Liu Ya-Ling, *Reform from Below: The Private Economy and Local Politics in the Rural Industrialization of Wenzhou*, China Quarterly.Vol.130,1992.

[5] 吴介民：《治乱循环？：中国的国家—社会关系变化的线索》，台湾图书馆，1999年9月22、23日。

2006年4月，《中国新闻周刊》以"博客病了"为题推出一组报道，并写下这样的编者按：

> 从"全民开讲"到"全民乱讲"到"乱民全讲"，网络自由的边界似乎变得遥不可及。当人们想象的东西真的来到面前的时候，所有的人似乎都显得准备不足。天堂向左，地狱向右。我们到底是要众生平等、自由表达？还是集体癫狂、娱乐至死？这是个问题！[6]

政治与社会问题一旦像上文这样往两极一推，立刻显示出巨大张力，不同立场的人群就会忙着贴标签站队纷争。其实天堂无路，地狱无门，既没有完美的众生平等、自由表达，也不会有全局的集体癫狂、娱乐至死。我们将这种喜欢夸大严重性的心态形容为"杞人忧天的责任症状"。政府要考虑国泰民安的持续之计，精英要担当为民指路的先知哲人，都比较容易滋长这样的心理。反倒是"草根"，过自己的生活，可能流于大众，也可能极度私人。

通常的情况是，我们置身的历史往往处于某种中间状态，它们要么处在由坏向好的转型之中，要么处于由好向坏的衰变之中。这就是说，我们真正置身的历史往往处于那种不断转型的变迁状态。对于中国大众而言，对监管的感受远没有西方批评者以为的那么苦不堪言水深火热，对自由表达的追求和放肆的勇气也远没有政府和精英想象的那么积极热烈。相对于沧海桑田，历史巨变，仅仅只有十余年历史的互联网太新，太年轻，远不足以给出结论。

再回到互联网的内容层面，一"放"真的会"乱"么？乱的标准是什么？如果多元民意的正常表达被视为乱，则监管只是在制造不透气的高压

---

[6]　《博客病了》，载《中国新闻周刊》，2006年4月13日。

锅而已，貌似平安，实则潜藏危险；如果海外异见力量的杂音是乱，如果偶然的虚拟聚集事件是乱，如果少量谣言的传播是乱，则可能高估了聒噪者的影响力，低估了民众的辨别力，尤其是显示出政府对社会认同的信心不足。一"收"真的会"死"么？甚至不必说互联网的散漫特征，不必说民智已开，单说1.23亿理论上皆可发言的网民、千万数量级的博客、十万数量级的网站，再严厉的"收"也只能是相对的。

我们认为，将监管和自由往两极去推，将"秩序"的好和"失序"的坏往两极去想，其根源与两个变量密切相关：信心和耐心。

如果政府对民众的认同有信心，对民众的成长有耐心；如果精英阶层对民众的智慧有信心，对民众的学习体验有耐心；如果民众对政府和精英阶层的善意有信心，对他们纠正惯习和校正航程有耐心，所谓治乱的困局应当会少一些，而互谅合作的可能应当会多一些。

让我们来设想一种日常生活的情景：一位长期包办各项事务的家长，将严重缺乏自理能力的孩子送到外地读大学。可以预计，在起初的一段日子里，孩子可能会因后高考时代的自由而偶尔放纵，也可能会因独自料理生活而忙乱甚至出错。但解决问题的好办法，究竟是家长入住学校，就近继续服务？还是坚持放手，让孩子学会成长？是老师愤怒指责放弃担当，还是循循善诱，因材施教？在实际的权衡考虑中，想必是取后者的家长和老师要多得多。因为，家长再有爱心，也不能守护孩子一生；而授业传道解惑则是老师责任所在，义无反顾；孩子也终将成人，自己去走复杂人生。在个案的意义上，父母可能会溺爱或暴力，老师可能会短视或无能，孩子可能会失足或反叛，但世界之妙，就在于它有多种自发调节的机制，一旦进入宏观层面，就能看见文明不断向善。

将上述微观场景扩大到公共生活，我们也可以假设：倘若民众长期在被监管的状态下生活，凡事皆有政府料理规定，无需思考，不用操心，只需循规蹈矩即可；倘若精英总是呵斥和嘲讽民众弱智无能，一旦"放权式自由"状态仓促来临，少有历练的民众难免会因兴奋或逆反而偶然失控。此时，政府要相信多数民众绝无捣乱之意，不要把碎片化的偶然事件夸张为全局的、长期的蓄意；精英要相信只要假以时日，民众一定能学会理性合作，成为对国家持久发展有巨大支持的社会力量。

再换位来想，对于一个对监管有习惯性依赖，对稳定有序有强烈偏好的政府，对于一个在文化和智力上优越感浓厚的精英阶层，民众也应该多一些信心和耐心：相信他们对问题严重性的高估也是基于避祸的善意，相信他们能找到更多的方式，给社会腾挪出成长的空间和时间。

反过来想，如果政府和精英阶层对公众的理性行动缺乏信心，对公众的学习型成长缺乏耐心，坚持以家长式的姿态继续充当"遮风挡雨"、"除妖祛魔"的保护人；如果精英阶层一面表达对自由的强烈偏好，一面否定民众追求自由的能力；如果民众对政府和精英的善意缺乏信心，对监管的尺度和力度缺乏忍受的耐心，可能的博弈格局便是：只能采取间歇性和选择性监管模式的政府，总会让民众捕捉到"放纵"的机会；监管越严厉，"放纵"滋生的自由快感就越强烈，政府对局面不安的判断就越容易做出。而在"放纵"的途中，反精英的民粹宣泄也将成为重要的草根话题。但是，要让体会过自由状态的民众回到从前，政府的阻力当会增大；而阻力越大，政府又更容易相信情况不妙，更坚定回到从前的意志；在强力下勉强回到从前的民众，带着"口服心不服"的怨气以及训练不足的"稚气"，期待下一次更加猛烈的"放纵"可能。其结果就是最终制造出"治乱循环"。

在当今中国信任普遍匮乏的情况下，相信普通的人有能力、有可能重新建立一个信任的群体，必须基于这样一种民主信心，这是"常识民主"的开始。[7]如勒米斯（C. D. Lummis）所称："民主信心不是不加分辨地去信任每一个人，它不是一种感伤的愚蠢想法，它对人性的软弱、愚昧和丑恶有清醒的认识。知晓人性的软弱、愚昧和丑恶，仍然对人抱有信心，信心这才有分量。""没有人可以十足地证明人和自由就是这样，但也没有

---

[7]　徐贲：《承诺、信任和制度秩序：当今中国的信任匮缺和转化》，《当代中国研究》2004年第4期。

人可以十足地证明人和自由就不是这样。"[8]在没有十足证明的情况下，相信能这样，这就是信心。

一位专栏作家是这么来说明上述道理的：

> 其实网络狂暴的另一理由监管者更应听取，内地的网络已被屏蔽掉许多不合适的网页，内容纯洁，观点和谐，为什么我们的网民比别人更野？那是因为这个网络上的虚拟空间是许多人唯一的言说机会，他的怒气只有这个机会发泄。他们在网上骂几句，只留下几个字节，却使他在现实中温和起来，有什么系统比这个更节约？更有效？聪明的监管者看到网上的怒气应该觉得庆幸才对，在键盘上拍人，就不会用真的砖头拍人。[9]

也有经济学者以实名制为例，说明强监管政策"一视同仁"的整体解决办法在成本收益计算上有偏差，它忽略了信任的层级差异，制造了新的麻烦：

> 实名制无疑是一种建立维持信任关系的手段。它会有一定的收益，但也需要一定的成本。问题在于，实名制所带来的信任强度对于某些人来说太强了，对于另一些人来说又可能还不够。但不管是过强还是不够，实名制的强制实施要求所有的人都承担这笔费用。对于过强的人来说，这是浪费，他们会极力避免支付这笔费用。这造成了实名制被规避，不能真正落实。而假如因此就不实行任何实名制，对那些需要这种信任关系的人来说，又是供给不足，造成了相应的社会问题，比如短信诈骗。于是便产生了所谓的两难局面。显然，这种两难局面不是实名制本身带

---

[8]　C. Douglas Lummis, *Radical Democracy*, New York: Cornell University Press,1996,pp.151—153.

[9]　连岳：《匿名网络是公民大学》，载《南方都市报》，2006年10月27日。

来的，而是要求全社会接受同一种水平的信任关系及其交易费用造成的。

　　所以，一刀切的实名制应该被层级信用制取代。所谓层级信用制就是提供多层次的信任强度，不同的层次所需要的费用也各不相同。人们根据自己的需要，选择合适的信任层次，并支付相应的费用。这种办法就可以有效地避免"一刀切"所带来的非此即彼的两难局面。[10]

　　康晓光等人在研究社团管理时提出了一个基于"多元化的管理策略"形成的分类控制思路：对具有不同的挑战能力或组织集体行动能力的社会组织，政府采取不同的控制手段；对提供不同的公共物品的社会组织，政府也采取不同的控制手段。它或许是在现实和理想之间寻求妥协的一个居间办法。[11]

　　无论具体的举措如何，重建各方的信心与耐心，实现政府与社会的交互理解，都走向美好未来的基点之一。

第三节　美德与责任：走向宽容政治

　　抱怨或无为都不能解决问题，美德公民和责任政府的合作，才是化解怨恨达致宽容政治的正途。只有在宽容政治的理想情景中，监管作为公权力保障秩序的威慑之剑才能被充分理解；而社会的理性合作又让监管之剑悬而不落，淡化为一种良序图景中的幽远背景。

---

[10]　李子旸：《实名制和层级信用制》，载《权衡》，2006年10月号。

[11]　康晓光、韩恒：《分类控制：当前中国大陆国家与社会关系研究》，载《社会学研究》，2005年第6期。

一、旨在克服"原子"状态的公民美德

在现代社会中，个人权益应被重视的观念越来越得到认同，其核心原则是基于这样的假设：个人受自我利益而不是任何公共利益观念的驱动，他们是自身利益的最好法官。不过，社群主义者并不赞同这样的看法。他们看到了个人"原子化"造成的社会分裂后果，也看到了狂热个人主义导向下民众不计后果追求自身福利对平等原则的伤害。他们认为，民主治理只能在公民不只对他们自己负责，也表明对其社群的合理承诺下才能运作。否则，现代人的心灵是可悲的：漂泊在冷漠团体的每一个人，注定要陷于个人中心主义的和理性主义的孤独和焦虑中。

爱德华·希尔斯（Edward Shils）指出：正是公民美德（Civic Virtue）或曰"公共精神"、"公民风范"，使一个秩序优良的自由民主制与一个无序的自由民主制区别开来。[12]迈克尔·沃尔泽（Michael Walzer）则强调，"对公共事务的关注和对公共事业的投入是公民美德（Civic Virtue）的关键标志"[13]。

必须承认，多元社会背景下自利泛滥和共识崩解的危急局面，使得呼唤政治共同体和普遍共识的主张，具备震撼性的力量和强烈的道德感召力；作为一面澄澈的理想之镜，它也从批判性的角度照射出现实世界沦落的处境。

公民美德的构建有多种渠道，例如参与协商就是一种形成公民美德或者实现密尔所谓"公共精神学校"的实践项目。因为个人利益最大化的边界是他人的合法权益，所以，各种利益通过互动达到融合与聚合是必要的。基于此，参与协商就是一种解决各种相互冲突的目标、理想和利益的

---

[12]　爱德华·希尔斯：《市民社会的美德》，载王焱主编《公共论丛》，三联书店，1998，第5辑，第286页。

[13]　转引自罗伯特·D. 帕特南：《使民主运转起来》，王列、赖海榕译，江西人民出版社，2001，第100页。

策略。如果民众不参与公共事务，"他们将沉迷于道德与知识的懒散之中"。[14]即便是抱着自利取向的个体，也能够在协商实践中逐渐养成民主公民的性格特点。因为在个人偏好的表达和碰撞中，人们会清楚地看到，每个人都是更大社会的一部分，其福利的保障还有赖于各自承担一份集体责任。在协商中达成的相互理解、相互尊重，对于公民节制自身的需求大有裨益；此外，公共协商还能够有效地促进不同文化间的沟通，从而建立长久合作所需要的社会信任。[15]

于是，协商既是彰显公民道德信念的过程，也成为人们表达自己愿望和利益的途径。身处其中，重视权益者找到权益实现的满足感，而重视责任者获得责任担当的成就感。利益与美德在这里交互融合，为参与者提供各取所需的激励。

二、旨在规范公权边界的政府责任

公民美德的张扬需要合适的环境，即责任政府的保障。

以公共选择的视角看，政府拥有双重身份。首先，它是一个拥有强制力的权威机构；其次，它和其他所有市场经济中的主体一样，是一个经济人，不可避免存在着自利的动机。对前一种身份，政府需要强大，才能具有足够的力量，去做它该做的事；对后一种身份，政府又不能过分强大，否则就会不受约束，滥用自己的强力。

当政府对公共生活发生作用时，可以用"手"来比喻：如果政府仅是"无为"之手，它越小越好；如果仅是"帮助和扶持"之手，它越大越好；如果仅是"掠夺"之手，对它的限制越多越好。但政府同时有3只

---

[14] 詹姆斯·D.费伦：《作为讨论的协商》，载陈家刚主编《协商民主》，上海三联书店，2004。

[15] 陈家刚：《协商民主：民主范式的复兴与超越》，载陈家刚主编《协商民主》，上海三联书店，2004。

手，所以在讨论政府责任的边界时，人们时常陷入"本质两难"的困境。在纯理论设计中，我们能预期的政府责任理想状态是：政府在市场运作良好时充当无为之手；在市场失败时充当扶持之手；至于掠夺之手，最好永远不要使用。[16]

英国政治哲学家奥克肖特（Michael Oakeshott）指出，每一种关于政府体制和政府职能的理论背后，都有民众的一套道德信仰。[17]他认为，在个人主义政治观念占据主流的国家里，人们对政府责任的理解常常是：政府不是把他人的意志和行为强加给国民，不是教导，不是强使他们过得更好或更幸福，不是指导，不是引领或管制他们，政府的职能仅仅是裁决。裁决者的形象不同于经理，而是一个裁判，这个裁判所要做的事，就是制定游戏规则，而这一游戏恰恰是他不可能参加的。而在集体主义政治观念流行的国家，人们更倾向于把政府统治视为这样一种行为，政府确立一种"共同利益"并强迫国民服从，这种"共同利益"并不是组成社会的个体自由选择得来。政府是"共同利益"的建筑师和保护者，是共同体的道德领袖和管理总监，而不是中立的裁判。[18]在前一种政府文化传统中，公民很强势，政府责任较弱；在后一种情形中，公民很弱势，政府的责任感和实际责任很强。

由于人们对于个体自由的追求（对束缚的排拒）与对集体安全的追求（对风险的排拒）同样出于天性，但是对于谁重谁轻谁来治理却存在严重分歧，所以在"政府"问题上，一个理想意义上权力极小责任极大的"最好政府"从未实现。既然最好的政府无法找到，最坏的政府又难以忍受，政治文明的进程便只能是一个找寻次优政府的进程。要确保公众生活在一个弱者不会孤苦无告、强者不敢肆无忌惮的社会，无政府不行，纯粹私力救济也不行，只能是既依靠政府，又警惕政府。依靠政府，是因为只有垄

---

[16] 王一江：《国家与经济》，载吴敬琏主编《比较》第18辑，中信出版社，2005。

[17] 奥克肖特：《哈佛演讲录：近代欧洲的道德与政治》，上海文艺出版社，2003，第28页。

[18] 奥克肖特：《政治中的理性主义》，上海译文出版社，2003，第48—98页。

断了暴力的政府可以为强弱者提供游戏的规则，实现强弱间有尊严的和平共处；警惕政府，是因为政府本身也可能加入到强弱对立中来，甚至成为最强的一方，而让强弱对比成为绝望的对比。因此，合乎逻辑的结论是，需要一个中立的但同时又是有效能的政府存在。这显然是在要求一个法治下的权责对应的政府。[19]

为政府公共责任确立一个大小合适的中间地带，是公民与国家既合作又博弈的结果，是不同力量各自担当不同责任的微妙均衡。如果偏离中间路线，硬是要把自由、民主这样的价值理念张扬到极致，或者就是要对政府抱有最大善意的想象，可能又会重蹈政府责任两极化的陷阱。例如把自由吹捧到云端，人人以冰冷的心态对待公共利益和社会合作，以完全不信任的眼光排斥公权力，则政府有心无力，责任便形同虚设；如果把民主颂扬到沸点，人人以火热的心态争当公共事务的裁判官，多数票决定一切，则政府责任变相转嫁给众人，其实质依旧是政府无责任。

事实上，政府在制定政策和干预社会事务的性质和范围上的确具有很大的伸缩性并且处于变动之中，这在很大程度上取决于具体的环境和需要。大致来说，政府的法定职能不宜大到侵犯人权的程度，也不宜小到连基本的社会秩序和安全都无法维护的地步。如果说凡事都管的政府令人生畏的话，那么，软弱涣散的政府则令人生厌。由此可见，政府的责任大小并不是取决于管理的多少，而是在于管理的质量和伦理边界。

遗憾的是，在宪政制度尚不完备的部分后发国家，真的要实践这种中间地带的次优选择时，远不像文字表述出来的那么简单。更常见的情形依然是：公民一边期待更多自由，希望不被公权力打扰，一边又期待更多福利，希望自己的生活被妥善照顾；一边咬牙切齿地把统治者描绘成自私、

---

[19]　密尔曾经反复强调权力与责任相统一的原理。他甚至认为，如果能够将权力和责任统一起来的话，那就完全可以放心地将权力交给任何一个人。参见密尔：《代议制政府》，商务印书馆，1982，第192页。

贪婪和无能的模样，一边又热切地指望这群自私、贪婪和无能的统治者能够帮助他们解决各种困难。政府的心态也差不多，一边不停索要权力，一边忙于推卸责任；一边自信满满地制定越来越繁琐的公共政策，一边抱怨群众难以管制、忘恩负义。[20]

在此情形下，公民美德又是责任政府成长的土壤。

三、蕴含美德与责任的宽容政治

当公民具备美德，当政府肩负责任，距离美好的状态还需要一座桥梁，就是宽容。

当大家的偏好一致或者共识很容易达成时，我们是无需讨论宽容与否的。可惜，现代公共生活充满了冲突和不一致，而且无论我们喜欢不喜欢都已经无法改变这个现实。那么，当某些思想、准则、行动及存在方式与我们秉持的见解、信念相乖离，并让我们感觉陌生、难以理解、产生排斥心理时，我们该做何选择呢？或者说，面对那些不能唤起我们愉悦和认同的状况，我们是去改变它、否定它、打压它，还是不去干预，顺其自然呢？这就是宽容问题的发生情境。此时，宽容既是我们应对多元生存处境必不可少的手段，也为我们提供了应对多元和冲突的较低规则。

但是，并非在多元和冲突中做出不干预的选择，宽容就立即成立。因为在不干预的这一侧，类似的选项还包括纵容、懦弱或者冷漠等。能把它们与宽容区别开来吗？

——宽容不是纵容。宽容不是无原则地认同一切，宽容者不但有自己的立场，而且有清楚的底线；只有在不触及底线时，他才不轻易去谴责或压制与它不同的偏好。尽管宽容者这么做的原因千差万别，但有一点它确

---

[20]　罗格·I. 鲁茨：《法律的"乌龙"：公共政策的意外后果》，载《经济社会体制比较》，2005年第2期。

信，在界限之内，被宽容者的作为对己对人应不会造成明显伤害。纵容是没有原则的，纵容者或许有自己的立场，但底线低到可以忽略不计；或许陷入了道德相对主义的泥沼，完全没有清楚的底线。但他明知这么做可能造成严重的不良后果，他也不去谴责或阻止，因为对被纵容者的迁就和保护，压倒了其他一切价值。

——宽容不是懦弱。宽容是在宽容者有足够力量去干预的前提下却保持克制，换言之，如果情况恶化突破了宽容者的底线，宽容者随时可以结束克制，制止危机。强力在手却不滥用的宽容，既凸显出了容忍的道德感，又为防范恣意妄为保留了最后手段。懦弱则是一种对强权的恐惧，是无能为力时的消极，是苟且偷生的策略。它不仅不能制止强权的扩张，还可能留下被强权耻笑的屈辱。

——宽容不是冷漠。宽容在表面看来和冷漠一样，都是对负面判断的事物采取不作为的态度。虽然有人指出，宽容不过是对他者的一种不充分的、容忍性的勉强承认，[21]但基于宽容的不作为仍然是积极的、自由的和审慎的，其克制并不是为了逃避，而是认可他人的选择有其合理价值，是谦逊的自觉。冷漠则奉行"事不关己，高高挂起"的逻辑，既不认同，也不抗争，只是表达着与世界的隔膜，不判断，不介入，无所谓，心如死灰。

在日常生活中，人们倾向于把宽容泛泛地理解为一种交往中的美德或者行为规范。但在政治哲学的语境中，宽容的用法可能要更严格一些，它既不是一种高不可攀的神圣道行或悲天悯人的博大情怀，也不是一种简单的自我克制或者包容。"宽容是指一个人虽然具有必要的权力和知识，但是对自己不赞成的行为也不进行阻止、妨碍或干涉的审慎选择。"[22]这样的解释暗含着3个相互关联的假设，即：宽容者对被宽容的对象持否定性的评价（可以指不赞成，也可能是不喜欢）；他有权力和能力否定该对象

---

[21]　唐文明：《宽容的局限与自由主义的文化政治》，载《河北学刊》，2003年第5期。

[22]　戴维·米勒主编：《布莱克维尔政治学百科全书》，中国政法大学出版社，2002，第820页。

（这就把宽容与胆怯跟意志力残弱区别开来）；他审慎地抑制这种权力使用。[23]在这个意义上，更切中内核的说法莫过于"宽容是行使权力时的一种禁欲主义的结果"[24]。

以历史的变迁来看，不宽容正是基于"独断主义的真理观"和"排他主义的道德观"——那种真理在握的"全知全能"幻觉，导致了对人类"可错性"的智力鄙夷；对"同一秩序"的极端自信，生发出对差异格局的道德反感。这一立场在启蒙时代以来的科学进步和社会变革面前受到了质疑。于是，消解"同一性"权威的绝对专制，让"差异性"获得自由呼吸的空间；破解"全知论"，承认人在认识过程中的"局限性"，就为宽容观念得以生成找到了认识论依据。[25]或许可以这么说，宽容起初是弱势者为了生存而向强势者不断发出的呼求，后来则成为强势者认同自由正当性所做出的自我约束。[26]

从宽容与权力的关系看，宽容是权力的自我节制，这是它的内核，是宽容的资格。宽容实际上是一种放弃，是有权力的人放弃把他认为合适的生活方式（如信仰、行动偏好等）强加给其他人。[27]当权力不肯克制或不能放弃时，宽容就不复存在。从宽容与权利的关系看，宽容是对多元权利的容忍，这种尊重或容忍的程度构成宽容的层次。[28]从宽容与自由的关系看，宽容是对自由价值的尊重，自由的边界就是宽容的边界。

在更为普遍的意义上，宽容的限度还涉及公/私领域的区分。如果说，宽容在个体的层面主要是人与人之间在具体事情上的容忍和原谅，那么在国家层面，则主要意味着对所有人一视同仁的权利承诺和保护，它可以被理解为国家的某种价值中立性，即："国家的目标是共同的行

---

[23] 安娜·库茨拉底：《论宽容和宽容的限度》，载《第欧根尼》，1998年第2期。

[24] 保罗·利科：《宽容的销蚀和不宽容的抵制》，载《第欧根尼》，1999年第1期。

[25] 贺来：《宽容的合法性根据》，载《南京社会科学》，2002年第2期。

[26] 李永刚：《宽容：一种政治哲学的解读》，载《开放时代》，2006年第5期。

[27] 保罗·利科：《宽容的销蚀和不宽容的抵制》，载《第欧根尼》1999年第1期。

[28] 同上。

动或合作，但决不是建立起某个真理，更不是通过强制个人放弃错误的信仰和采纳正确的信仰来将这一真理强加于人。"[29]个人的宗教信仰、价值观念、生活方式等，应当作为与政治不相关的因素，从公共领域请出来，置于私人领域，政治当局不使用公共权力裁断其优劣。当掌权者认为某些人的言论和行为确实不能宽容时，必须向公众说明理由，而不是由无权者向掌权者恳请宽容。只有这样，才能最大限度地避免公共权力对私人行为随意上纲上线和无限上纲上线的可能。法制社会之所以坚持严格的定罪程序，是因为冤枉好人比放走坏人更有害，更不能容忍，更不可行。

　　宽容知易行难。宽容发生于别人的言行不合自己的心意，一目了然地令人不快，或在道德上令人反感时，我们仍保持克制。何谓不合心意，何谓令人不快，何谓在道德上令人反感，每个人的答案可能都不同，但牺牲自己的愉悦来成全他人，则是宽容的共同特点。如果说这么做其实很容易，这肯定不符合我们的经验直觉。所以，尤其是在宽容那些令自己道德反感的事物时，内心的挣扎是巨大的；我们的反感愈大，我们消灭它们的欲望也就愈烈。

　　在普遍不宽容的社会中，宽容尤难做到。这个道理换成正面表述就是，只有在相互承认宽容交往规则的基础上，普遍宽容才有可能。在各种专断政治权力、原教旨宗教、民族主义和种族主义公开主张不宽容、怨恨蔓延的社会中，宽容势单力薄，作为策略显得愚蠢，作为道德，显得矫情。只有社会中的多数人对相互宽容的前提达成共识，彼此承认并接受他者的视野时，宽容的难度才能降低。

　　在多元社会中，人们关于基本价值观的争论，有权者对弱者的所作所为，多数人（政治、社会、道德、民族等）对少数人的所言所行，如果都是致力于建设一个公正的合作性体制的话，那就必须以政治宽容为

---

[29]　莫妮克·坎托—斯佩伯：《我们能宽容到什么程度》，载《第欧根尼》，1999年第1期。

基础。

宽容的价值从反面来看更容易理解，即：如果没有宽容，不同的意见就会因冲突而导致暴力、压制、迫害、杀戮或战争；如果没有宽容，人们就不能和平地取得关于基本价值（或其他事情）的共识。[30]

其实，蕴含美德与责任的宽容政治曾经在2003年中国互联网的民权运动中局部抵达过一个高度。有人对其价值给予了如许的评论：

> 从法治的角度看，"公民权利行动"恰恰是一种在社会变迁中最有利于强化和弥补社会连续性的获取自由方式。当越来越多的人在维权活动中，将自己的蝇头小利或者身家性命放进来，这种公民权利与个人利益的投入正是社会稳步前行的最可靠的保障。因为维权是民众信心的表现，维权是人们对未来的投资。
>
> 维权行动有助于改变民众被一个狭窄的政治过程边缘化、尘埃化的现实，涵养一种真正的政治美德。借助民众对自身权益的维护让他们逐步回到社会政治生活的中心，让"政治"重新成为一个与每个人切身权益密不可分的空间，成为在法庭、在媒体、在一切非商业的公众场合中得到滋长的公共生活，并尝试着重新给出一种公共生活的意义。
>
> 公民权利行动的分散化和个案特征，还有望为一种多中心的政治秩序涵养一种新的规则，涵养民间的自治和政府的节制。2003年可称为一个开始发轫的"公民权利年"，这样一个公民权利行动看似低调，但最终将比任何其他方式更有可能通向一个众所期望的结果。[31]

---

[30] 徐贲：《宽容、权利和法制》，载香港《二十一世纪》，2003年8月号。

[31] 王怡：《2003公民权利年》，载《中国新闻周刊》，2003年12月22日。

结　语

主流的看法是，1978年启动的改革开放进程，是当代中国历史的重要拐点。30多年来，这个庞大的国家取得了不凡的经济成就，也给世界留下许多悲伤的震动。公允地说，人类还从未目睹过13亿人口大国的现代化转型，对它的赞美或者指控都还有待时间来检验。

目前已知的是，从外部观察，那些"唱衰"中国的，迟迟没有见到它的崩溃；而赞赏其"奇迹"的，也无法漠视它的风险与困局；从内部衡量，沿海都市和高端人群的飞速奢华让人震撼，而边远地区和底层民众的落伍与困难，也越发让人揪心；从民众的情绪看，时而表现出高涨的爱国热情，时而表现出巨大的裂痕和互不信任。中国的吊诡正在于此：危机在伏，又不断凯歌前进；一派繁荣，却处处彰显不确定。

诺思等人最新的研究表明，制度的运转依赖于更广泛的社会秩序。当前国际社会根据发达国家的经验在发展中国家推行的种种发展政策往往事与愿违，一个根本的原因是，这些政策忽视了社会的实际运转，企图把发达国家开放准入秩序的元素，如竞争、市场和民主等，直接移植到发展中国家的有限准入社会中去，没有考虑这些因素可能会在有限准入社会引起潜在的冲突。为此，他们提出了一个建立"有限准入秩序"的新思路，并探讨了影响有限准入秩序向开放准入秩序转型的各种外部力量。[1]我们的

---

[1]　道格拉斯·诺思、巴里·温加斯特、约翰·约瑟夫·瓦利斯、斯蒂芬·韦伯：《有限准入秩序：发展中国家的新发展思路》，载《比较》第33辑，2007年11月。

努力，似乎也暗合了这种期待。

本书由一个强烈时代感的主题介入，最后又回到了最古老的价值层面，即追寻"善"的政治。在这个当下与历史纠缠、中国与西方比较、学理与事实对话、权力与权利博弈、国家与社会互动、精英与草根交锋的复杂线索中，我们艰难前行，在某种对现实的妥协辩护和对未来的改良期待中，试图"移步幻景"景变而人不变。

本书在有限的篇幅中勾勒了6幅"路线图"：一是互联网整体结构的宏观变化路线图，它是本书的讨论背景；二是互联网上的民意表达及其传播路线图，它是中国正在发生的显著变化；三是政府主导互联网监管的政策学习变迁路线图，它是我们着力分析的经验世界；四是多角色多层级复杂互动的互联网监管社会生态与权力结构路线图，它是将平面景观做立体化处理的某种尝试；五是互联网监管背后的政治文化传统路线图，它是用望远镜和显微镜交错观看描摹的草本；六是我们的防火墙偶然失常状态下的民众表达路线图，它从一个侧面证明监管预期与效果之间的落差。

对于每幅"路线图"，我们都涂写了一些旁白，或者是对景观的点评，或者是对观景人的点评。以温良中道的"和事老"立场，少批评，多理解；尽力实现情理辩证的"公共修辞"。

但是互联网十余年变迁，琐碎的经验材料已经海量，涉及的领域实在太多，而高屋建瓴的导航明灯却又罕见，导致我们在数据和案例的选取上倍感慌张。更加焦虑的则是在学术追寻的过程中，一方面感慨知识海洋之深邃，前人的思想洞察之精妙，一方面则愧疚于自己的无知浅显。即便偶有小小的闪光念头，要么发现已是陈见，要么无法给出美丽的证明。在这个意义上，本书虽然是对中国互联网内容监管的一个"过去时"小结，但远未完成。

至于未来会如何，本书无力指点方向。其实，在实然与应然之间，我们的心态也不像早年那样昂扬，更加懂得一个巨大的现实存在必定有其深厚的支撑基础，而一个看上去美好的价值追求，也绝非知识分子登高一呼即可抵达，对其间要经历的艰难反复和社会阵痛，有更清醒的认知。所谓

"对理想不奢求，对进步不放弃"的说法甚合我心。

放大一点说，中国是一本大书，读也读不完，看也看不全。我的心中常有一个意象，觉得中国是行进在汪洋大海中的一条船。此船高大雄伟，结构复杂。有的人看见它长风破浪，一路披荆斩棘，对它抵达彼岸有极其乐观的预期；有的人则看见它处处漏洞，海水汹涌而入，它过不了某关某碍。公允地说，乐观的预期大多实现了，而悲观的断言还甚少证实。同样公允地说，即便悲观的断言永未证实，怀着对困境的敬畏小心规避，居安思危，总是古人的名训，大抵不会错。

好在还有时间可以期待未来的答案。《尚书·舜典》中"直而温，宽而栗，刚而无虐，简而无傲"的理想人格或许对于国家、集团、个人皆可适用。

我们应当超越悲观主义、怀旧与预测，以理性、建设的心态前行。

参考文献

一、学术著作

Adam Thierer (Eds), *Who Rules the Net? Internet Governance and Jurisdiction*, Cato Inst,2003.

Cass R. Sunstein, *Infotopia: How Many Minds Produce Knowledge*, Oxford University Press, 2006.

Charles Larmore, *The Morals of Modernity*, Cambridge University Press,1996.

Christopher C. Hood, *The Tools of Government*. London: The Macmillan Press. 1986.

Fred I. Greenstein, *Personality and Politics: Problems of Evidence, Inference and Conceptualization*, Princeton University Press, 1987.

Joseph Raz, *The Morality of Freedom*, Oxford: Clarendon press,1986.

K. G. Lieberthal and D. M. Lampton (Eds), *Bureaucracy, Politics, and Decision-making in Post-Mao China*, University of California Press,1992.

Michael Howlett and M. Ramesh, *Studying Public Policy: Policy Cycles and Policy Subsystems*, Oxford University Press,1995.

Ronald Deibert, John Palfrey, Rafal Rohozinski, Jonathan Zittrain, eds., *Access Denied: The Practice and Policy of Global Internet Filtering*, Cambridge: MIT Press,2008.

R. Rosecrance,*The Rise of the Virtual State: Wealth and Power in the Coming Century*, New York: Basic Books,1999.

Shanthi Kalathil and Taylor Boas, *The Internet and State Control in Authoritarian Regimes:*

China, Cuba, and the Counterrevolution, Carnegie Endowment for International Peace,2003.

Sherry Turkle, *Virtuality and Its Discontents*, New York,1998.

Tim Jordan, *Cyber Power, The Culture and Politics of Cyberspace and the Internet*, London：Rutledge,1999.

T.Jordan and A. Lent （eds）, *Storming the Millennium: The New Politics of Change*, London: Lawrence and Wishart,1999.

Xu Wu, *Chinese Cyber Nationalism：Evolution, Characteristics, and Implications*, Lanham: Lexington Books, 2007.

阿尔蒙德、鲍威尔：《比较政治学：体系、过程和政策》，上海译文出版社，1987。

阿马蒂亚·森：《以自由看待发展》，中国人民大学出版社，2002。

阿什德：《传播生态学：文化的控制范式》，华夏出版社，2003。

埃瑟·戴森：《2.0版数字化时代的生活设计》，海南出版社，1998。

艾萨克：《政治学：范围与方法》，浙江人民出版社，1987。

安东尼·奥罗姆：《政治社会学》，上海人民出版社，1999。

奥克肖特：《政治中的理性主义》，上海译文出版社，2003。

保罗·A.萨巴蒂尔主编：《政策过程理论》，彭宗超等译，生活、读书、新知三联书店，2004。

波斯特：《信息方式》，商务印书馆，2000。

蔡翠红：《信息网络与国际政治》，学林出版社，2003。

曹荣湘编：《解读"数字鸿沟"：技术殖民与社会分化》，上海三联书店，2003。

陈家刚主编：《协商民主》，上海三联书店，2004。

戴维·冈特利特主编：《网络研究：数字化时代媒介研究的重新定向》，新华出版社，2004。

戴维·米勒主编：《布莱克维尔政治学百科全书》，中国政法大学出版社，2002。

戴维·伊斯顿：《政治生活的系统分析》，华夏出版社，1999。

丹尼斯·缪勒：《公共选择》，商务印书馆，1992。

道格拉斯·C.诺斯：《制度、制度变迁与经济绩效》，上海三联书店，1994。

第默尔·库兰：《偏好伪装的社会后果》，长春出版社，2005。

杜骏飞：《弥漫的传播》，中国社会科学出版社，2002。

福柯：《规训与惩罚》，三联书店，1999。

福柯：《权力的眼睛：福柯访谈录》，上海人民出版社，1997。

弗洛姆：《逃避自由》，北方文艺出版社，1987。

格林斯坦等主编：《政治学手册精选》，商务印书馆，1996。

戈夫曼：《日常生活中的自我呈现》，浙江人民出版社，1989。

顾利梅：《信息社会的政府治理》，天津人民出版社，2003。

郭良：《网络创世纪：从阿帕网到互联网》，中国人民大学出版社，1997。

哈耶克：《自由秩序原理》，生活·读书·新知三联书店，1997。

哈耶克：《致命的自负》，中国社会科学出版社，2000。

哈罗德·D.拉斯韦尔：《政治学》，商务印书馆，1992。

何精华：《网络空间的政府治理：电子治理前沿问题研究》，上海社会科学出版
    社，2006。

何清涟：《雾锁中国：中国大陆控制媒体策略大揭密》，台湾黎明出版公司，
    2006。

亨廷顿：《变化社会中的政治秩序》，三联书店，1989。

亨廷顿：《第三波：20世纪后期民主化浪潮》，上海三联书店，1998。

霍尔姆斯、桑斯坦：《权利的成本：为什么自由依赖于税》，北京大学出版社，
    2004。

胡泳：《众声喧哗：网络时代的个人表达与公共讨论》，广西师范大学出版社，
    2008。

贾丹华：《因特网发展中的公共政策选择》，北京邮电大学出版社，2004。

金观涛、刘青峰：《开放中的变迁：再论中国社会超稳定结构》，香港中文大学
    出版社，1993。

金观涛、刘青峰：《中国现代思想的起源》第1卷，香港中文大学出版社，2000。

凯斯·桑斯坦：《网络共和国：网络社会中的民主问题》，上海世纪出版集团，
    2003。

凯斯·桑斯坦：《信息乌托邦：众人如何生产知识》，法律出版社，2008。

库巴利加：《互联网治理》，人民邮电出版社，2005。

劳伦斯·莱斯格：《代码：塑造网络空间的法律》，中信出版社，2004。

劳伦斯·莱斯格：《思想的未来：网络时代公共领域的警世恒言》，中信出版社，2004。

李斌：《网络政治学导论》，中国社会科学出版社，2006。

利亚姆·班农等主编：《信息社会》，上海译文出版社，1991。

刘向晖：《互联网草根革命：Web 2.0时代的成功方略》，清华大学出版社，2007。刘文富：《网络政治：网络社会与国家治理》，商务印书馆，2002。

罗伯特·A.达尔：《现代政治分析》，上海译文出版社，1987。

罗伯特·D.帕特南：《使民主运转起来》，江西人民出版社，2001。

马丁·李普塞特：《政治人：政治的社会基础》，上海人民出版社，1997。

马克·斯劳卡：《大冲突：赛博空间和高科技对现实的威胁》，河北人民出版社，1998。

马歇尔·麦克卢汉：《人的延伸：媒介通论》，四川人民出版社，1992。

迈克尔·德图佐斯：《未来的社会：信息新世界展望》，上海译文出版社，1998。

迈克尔·海姆：《从界面到网络空间：虚拟现实的形而上学》，上海科技教育出版社，2000。

曼纽尔·卡斯特：《网络社会的崛起》、《认同的力量》、《千年终结》，社会科学文献出版社，2003。

尼尔·巴雷特：《数字化犯罪》，辽宁教育出版社，1998。

尼古拉·尼葛洛庞帝：《数字化生存》，海南出版社，1997。

乔·萨托利：《民主新论》，东方出版社，1993。

乔治·J.斯蒂格勒：《产业组织和政府管制》，上海三联书店，1989。

史蒂文·拉克斯编：《尴尬的接近权：网络社会的敏感话题》，新华出版社，2004。

世界银行：《中国的信息革命：推动经济和社会转型》，经济科学出版社，2007。

唐守廉：《互联网及其治理》，北京邮电大学出版社，2008。

唐子才、梁雄健：《互联网规制理论与实践》，北京邮电大学出版社，2008。

特纳：《社会学理论的结构》，浙江人民出版社，1987。

托马斯·谢林：《冲突的战略》，华夏出版社，2006。

W. 菲利普斯·夏夫利：《政治科学研究方法》（第六版），上海世纪出版集团，2006。

汪向东主编：《中国网情报告》第一辑，新星出版社，2009。

王四新：《网络空间的表达自由》，社会科学文献出版社，2007。

王小东：《信息时代的世界地图》，中国人民大学出版社，1997。

沃尔特·李普曼：《公共舆论》，上海世纪出版集团，2006。

沃特斯：《现代社会学理论》，华夏出版社，2000。

亚诺什·科尔内：《短缺经济学》，经济科学出版社，1986。

燕继荣：《政治学十五讲》，北京大学出版社，2004。

袁峰、顾铮铮、孙珏：《网络社会的政府与政治：网络技术在现代社会中的政治效应分析》，北京大学出版社，2006。

约翰·布洛克曼：《未来英雄：33位网络时代精英预言未来文明的特质》，海南出版社，1998。

约翰·基恩：《媒体与民主》，社会科学文献出版社，2001。

约翰·W.金登：《议程、备选方案与公共政策》，中国人民大学出版社，2004。

詹明信：《晚期资本主义文化逻辑》，三联书店，1997。

詹姆斯·博曼：《公共协商：多元主义、复杂性与民主》，中央编译出版社，2006。

詹姆斯·E.凯茨、罗纳德·E.莱斯：《互联网使用的社会影响》，商务印书馆，2007。

张凤阳：《现代性的谱系》，南京大学出版社，2004。

张凤阳等：《政治哲学关键词》，江苏人民出版社，2006。

赵鼎新：《社会与政治运动讲义》，社会科学文献出版社，2006。

钟瑛、刘瑛：《中国互联网管理与体制创新》，南方日报出版社，2006。

邹谠：《二十世纪中国政治》，香港：牛津大学出版社，1994。

二、研究论文

C. Dalpino, "The Internet in China: Tame Gazelle or Trojan Horse?" *Harvard Asia-Pacific Review*, Summer,2000.

Carolvn Penfold, "Nazis, Porn and Politics: Asserting Control Over Internet Content", *The Journal of Information*, Lawand Technology, 2001（2）.

Eric Harwit and Duncan Clark, "Shaping the Internet in China: Evolution of Political Control over Network Infrastructure and content", *Asian Survey*, Vol.41,No.3,2004.

Greg Sinclair, "The Internet in China: Information Revolution or Authoritarian Solution?" *Modern Chinese Studies*, May,2002.

Daniel W.Drezner, "The Global Governance of the Internet: Bringing the State Back In", *Political Science Quarterly*,Vol.119,No.3,Fall,2004.

David Bandurski, "China's Guerrilla War for the Web", *Far Eastern Economic Review*, July,2008.

Greg Walton, "China's Golden Shield: Corporations and the Development of Surveillance Technology in the People's Republic of China",2001.

James Fallows, "The Connection Has Been Reset", *The Atlantic*, March,2008.

L. Dittmer, "Chinese Informal Politics",*China Journal*, Vol. 34（June）,1995.

Lena L. Zhang, "Behind the 'Great Firewall': Decoding China's Internet Media Policies from the Inside",*Convergence*, San Francisco State University,Vol. 12,No.3,2006.

Li Xiao and Judy Polumbaum, "News and Ideological Exegesis in Chinese Online Media: A Case Study of Crime Coverage and Reader", *Asian Journal of Communication*, Vol.16,No.1/March,2006.

Liu Ya-Ling, "Reform from Below: The Private Economy and Local Politics in the Rural Industrialization of Wenzhou", *China Quarterly*,Vol.130,1992.

M. Cohen, J. March and J. Olson, "A Garbage Can Model of Organizational Choice", *Administration Science Quarterly*,Vol.17,1972.

Nina Hachigian, "China's Cyber Strategy", *Foreign Affairs*, March/April,2001.

O.Donnell Susan, "Analysing the Internet and the Public Sphere: The Case of Womenslink", *The Public*, 8（1）,2001.

Peng Hwa Ang, "The Role of Self-Regulation of Privacy and the Internet", *Journal of Interactive Advertising*, 2001（2）.

Philip Sohmen, "Taming the Dragon: China's Efforts to Regulate the Internet", *Stanford Journal of East Asian affairs*, Spring,2001.

R.J.Deibert, "Dark Guests and Great Firewalls: The Internet and Chinese Security Policy", *Journal of Social Issues*, Blackwell Synergy,2002.

Richard Rose, "What is Lesson-Drawing?" *Journal of Public Policy*,11,1991.

Tamara Renee Shie, "The Tangled Web: Does the Internet Offer Promise or Peril for the Chinese Communist Party?", *Journal of Contemporary China*,Vol.13,No.40,August,2004.

Theodor W. Adorno, "Freudian Theory and the Pattern of Fascist Propaganda", *Psychoanalysis and the Social Sciences*, New York: International University Press,1951.

Yongnian Zheng and Guoguang Wu, "Information Technology, Public Space, and Collective Action in China", *Comparative Political Studies*,Vol.8,No.5,2005.

安德鲁·G. 沃尔德：《作为工业厂商的地方政府：对中国过渡经济的组织分析》，载《国外社会学》,1996年第5—6期。

C. H. 恩格尔：《对因特网内容的控制》，载《国外社会科学》，1997年第6期。

陈力丹：《论网络传播的自由与控制》，载《新闻与传播研究》，1999年第3期。

陈剩勇、杜洁：《互联网公共论坛：政治参与和协商民主的兴起》，载《浙江大学学报》（人文社会科学版），2005年第3期。

陈桃生：《网络环境中的言论自由及其规制》，载《贵州大学学报》（社会科学版），2006年第1期。

戴慕珍：《中国地方政府公司化的制度化基础》，载甘阳、崔之元编《中国改革的政府经济学》，香港：牛津大学出版社，1997。

道格拉斯·诺思、巴里·温加斯特、约翰·约瑟夫·瓦利斯、斯蒂芬·韦伯：《有限准入秩序：发展中国家的新发展思路》，载《比较》第33辑，2007年11月。

邓宏图：《转轨期中国制度变迁的演进论解释：以民营经济的演化过程为例》，载《中国社会科学》，2004年第5期。

邓建国：《Web2.0时代的互联网使用行为与网民社会资本之关系考察》，复旦大学新闻学院博士论文，2007。

迪特尔·赫尔姆：《监管改革、监管俘获与监管负担》，载《比较》第35辑，
　　2008年3月。

丁未：《网络空间的民主与自由》，载《现代传播》，2000年第6期。

杜宏伟：《韩国互联网内容管制》，载《世界电信》，2006年第3期。

范杰臣：《从多国网路内容管制政策谈台湾网路规范发展方向》，载台北《资讯
　　社会研究》，总第2期，2002年1月。

范士明：《新媒体和中国的政治表达》，载香港《二十一世纪》网络版，2008年3
　　月号。

风笑天：《城市在职青年的网络接触：全国12城市1786名在职青年的调查分
　　析》，载《中国青年研究》，2007年第12期。

郭明飞：《国外对因特网管制的做法及其启示》，载《政治学研究》，2008年第4期。

高艳东：《现代刑法中报复主义残迹的清算》，载《现代法学》，2006年第2期。

郭于华：《心灵的集体化：陕北骥村农业合作化的女性记忆》，载《中国社会科
　　学》，2003年第4期。

何清涟：《中国政府如何控制媒体："中国人权研究报告"（第四部份）》，载
　　《当代中国研究》，2005年第2期。

胡键：《信息流量与政治稳定》，载《社会科学》，2004年第2期。

胡凌：《1998年之前的中国互联网立法》，载《互联网法律通讯》，2008第2期。

黄柏翰：《中国大陆网际网路检查政策概况》，载台北《应用伦理研究资讯》，
　　总第35期，2005年8月。

季卫东：《从博弈行为和机制设计看中国法律秩序的特征》，载《比较》，第34
　　辑，2008年1月。

杰弗里·萨克斯、胡永泰、杨小凯：《经济改革和宪政转轨》，载《经济学》
　　（季刊），第2卷第4期，2003年。

金观涛：《革命观念在中国的起源和演变》，载台北《政治与社会哲学评论》，
　　第13期，2005年6月。

金观涛、刘青峰：《多元现代性及其困惑》，载香港《二十一世纪》，2001年8
　　月号。

康彦荣：《欧盟互联网内容管制的经验及对我国的启示》，载《世界电信》，

2007年第4期。

康晓光：《仁政：权威主义国家的合法性理论》，载《战略与管理》，2004年第2期。

康晓光、韩恒：《分类控制：当前中国大陆国家与社会关系研究》，载《社会学研究》，2005年第6期。

克鲁格：《寻租社会的政治经济学》，载《经济社会体制比较》，1988年第5期。

寇健文：《中共对网络信息传播的政治控制》，载台北《问题与研究》，第40卷第2期，2001年3月。

李娜：《世界各国有关互联网信息安全的立法和管制》，载《世界电信》，2002年第6期。

李永刚：《互联网络与民主的前景》，载《江海学刊》，1999年第4期。

李永刚：《互联网与国家安全》，载《社会科学》，1999年第9期。

李永刚：《网络控制对后发展国家政治生活的潜在影响》，载《战略与管理》，1999年第5期。

李永刚：《宽容：一种政治哲学的解读》，载《开放时代》，2006年第5期。

李永刚：《中国互联网内容监管的变迁轨迹：基于政策学习理论的简单考察》，载《南京工业大学学报》（人文社科版），2007年第2期。

李永刚：《中国互联网内容监管的预期与效果：事实及评价》，载《江苏行政学院学报》，2008年第2期。

李永刚：《"国家防火墙"：中国互联网的监管逻辑》，载香港中文大学《二十一世纪》，2008年4月号。

梁正清：《中国大陆网路传播的发展与政治控制》，载台北《资讯社会研究》，总第4期，2003年1月。

刘兵：《关于中国互联网内容管制理论研究》，北京邮电大学经济管理学院博士论文，2007。

刘燕青：《"网路空间"的控制逻辑》，载台北《资讯社会研究》，总第5期，2003年7月。

罗格·I.鲁茨：《法律的"乌龙"：公共政策的意外后果》，载《经济社会体制比较》，2005年第2期。

马克·纽尼斯：《网络空间的鲍德里亚：网络、真实与后现代性》，闫臻译，原载*Style*，29，1995。

马骏、侯一麟：《中国省级预算中的非正式制度：一个交易费用理论框架》，载《经济研究》，2004年第10期。

闵大洪：《网络媒体发展报告》，2003年中国网络传播学年会论文。

欧阳新宜：《中共因特网的发展及其管制困境》，载台北《中国大陆研究》，第41卷第8期，1998年8月。

丘海雄、徐建牛：《市场转型过程中的地方政府角色研究述评》，载《社会学研究》，2004年第4期。

邱泽奇：《中国社会的数码区隔》，载香港《二十一世纪》，2001年2月号。

时飞：《网络空间的政治架构》，载《北大法律评论》，2008年第1辑。

石元康：《政治自由主义之中立性原则及其证成》，载刘擎、关小春主编《自由主义与中国现代性的思考》，香港中文大学出版社，2002。

宋华琳：《互联网信息政府管制制度的初步研究》，载《网络传播与社会发展论文集》，北京广播学院出版社，2001。

宋华琳：《美国广播管制中的公共利益标准》，载《行政法学研究》，2005年第1期。

孙笑侠、郭春镇：《法律父爱主义在中国的适用》，载《中国社会科学》，2006年第1期。

孙立平：《改革前后中国大陆国家、民间统治精英及民众间互动关系的演变》，载香港《中国社会科学季刊》，1994年第1卷。

陶文昭：《网络无政府主义及其治理》，载《探索》，2005年第1期。

托尼·塞奇：《盲人摸象：中国地方政府分析》，载《经济社会体制比较》，2006年第4期。

汪明峰：《互联网使用与中国城市化："数字鸿沟"的空间层面》，载《社会学研究》，2005年第6期。

王波：《"舆论场"情境下的网民与政府互动》，南京大学硕士论文，2008。

王靖华：《美国互联网管制的三个标准》，载《当代传播》，2008年第3期。

王军：《试析当代中国的网民民族主义》，载《世界经济与政治》，2006年第2期。

王绍光：《大转型：1980年代以来中国的双向运动》，载《中国社会科学》，

2008年第1期。

王小卫：《从强迫性交易到建立公民权利结构：体制转型背景中的政府转型》，
载《上海经济研究》，2004年第11期。

王雪飞、张一农、秦军：《国外互联网管理经验分析》，载《现代电信科技》，
2007年第5期 。

王一江：《国家与经济》，载吴敬琏主编《比较》第18辑，中信出版社，2005。

韦柳融、王融：《中国的互联网管理体制分析》，载《中国新通信》，2007年第
18期。

魏立欣：《网路审查与网路言论自由之探讨》，载台北《资讯社会研究》，总第2
期，2002年1月。

魏沂：《中国新德治论析：改革前中国道德化政治的历史反思》，载《战略与管
理》，2001年第2期。

吴介民、李丁赞：《传递共通感受：林合小区公共领域修辞模式的分析》，载
《台湾社会学》第9期，2005，第133—134页。

吴介民：《治乱循环？：中国的国家—社会关系变化的线索》，台湾图书馆，
1999年9月22、23日。

希瑟·萨维尼：《公众舆论、政治传播与互联网》，载《国外理论动态》，2004
年第9 期。

萧功秦：《后全能主义时代的来临：世纪之交中国社会各阶层政治态势与前景展
望》，载《当代中国研究》，1999年第1期。

萧功秦：《后全能体制与21世纪中国的政治发展》，载《战略与管理》，2002年
第6期。

邢璐：《德国网络言论自由保护与立法规制及其对我国的启示》，《德国研究》
2006 年第3 期。

徐贲：《承诺、信任和制度秩序：当今中国的信任匮缺和转化》，载《当代中国
研究》，2004年第4期。

徐贲：《宽容、权利和法制》，载香港《二十一世纪》，2003年8月号。

郇建立：《论鲍曼社会理论的核心议题》，载《社会》，2005年第6期。

严久步：《国外互联网管理的近期发展》，载《国外社会科学》，2001年第3期。

燕道成、蔡骐：《国外网络舆论管理及启示》，载《当代传播》，2007 年第

2 期。

杨善华、苏红：《从代理型政权经营者到谋利型政权经营者》，载《社会学研究》，2002年第1期。

岳成浩：《当代大学生在网络领域的注意力分布研究：以南京大学小百合BBS为个案》，南京大学公共管理学院硕士论文，2006。

张明新：《网络信息的可信度研究：网民的角度》，载《新闻与传播研究》，第12卷第2期，2005。

张西明：《从Non-Regulation 走向Regulation：网络时代如何保障言论自由》，载《法学》，2001年第7期。

赵晓力：《TCP/IP协议、自生自发秩序和中国的互联网法律》，北京大学内部工作论文，2000。

祝华新、单学刚、胡江春：《2008年中国互联网舆情分析报告》，载汝信、陆学艺、李培林主编《2009年中国社会形势分析与预测》，社会科学文献出版社，2008。

周雪光：《基层政府间的"共谋现象"：一个政府行为的制度逻辑》，载《社会学研究》，2008年第6期。

周朝霞、张国良、仇栎：《大学生网络传播行为嬗变的实证研究》，载《复旦学报》（社会科学版），2006 年第4 期。

三、网络资料

C. R. Smith, "The Great Firewall of China：Beijing Developing Electronic Chains to Enslave Its People".

http://www.newsmax.com/archives/articles/2002/5/17/25858.shtml.

Harvard Law School, "Empirical Analysis of Internet Filtering in China".

http://cyber.law.harvard.edu/filtering/china/.

HRW, "'Race to the Bottom'：Corporate Complicity in Chinese Internet Censorship", *Human Rights Watch Report*, August, 2006.

http://www.hrw.org/reports/2006/china0806/

Michael S. Chase and James C. Mulvenon, "You've Got Dissent! Chinese Dissident Use of the Internet and Beijing's Counter-Strategies",published 2002 by Rand.

http://www.rand.org/pubs/monograph_reports/MR1543/index.html.

Oliver August, "The Great Firewall: China's Misguided—and Futile—Attempt to Control What Happens Online", *Wired Magazine*, Issue 15.11, 10.23,2007.

http://www.wired.com/politics/security/magazine/15-11/ff_chinafirewall.

OpenNet Initiative, "Internet Filtering in China in 2004-2005: A Country Study".

http://www.opennetinitiative.net/studies/china/.

OpenNet Initiative, "China Tightens Controls on Internet News Content Through Additional Regulations",2006.

http://www.opennetinitiative.net/bulletins/012/.

OpenNet Initiative, "Probing Chinese Search Engine Filtering".

http://www.opennetinitiative.net/bulletins/005/.

Richard Clayton, "Ignoring the 'Great Firewall of China'",

http://www.cl.cam.ac.uk/~rnc1/ignoring.pdf

S.R. Landsberger, "Internet in China: Big Mama is Watching You",2001.

http://www.lokman.nu/thesis/010717-thesis.pdf

Thomas Gold：《2007 处在十字路口的国家：各国政治自由度调查（中国）》.

http://www.freedomhouse.org/uploads/ccr/CRRChinese.pdf.

郭良、卜卫：《北京、上海、广州、成都、长沙互联网使用状况及影响的调查报告》，中国社会科学院社会发展研究中心，2001年4月。

http://www.cycnet.com/ce/itre/index1.htm

郭良：《2003年中国12城市互联网使用状况及影响调查报告》，中国社会科学院社会发展研究中心，2003年9月。

http://www.wipchina.org/?p1=download&p2=33

郭良：《2005年中国5城市互联网使用状况及影响调查报告》，2005年。

http://www.blogchina.com/idea/2005sumdoctor/diaochabaogao.doc.

维基百科http://zh.wikipedia.org/wiki/

中国互联网信息中心（CNNIC）年度统计报告

http://www.cnnic.net.cn/index/0E/00/11/index.htm

陶喆：《揭开中国网络监控机制的内幕》

http://www.crd-net.org/Article/Class1/200710/20071010162103_5948.html

维权网：《中国网络监控与反监控年度报告2007》

http://crd-net.org/Article/Class1/200807/20080710165332_9340.html.

于声雷：《政府如何监控我们的电子网络通讯？》

http://www.crd-net.org/Article/Class1/200803/20080324093843_8168.html

祝华新、胡江春、孙文涛：《2007中国互联网舆情分析报告》，新华网

http://news.xinhuanet.com/newmedia/2008-02/05/content_7565553.htm.

四、新闻评论

Charles Bickers, Susan V. Lawrence, "A Great Firewall", *Far Eastern Economic Review*, V.162, N.9, Mar.4,1999.

Ethan Gutmann, "Who Lost China's Internet? Without U.S. Assistance, It Will Remain a Tool of the Beijing Government, Not a Force for Democracy",*The Weekly Standard*, Volume 007,Issue 23, Feb.25,2002.

Hannah Fletcher, "Human Flesh Search Engines: Chinese Vigilantes that Hunt Victims on the Web", *Times Online*, June 25, 2008.

Howard W. French, "Letter from China: Big Brother is Playing a Game He Can't Win", *New York Times*, Jan.12, 2006

Howard W. French, "As Chinese Students Go Online, Little Sister Is Watching",*New York Times*, May.9,2006.

Howard W. French, " Chinese Discuss Plan to Tighten Restrictions on Cyberspace", *New York Times*, July.4,2006.

Nicholas D. Kristof, "China vs.the Net", *New York Times*, June.20,2006.

Rebecca MacKinnon, " Ah Q and China's Great Firewall ", *Taipei Times*, Feb.5,2006.

Stephan Faris： " 'Freedom' ： No Documents Found", *Solan*, Dec.16,2005.

Stewwart Brand, "We Owe it All to the Hippies",*Time*,Special Issue Spring, Vol.145, No.12,1995.

Xiao Qiang and Sophie Beach, "The Great Firewall of China", *Los Angeles Times*, Aug.25,2002.

Xujun Eberlein, "Human Flesh Search: Vigilantes of the Chinese Internet", *New America Media*, Apr.30, 2008.

白雪：《搜索引擎左右互搏，网络公关已成摆布舆论工具》，载《中国青年报》，2008年9月23日。

陈志华、张岩：《当"法"与"网"遭遇时》，载《CHIP新电脑》，2001年第2期。

陈志武：《"数"说"改革开放"165年》，载《证券市场周刊》，2007年3月19日。

杜骏飞：《搜索霸权与网络社会的新危机："百度屏蔽门事件"评析》，天益网。

贺卫方：《中国公众参与的网络依赖症》，载《南都周刊》，2007年7月6日。

胡传吉：《2007中国网络年鉴：谁都别想蒙网民》，载《南方都市报》，2008年1月13日。

胡奎、江一河：《网法恢恢管理有漏》，载《中国新闻周刊》，2002年6月24日。

李宝进：《互联网治理三重门》，载《中国教育网络》，2005年7月号。

李国训：《网络打手身后隐现亿元黑金》，载《财经时报》，2008年9月5日。

李子炀：《实名制和层级信用制》，载《权衡》，2006年10月号。

连岳：《匿名网络是公民大学》，载《南方都市报》，2006年10月27日。

骆铁航：《无跟帖，不新闻：网聚跟帖的力量》，载《第一财经周刊》，2009年1月20日。

耐迪贤（Christoph Nettesheim）：《中国人的数字化生存》，载《21世纪经济报道》，2008年6月28日。

林楚方：《中文互联网的光荣与梦想》，载《南方周末》，2003年6月5日。

尚进：《信息化的三点一线：谁在催生网瘾》，载《三联生活周刊》，2006年8月14日。

尚进：《互联网偶像3.0》，载《三联生活周刊》，2005年9月1日。

尚进：《WEB2.0赐予中国互联网什么力量》，载《三联生活周刊》，2005年6月23日。

尚进：《Web2.0照耀中国一年记》，载《三联生活周刊》，2006年6月26日。

唐建光：《网警和他们看不见的对手》，载《新闻周刊》，2004年5月24日。

欧阳斌：《互联网冲击中国社会生态》，载《凤凰周刊》，2004年5月9日。

钱真：《瓮安事件调查：刑事案件如何演变为群体性事件》，载《中国新闻周刊》，2008年7月9日。

秋风：《新民权运动年》，载《中国新闻周刊》，2003年12月22日。

王光泽：《网络时代中国政治生态的演变与可能走向》，载《议报》，第171期。

王钰、林醇：《互联网自由遭遇治理》，载《中国信息化》，2005年8月20日。

王怡：《三种自由的混淆：〈互联网出版管理暂行条例〉批评》，中国新闻研究中心，2002年7月24日。

王怡：《2003公民权利年》，载《中国新闻周刊》，2003年12月22日。

王怡：《网络民意与"程序正义"》，载《中国新闻周刊》，2004年1月19日。

巫昂、庄山、郝利琼：《学院路的网吧大火》，《网吧："人民公敌"与最廉价的夜生活》，载《三联生活周刊》，2002年10月10日。

萧方：《中国网络管理现状调查》，载《凤凰周刊》，2006年第10期。

杨锦麟：《近看中国正在掀起的网络民族主义》，载《南风窗》，2003年10月16日。

张维迎：《高薪养廉基础脆弱，政府缩权是反腐之本》，载《国际金融报》，2006年4月6日。

朱大可：《从芙蓉姐姐看丑角哄客与文化转型》，载《东方早报》，2005年6月27日。

朱大可：《中国网络哄客的仇恨快意》，载《中国新闻周刊》，2005年8月4日。

朱大可：《铜须、红高粱和道德民兵》，载《东方早报》，2006年6月8日。

朱大可：《转型社会的网络"哄客意志"》，载《中国新闻周刊》，2006年7月7日。

朱大可：《文化"苟法"的四环素效应》，载《中国新闻周刊》，2006年8月29日。

朱大可：《"山寨"文化是一场社会解构运动》，载《时代周报》，2009年1月14日。

周瑞金：《喜看网络"新意见阶层"的崛起》，载《南方都市报》，2009年1月2-3日。